高等职业教育园林类专业系列教材

园林工程施工技术 第3版

YUANLIN GONGCHENG SHIGONG JISHU

主 编 李本鑫 史春凤 杨杰峰

副主编 姜 龙 高 婷 孙海龙 范文忠

主 审 郑铁军

重庆大学出版社

内容提要

本书是高等职业教育园林类专业系列教材之一,是根据工学结合的目标和要求,以园林工程施工技术能力的培养为主线,从园林工程施工员的岗位分析入手,针对园林工程市场的需求,结合职业教育的发展趋势,系统地阐述了土方工程、给排水工程、建筑小品工程、水景工程、园路工程、假山工程、种植工程、景观照明工程等方面的内容。在理论上重点突出实践技能所需要的理论基础,在实践上突出了技能训练与生产实际的"零距离"结合。做到了图文并茂,内容翔实,南北兼顾。本书配有电子教案,可扫描封底二维码查看,并在电脑上进入重庆大学出版社官网下载。书中有 54 个二维码,可扫码学习。

本书可作为高等职业院校、高等专科院校、成人高校、民办高校及本科院校举办的二级职业技术学院园林类、园林工程等专业使用,也可作为相关专业相关课程的教学参考书。

图书在版编目(CIP)数据

园林工程施工技术 / 李本鑫,史春凤,杨杰峰主编
. -- 3 版. -- 重庆:重庆大学出版社,2021.7(2023.1 重印)
高等职业教育园林类专业系列教材
ISBN 978-7-5624-7770-9

Ⅰ. ①园… Ⅱ. ①李… ②史… ③杨… Ⅲ. ①园林—工程施工—高等职业教育—教材 Ⅳ. ①TU986.3

中国版本图书馆 CIP 数据核字(2021)第 078473 号

园林工程施工技术
(第 3 版)

主编 李本鑫 史春凤 杨杰峰
副主编 姜 龙 高 婷 孙海龙 范文忠
主审 郑铁军

策划编辑:何 明

责任编辑:何 明 版式设计:莫 西 何 明
责任校对:邹 忌 责任印制:赵 晟

*

重庆大学出版社出版发行
出版人:饶帮华
社址:重庆市沙坪坝区大学城西路 21 号
邮编:401331
电话:(023)88617190 88617185(中小学)
传真:(023)88617186 88617166
网址:http://www.cqup.com.cn
邮箱:fxk@cqup.com.cn(营销中心)
全国新华书店经销
重庆升光电力印务有限公司印刷

*

开本:787mm×1092mm 1/16 印张:21.5 字数:537 千
2014 年 2 月第 1 版 2021 年 7 月第 3 版 2023 年 1 月第 6 次印刷
印数:12 001—15 000
ISBN 978-7-5624-7770-9 定价:53.00 元

编委会名单

主　任　江世宏

副主任　刘福智

编　委（按姓氏笔画为序）

编写人员名单

主　编　李本鑫　黑龙江生物科技职业学院

　　　　　史春凤　吉林农业科技学院

　　　　　杨杰峰　湖北生态工程职业技术学院

副主编　姜　龙　沈阳农业大学高职学院

　　　　　高　婷　吉林农业科技学院

　　　　　孙海龙　黑龙江林业职业技术学院

　　　　　范文忠　吉林农业科技学院

参　编　熊朝勇　内江职业技术学院

　　　　　刘　仙　湖北生态工程职业技术学院

　　　　　李陆娟　重庆市轻工业学校

　　　　　孙晓东　黑龙江省昊千生物科技有限公司

　　　　　李　静　西昌学院

主　审　郑铁军　双鸭山市园林处

总　序

　　改革开放以来,随着我国经济、社会的迅猛发展,对技能型人才特别是对高技能人才的需求在不断增加,促使我国高等教育的结构发生重大变化。据2004年统计数据显示,全国共有高校2 236所,在校生人数已经超过2 000万,其中高等职业院校1 047所,其数目已远远超过普通本科院校的684所;2004年全国招生人数为447.34万,其中高等职业院校招生237.43万,占全国高校招生人数的53%左右。可见,高等职业教育已占据了我国高等教育的"半壁江山"。近年来,高等职业教育逐渐成为社会关注的热点,特别是其人才培养目标。高等职业教育培养生产、建设、管理、服务第一线的高素质应用型技能人才和管理人才,强调以核心职业技能培养为中心,与普通高校的培养目标明显不同,这就要求高等职业教育要在教学内容和教学方法上进行大胆的探索和改革,在此基础上编写出版适合我国高等职业教育培养目标的系列配套教材已成为当务之急。

　　随着城市建设的发展,人们越来越重视环境,特别是环境的美化,园林建设已成为城市美化的一个重要组成部分。园林不仅在城市的景观方面发挥着重要功能,而且在生态和休闲方面也发挥着重要功能。城市园林的建设越来越受到人们重视,许多城市提出了要建设国际花园城市和生态园林城市的目标,加强了新城区的园林规划和老城区的绿地改造,促进了园林行业的蓬勃发展。与此相应,社会对园林类专业人才的需求也日益增加,特别是那些既懂得园林规划设计、又懂得园林工程施工,还能进行绿地养护的高技能人才成为园林行业的紧俏人才。为了满足各地城市建设发展对园林高技能人才的需要,全国的1 000多所高等职业院校中有相当一部分院校增设了园林类专业。而且,近几年的招生规模得到不断扩大,与园林行业的发展遥相呼应。但与此不相适应的是适合高等职业教育特色的园林类教材建设速度相对缓慢,与高职园林教育的迅速发展形成明显反差。因此,编写出版高等职业教育园林类专业系列教材显得极为迫切和必要。

　　通过对部分高等职业院校教学和教材的使用情况的了解,我们发现目前众多高等职业院校的园林类教材短缺,有些院校直接使用普通本科院校的教材,既不能满足高等职业教育培养目标的要求,也不能体现高等职业教育的特点。目前,高等职业教育园林类专业使用的教材较少,且就园林类专业而言,也只涉及部分课程,未能形成系列教材。重庆大学出版社在广泛调研的基础上,提出了出版一套高等职业教育园林类专业系列教材的计划,并得到了全国20多所高等职业院校的积极响应,60多位园林专业的教师和行业代表出席了由重庆大学出版社组织的高等职业教育园林类专业教材编写研讨会。会议上代表们充分认识到出版高等职业教育园林类专业系列教材的必要性和迫切性，并对该套教材的定位、特色、编写思路和编写大纲进行了认真、深入的研讨，最后决定首批启动《园林植物》《园林植物栽培养护》《园林植物病虫害防治》《园林规划设计》《园林工程施工与管理》等 20 本教材的编写，分春、秋两季完成该套教材的出版工作。主编、副主编和参加编写的作者，由全国有关高等职业院校具有该门课程丰富教学经验的专家和一线教师，大多为"双师型"教师承担了各册教材的编写。

本套教材的编写是根据教育部对高等职业教育教材建设的要求，紧紧围绕以职业能力培养为核心设计的，包含了园林行业的基本技能、专业技能和综合技术应用能力三大能力模块所需要的各门课程。基本技能主要以专业基础课程作为支撑，包括有 8 门课程，可作为园林类专业必修的专业基础公共平台课程；专业技能主要以专业课程作为支撑，包括 12 门课程，各校可根据各自的培养方向和重点打包选用；综合技术应用能力主要以综合实训作为支撑，其中综合实训教材将作为本套教材的第二批启动编写。

本套教材的特点是教材内容紧密结合生产实际，理论基础重点突出实际技能所需要的内容，并与实训项目密切配合，同时也注重对当今发展迅速的先进技术的介绍和训练，具有较强的实用性、技术性和可操作性 3 大特点，具有明显的高职特色，可供培养从事园林规划设计、园林工程施工与管理、园林植物生产与养护、园林植物应用，以及园林企业经营管理等高级应用型人才的高等职业院校的园林技术、园林工程技术、观赏园艺等园林类相关专业和专业方向的学生使用。

本套教材课程设置齐全、实训配套，并配有电子教案，十分适合目前高等职业教育"弹性教学"的要求，方便各院校及时根据园林行业发展动向和企业的需求调整培养方向，并根据岗位核心能力的需要灵活构建课程体系和选用教材。

本套教材是根据园林行业不同岗位的核心能力设计的，其内容能够满足高职学生根据自己的专业方向参加相关岗位资格证书考试的要求，如花卉工、绿化工、园林工程施工员、园林工程预算员、插花员等，也可作为这些工种的培训教材。

高等职业教育方兴未艾。作为与普通高等教育不同类型的高等职业教育，培养目标已基本明确，我们在人才培养模式、教学内容和课程体系、教学方法与手段等诸多方面还要不断进行探索和改革，本套教材也将会随着高等职业教育教学改革的深入不断进行修订和完善。

编委会

2006 年 1 月

再版前言

  随着社会的不断进步，经济的不断发展，人们对生活环境质量的要求越来越高，特别是对园林绿化环境的要求更高，而创造清新、自然、优美、富于感染力的生活环境是当代园林工程人员所肩负的责任，所以培养既懂得园林工程施工技术，又懂得园林工程施工管理的实用型、技术型、应用型的人才是当今园林工程事业的迫切要求。

  《园林工程施工技术》是一门专业性、实践性很强的课程，也是园林专业的重要专业课。本课程以培养学生园林工程施工的职业能力为重点，课程内容与行业岗位需求和实际工作需要相结合，课程设计以学生为主体，能力培养为目标，完成任务为载体，体现基于工作过程为导向的课程开发与设计理念。

  本教材根据高等职业教育教学的基本要求，以培养技术应用能力为主线，以必需够用为原则，确定编写大纲和内容。在写法上突出项目和任务实践，图文并茂，注重直观。在结构上，打破传统的章节编排顺序，改为以工程项目和任务的形式出现。针对园林工程行业工作对象，提出8个工程项目，30个工作任务。每个项目设有一个项目目标和项目说明，在工作任务中，按照任务描述、任务分析、任务咨询、任务实施、任务考核、巩固训练等顺序编写。

  书中含54个二维码，可扫码学习。

  本教材由李本鑫、史春凤、杨杰峰担任主编，李本鑫完成全书的大纲制订和统稿工作。具体编写分工如下：李本鑫编写项目1；史春凤、刘仙编写项目3；李静、姜龙编写项目4的任务4、任务5、任务6；高婷、刘仙编写项目5、项目6；范文忠、熊朝勇编写加项目7；孙晓东、孙海龙编写项目4的任务1、任务2，项目8；杨杰峰编写项目2；李陆娟编写项目4的任务3。全书由郑铁军主审。

  在编写过程中，得到了许多高校同行的大力支持，并提出了许多宝贵意见。在此一并致谢！这里还需要说明的是书中的许多插图来源于参考文献，但有些插图不能确定是否为作者原图，特别是有些插图经多本书引用，但又未注明出处，我们又很难考证原图，因此本书中插图出处也只好空缺。如有插图原作者发现插图来源有误，请及时与我们联系，我们将在再版时予以更正，并表示歉意。

  园林工程施工与管理这门课程的教学改革仍在探索中，所以书中定有许多不完善之处，敬请各位同行和读者在使用过程中，对书中的错误和不足之处进行批评指正，以便下次重印和再版时改进。

编者
2021年4月

目 录

项目 1 园林土方工程施工

【项目目标】

- 能用等高线法进行园林用地地形设计;
- 学会土方量的计算方法;
- 掌握土方平衡与调配方法;
- 掌握土方的施工方法。

【项目说明】

任何园林工程的修建,都要在地面做一定的基础,如挖掘基坑、路槽等,这些工程都是从土方施工开始的。在园林中地形的利用、改造或创造,如挖湖堆山、平整场地都要依靠动土方来完成。土方工程,一般来说在园林建设中是一项大工程,而且在建园中它又是先行的项目。它完成的速度和质量,直接影响后续工程,所以它和整个建设工程的进度关系密切。为了使工程能多快好省地完成,必须做好土方工程的设计和施工的安排。

本项目共分 3 个任务来完成:计算土方量、挖湖工程施工和堆山工程施工。

任务1 计算土方量

知识点:了解土方量的计算方法,能正确用方格网法计算土方工程量。

能力点:能根据施工图进行土方工程量的计算。

任务描述

在满足设计意图的前提下,如何尽量减少土方的施工量,节约投资和缩短工期,这是土方工程的关键性问题。要做到这一点,对土方的挖填和运输都应进行必要的计算,做到心中有数,以提高工作效率和保证工程质量。

某景区为满足游人活动需要,拟将一块地面整平为单向坡面的"T"字形广场,要求广场具有1%的纵坡,土方就地平衡,希望通过学习能够利用体积公式估算法、断面法、等高面法、方格网法等方法计算土方工程量。

任务分析

土方工程量的计算一般是在原地形等高线的设计地形图上进行的,通过计算,有时反过来又可以修订设计图中不合理之处,使图纸更加完善。

要做好该项工程的施工工作,现场施工员在具有较强管理能力、协调能力和责任心的基础上,还必须掌握丰富的土方工程量计算的相关知识。其工作步骤为:在具有等高线施工地形图上作方格网;用插入法求出原地形高程;按照设计意图确定设计高程;求出施工标高,计算土方量。

任务咨询

一、等高线法地形设计

园林用地地形设计,应遵循因地制宜、师法自然、顺理成章、统筹兼顾的原则。等高线法是在绘有原地形等高线的底图上用设计等高线进行地形改造,在同一张图纸上可表达原有地形、设计地形和景区的平面布置关系。此法在园林设计中应用最多,适于景区自然山水园的土方计算。

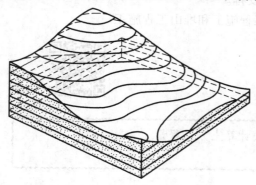

图1.1　等高线在切割面上的闭合情况

(一)等高线特点

地面上高程(或标高)相同的各点所连接成的闭合曲线称为等高线。在图上用等高线能反映出地面高低起伏变化的形态。等高线有以下特点:

①同一等高线上各点高程相等。

②每一条等高线是闭合的曲线(图1.1)。

③等高线水平间距的大小能表示地形的缓或陡,疏则缓,密则陡。等高线间距相同,表示地面坡

度一致。

④等高线一般不相交、重叠或合并,只有在悬崖、峭壁或挡土墙、驳岸处等高线才会重合。

⑤等高线一般不能随意横穿河流、峡谷、堤岸和道路等。

(二)等高线法地形设计

1)图上某一点高程及坡度计算

(1)插入法求某一点高程　欲求相邻两等高线之间任意点高程用如下公式:

$$H_x = H_a \pm \frac{xh}{L}$$ (1.1)

式中　H_x——欲求任意点高程;

H_a——低边等高线高程;

x——该点距低边等高线的水平距离;

h——等高距;

L——过该点相邻等高线间的最小距离。

用插入法求某点地面高程,常有下面3种情况,如图1.2所示。

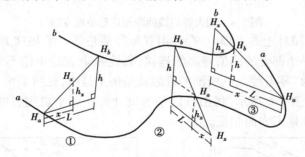

图1.2　插入法求任意点高程图示

①欲求点高程 H_x 在两等高线之间:

$$H_x = H_a + \frac{xh}{L}$$ (1.2)

②欲求点高程 H_x 在低边等高线的下方:

$$H_x = H_a - \frac{xh}{L}$$ (1.3)

③欲求点高程 H_x 在高边等高线的上方:

$$H_x = H_a + \frac{xh}{L}$$ (1.4)

(2)坡度计算　欲求某一坡面的坡度用下列公式:

$$i = \frac{h}{L}$$ (1.5)

式中　i——坡度,%;

h——高差,m;

L——水平距离,m。

以上两个公式,在计算土方量的任务中得到具体应用。

2)等高线法地形设计的应用

（1）陡坡变缓或缓坡变陡 在高差不变的情况下，通过改变等高线间距可以减缓或增加地形的坡度，见图1.3和图1.4。

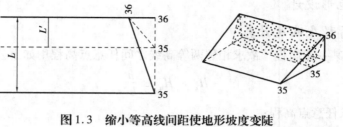

图1.3 缩小等高线间距使地形坡度变陡

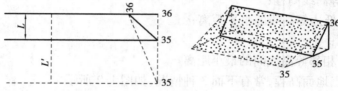

图1.4 增大等高线间距使地形坡度变缓

（2）平垫沟谷 在园林土方工程中，有些沟谷地段须垫平。平垫这类地段设计时，一般用平直设计等高线与拟平垫部分的同值等高线连接，其连接点就是不挖不填的点，称为"零点"。这些相邻点的连线称为"零点线"，其所围的区域就是垫土范围，见图1.5。

（3）削平山脊 如图1.6所示，将山脊削平的设计方法和平垫沟谷的设计方法相同，只是设计等高线所切割的原地形方向相反。

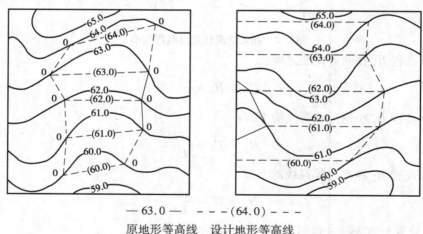

—— 63.0 ——   - - - (64.0) - - -
原地形等高线   设计地形等高线

图1.5 平垫沟谷等高线设计   **图1.6 削平山脊等高线设计**

（4）平整场地 园林建设中平整场地主要包括铺装广场、建筑地坪、建植草坪、文体活动场地等。各种场地因其使用功能不同，对排水坡度要求而异。非铺装场地的目的是垫洼平凸，地表坡度顺其自然，排水通畅即可。一般铺装场地往往采用规则的坡面，可以是单面坡、两面坡和四面坡，坡面上纵、横坡度保持一致。图1.7是两面坡三坡向平整场地的等高线设计。

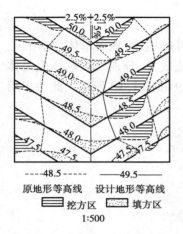

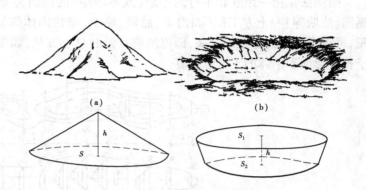

图 1.7　平整场地的等高线设计　　　　　　　**图 1.8　近似规则图形估算土方量**

二、计算土方量方法

1)估算法

在实际土方工程中,经常会出现一些类似锥体、棱体等几何形体的地形单体,如山丘、池塘等(图1.8)。这些地形单体的体积可用相近的几何体体积公式进行计算。这种方法简便易行,但精度不高,多用于土方工程量的估算。从表1.1中选用体积公式来估算土方量。

表1.1　用求体积公式估算土方量

序　号	几何体名称	几何体形状	体　积
1	圆锥		$V = \dfrac{1}{3}\pi r^2 h$
2	圆台		$V = \dfrac{1}{3}\pi h(r_1^2 + r_2^2 + r_1 r_2)$
3	棱锥		$V = \dfrac{1}{3}Sh$
4	棱台		$V = \dfrac{1}{3}h(S_1 + S_2 + \sqrt{S_1 S_2})$
5	球缺		$V = \dfrac{1}{6}\pi h(h^2 + 3r^2)$

V——体积;r——半径;S——底面积;h——高;

r_1,r_2——分别为上、下底半径;S_1,S_2——分别为上、下底面积

2)断面法

断面法是用一组互相平行的等距(或不等距)的截面将要计算的地块、地形单体(如山丘、溪涧、池塘等)和土方工程(如沟渠、路堤、路堑、带状山体等)分截成段,分别计算这些段的体积,再将这些段的体积加起来,即得所求对象的总土方量,如图1.9和图1.10所示。此法多用于长条形地形单体的土方量计算。

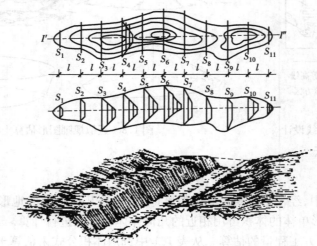

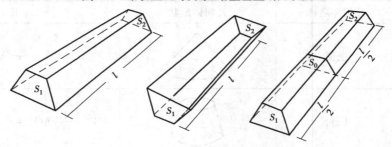

图1.9　带状土山与沟渠、路堑垂直断面取法

图1.10　求中截面积

计算公式如下:

$$V = \frac{1}{2}(S_1 + S_2) \times L \tag{1.6}$$

式中　S_1,S_2——相邻两断面的面积,m^2;

　　　L——相邻两断面之间的距离,m。

用断面法计算土方量时,其精度取决于截取断面的数量,多则精,少则粗。当S_1与S_2面积相差较大,或L大于50 m时,计算结果误差较大,在这种情况下,可用下面的公式计算:

$$V = \frac{1}{6}(S_1 + S_2 + 4S_0) \times L \tag{1.7}$$

式中　S_0——中截面积,有以下两种求法。

(1)用求棱台中截面面积公式计算:

$$S_0 = \frac{1}{4}(S_1 + S_2 + 2\sqrt{S_1 \times S_2}) \tag{1.8}$$

（2）用 S_1 与 S_2 各相应边的平均值求 S_0 的面积,见图1.10。

3）等高面法

等高面法同断面法,只是截取断面时,沿着等高线截取,等高距为两相邻断面的高,如图1.11所示。此法多用于大面积自然山水地形的土方量计算。

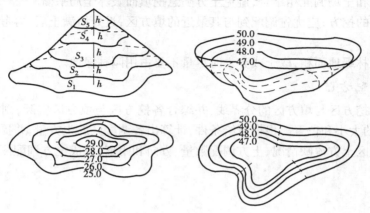

图1.11　等高面法

计算公式如下:

$$V = \left[\frac{1}{2}(S_1 + S_2) + S_2 + S_3 + S_4 + \cdots + S_{n-1} \right] \times h + \frac{1}{3}S_n \times h \qquad (1.9)$$

式中　V——土方体积,m^3;

　　　　S——断面面积,m^2;

　　　　h——等高距,m。

4）方格网法

在园林工程中,经常有一些平整场地的工作,即将原来高低不平和破碎的地形按设计要求整理成为具有一定坡度较平坦的场地,如广场、停车场、运动场、露天剧场等。这类地块的土方量计算最适宜用方格网法。其工作步骤如下:

（1）作方格控制网　在附有等高线的施工现场地形图上划分方格网,用以控制施工场地。方格网边长大小取决于计算精度要求和地形复杂程度,一般选用20～40 m。

（2）求角点原地形高程　在地形图上,采用插入法求出各角点的原地形高程,或将方格网各角点测设到地面上,再测出各角点的标高,并标注在图上。

（3）确定角点设计高程　根据地面的形状、坡向、坡度值等情况,依设计意图,确定各角点的设计高程。

（4）求施工标高　利用原地形高程与设计高程,求施工标高。

（5）求零点线　零点线是不挖不填的点(零点)的连线,也是挖方与填方的界定线。由零点线可以划分出挖方区或填方区。

（6）计算土方量　根据零点线与施工标高,可为土方计算提供填、挖方的面积与填、挖方的高度,再依据不同的棱柱体计算公式,求出方格内土方的填方量和挖方量。

三、土方平衡调配

1）土方平衡调配原则

①力求做到挖方与填方平衡，就近挖方与填方。

②分区调配和全场调配相结合，避免土方随意挖填而破坏全局平衡。

③一个区域的挖方，应优先调配到与其最近的填方区，近处填满土后，再考虑向稍远的填方区调配。

④为保证园林绿地面积，取土或弃土时尽量不要占用园林绿地。

2）土方平衡调配方法

在图上划出挖方区与填方区的分界线，并综合各挖方区与填方区实际，划分出若干个调配区，确定调配区的大小和位置。根据所给条件，计算出各调配区的土方量，并提出取土或弃土的数量。注明调配区土方盈缺情况、土方调配数量、方向和距离，完成土方调配图。

任务实施

一、作方格控制网

根据前面提到的"T"字形广场平整要求，按正南北方向划分边长为 20 m 的方格，作方格控制网。编号分别为 1-1,1-2,1-3,1-4,1-5,…,4-4,如图 1.12 所示。

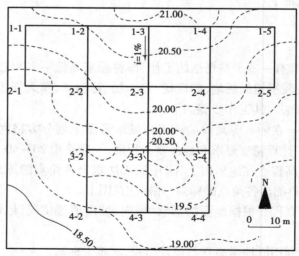

图 1.12　某景区"T"字形广场方格控制网

二、求角点原地形高程

用插入法公式（1.1）求各角点的原地形高程。如图 1.13 所示,过角点 1-1 作相邻两等高线间的距离最小线段。用比例尺量得 $L=12.5$ m,$x=7.5$ m,等高距 $h=0.2$ m,代入公式（1.2）。

$$H_x = \left(20.60 + \frac{7.5 \times 0.2}{12.5}\right)\text{m} = 20.72 \text{ m}$$

求角点 1-2 的高程,由图可知,$L = 12.0$ m,$x = 13.0$ m,代入公式(1.3):

$$H_x = \left(20.60 + \frac{13.0 \times 0.2}{12.0}\right)\text{m} = 20.82 \text{ m}$$

依此可求出其余各角点高程,并一一标在图上(图 1.14)。

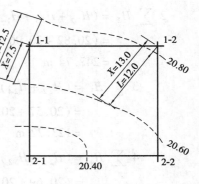

图1.13　求角点高程

三、求平整标高

假设平整标高(原地面高程的平均值)为 H_0,则:

$$H_0 = \frac{1}{4}N\left(\sum H_1 + 2\sum H_2 + 3\sum H_3 + 4\sum H_4\right)$$

$$(1.10)$$

式中　H_1,H_2,H_3,H_4——计算时分别使用一次、二次、三次、四次的角点高程;

　　　　N——方格数。

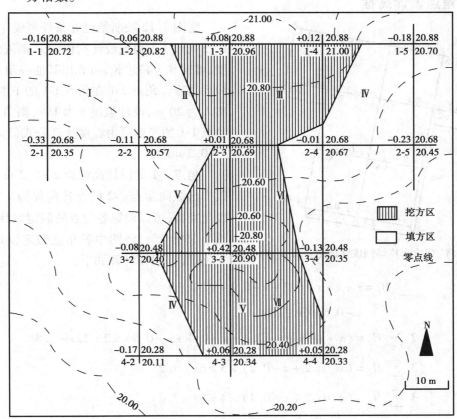

图1.14　某景区"T"字形广场挖填方区划图

由图 1.14 可知,各角点原地面高程可求出平整标高,计算如下:

$$\sum H_1 = H_{1\text{-}1} + H_{1\text{-}5} + H_{2\text{-}1} + H_{2\text{-}5} + H_{4\text{-}2} + H_{4\text{-}4}$$

$$= (20.72 + 20.70 + 20.35 + 20.45 + 20.11 + 20.33)\text{m}$$

$$= 122.66 \text{ m}$$

$$2 \sum H_2 = (H_{1\text{-}2} + H_{1\text{-}3} + H_{1\text{-}4} + H_{3\text{-}2} + H_{3\text{-}4} + H_{4\text{-}3}) \times 2$$

$$= (20.82 + 20.96 + 21.00 + 20.40 + 20.35 + 20.34)\,\text{m} \times 2$$

$$= 247.74\,\text{m}$$

$$3 \sum H_3 = (H_{2\text{-}2} + H_{2\text{-}4}) \times 3$$

$$= (20.57 + 20.67)\,\text{m} \times 3$$

$$= 123.72\,\text{m}$$

$$4 \sum H_4 = (H_{2\text{-}3} + H_{3\text{-}3}) \times 4$$

$$= (20.69 + 20.80)\,\text{m} \times 4$$

$$= 165.96\,\text{m}$$

$$H_0 = \frac{1}{4} \times 8(122.66 + 247.74 + 123.72 + 165.96)\,\text{m} \approx 20.63\,\text{m}$$

四、确定角点设计高程

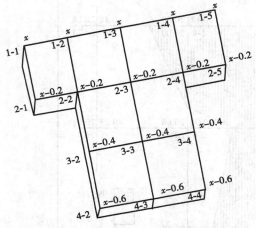

图 1.15　将"T"字形广场画成立体图并求 H_0 的位置

将图 1.12 按所给已知条件画成立体图(图 1.15),设 1-1 角点设计高程为 x,则依给定的坡度、坡向和方格边长,可算出其他各角点的假定设计高程。角点 2-1 在角点 1-1 的下坡,水平距离 L 为 20 m,设计坡度 i 为 1%,则角点 2-1 与角点 1-1 的高差可由坡度计算公式(1.5)求得,$h = 0.2$ m。

角点 2-1 的设计高程为 $x - 0.2$ m。同法可以推出纵向角点 3-2 的设计高程为 $x - 0.4$ m。以此类推,可以确定各角点的假定设计高程,如图 1.15 所示。将图中各角点假定设计高程代入公式(1.10),计算如下:

$$\sum H_1 = x + x + x - 0.2 + x - 0.2 + x - 0.6 +$$

$$x - 0.6 = 6x - 1.6$$

$$2 \sum H_2 = (x + x + x + x - 0.4 + x - 0.4 + x - 0.6) \times 2 = 12x - 2.8$$

$$3 \sum H_3 = (x - 0.2 + x - 0.2) \times 3 = 6x - 1.2$$

$$4 \sum H_4 = (x - 0.2 + x - 0.4) \times 4 = 8x - 2.4$$

则 $H_0 = \dfrac{1}{4} \times 8(6x - 1.6 + 12x - 2.8 + 6x - 1.2 + 8x - 2.4) = x - 0.25$

将 $H_0 = 20.63$ m(上面已求得)代入上式,得

$$20.63\,\text{m} = x - 0.25\,\text{m}$$

$$x \approx 20.88\,\text{m}$$

知道了角点 1-1 的设计高程,就可以依次求出其他角点的设计高程,如图 1.14 所示。根据

各角点的设计高程,即可求出施工标高,据此可确定挖方区与填方区。

五、求施工标高

施工标高 = 原地形高程 − 设计高程

得数为"+"号为挖方,得数为"−"号为填方。由上式可以求得各角点的施工标高,并标注在图上,如图 1.14 所示。

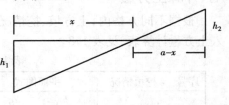

图 1.16　求零点线位置

六、确定零点线

在相邻两角点之间,如施工标高一个为"+"数,一个为"−"数,则它们之间一定有零点存在。

如图 1.16 所示,零点可由下式求得:

$$x = h_1 \times a / (h_1 + h_2) \tag{1.11}$$

式中　x——零点距 h_1 一端角点的水平距离,m;

　　　h_1,h_2——方格相邻两角点的施工标高绝对值,m;

　　　a——方格边长,m。

由上式可确定各方格零点的位置,计算如下:

方格 Ⅱ 中,点 1-3 与点 1-2;点 2-3 与点 2-2。

$$x_{(1\text{-}3,1\text{-}2)} = \frac{0.08 \times 20}{0.08 + 0.06} = 11.4 ; 则 \ x_{(1\text{-}2,1\text{-}3)} = 20 - 11.4 = 8.6$$

$$x_{(2\text{-}3,2\text{-}2)} = \frac{0.01 \times 20}{0.01 + 0.11} = 1.7 ; 则 \ x_{(2\text{-}2,2\text{-}3)} = 20 - 1.7 = 18.3$$

方格 Ⅲ 中,点 1-4 与点 2-4;点 2-3 与点 2-4。

$$x_{(1\text{-}4,2\text{-}4)} = \frac{0.12 \times 20}{0.12 + 0.01} = 18.5 ; 则 \ x_{(2\text{-}4,1\text{-}4)} = 20 - 18.5 = 1.5$$

$$x_{(2\text{-}3,2\text{-}4)} = \frac{0.01 \times 20}{0.01 + 0.01} = 10.0 ; 则 \ x_{(2\text{-}4,2\text{-}3)} = 20 - 10.0 = 10.0$$

方格 Ⅳ 中,点 1-4 与点 1-5。

$$x_{(1\text{-}4,1\text{-}5)} = \frac{0.12 \times 20}{0.12 + 0.18} = 8.0 ; 则 \ x_{(1\text{-}5,1\text{-}4)} = 20 - 8.0 = 12.0$$

方格 Ⅴ 中,点 3-3 与点 3-2。

$$x_{(3\text{-}3,3\text{-}2)} = \frac{0.42 \times 20}{0.42 + 0.08} = 16.8 ; 则 \ x_{(3\text{-}2,3\text{-}3)} = 20 - 16.8 = 3.2$$

方格 Ⅵ 中,点 3-3 与点 3-4。

$$x_{(3\text{-}3,3\text{-}4)} = \frac{0.42 \times 20}{0.42 + 0.13} = 15.3 ; 则 \ x_{(3\text{-}4,3\text{-}3)} = 20 - 15.3 = 4.7$$

方格 Ⅶ 中,点 4-3 与点 4-2。

$$x_{(4\text{-}3,4\text{-}2)} = \frac{0.06 \times 20}{0.06 + 0.17} = 5.2 ; 则 \ x_{(4\text{-}2,4\text{-}3)} = 20 - 5.2 = 14.8$$

方格 Ⅷ 中,点 4-4 与点 3-4。

$$x_{(4\text{-}4,3\text{-}4)} = \frac{0.05 \times 20}{0.05 + 0.13} = 5.6 ; 则 \ x_{(3\text{-}4,4\text{-}4)} = 20 - 5.6 = 14.4$$

七、计算土方量

根据不同方格内,土方填、挖情况,选择适宜的公式(表1.2),计算土方量。将计算结果填入土方量计算表,见表1.3。

表1.2　方格网计算土方量公式

序号	挖填情况	平面图式	立体图式	计算公式
1	四点全为填方(或挖方)时			$\pm V = \dfrac{a^2 \times \sum h}{4}$
2	两点填方两点挖方时			$\pm V = \dfrac{a(b+c)\sum h}{8}$
3	三点填方(或挖方)一点挖方(或填方)时			$\pm V = \dfrac{b \times c \times \sum h}{6}$ $\pm V = \dfrac{(2a^2 - b \times c)\sum h}{10}$
4	相对两点为填方(或挖方),其余两点为挖方(或填方)时			$\pm V = \dfrac{b \times c \times \sum h}{6}$ $\pm V = \dfrac{d \times e \times \sum h}{6}$ $\pm V = \dfrac{(2a^2 - b \times c - d \times e)\sum h}{12}$

表1.3　土方量计算表

方格代号	挖方/m³	填方/m³	备　注
Ⅰ		66.0	
Ⅱ	2.9	11.4	
Ⅲ	16.5	0.025	
Ⅳ	3.0	27.4	
Ⅴ	19.9	10.2	
Ⅵ	27.2	5.1	
Ⅶ	26.4	11.3	
Ⅷ	38.8	1.5	
总计	134.7	132.9	多土1.8/m³

方格Ⅰ为四点全是填方,用公式 $\pm V = a^2 \dfrac{\sum h}{4}$ 计算,则

$$-V = 400 \times \frac{0.16 + 0.06 + 0.33 + 0.11}{4}\text{m}^3 = 66.0 \text{ m}^3$$

方格Ⅱ为两点填方,两点挖方,用公式 $\pm V = a(b+c)\dfrac{\sum h}{8}$ 计算,则

$$-V = 20 \times (8.6+18.3) \times \frac{0.06+0.11}{8}\,\text{m}^3 = 11.4\ \text{m}^3$$

$$+V = 20 \times (11.4+1.7) \times \frac{0.08+0.01}{8}\,\text{m}^3 = 2.9\ \text{m}^3$$

方格Ⅲ为一点填方,三点挖方,用公式 $\pm V = b \times c \times \dfrac{\sum h}{6}$ 计算,则

$$-V = 1.5 \times 10.0 \times \frac{0.01}{6}\,\text{m}^3 = 0.025\ \text{m}^3$$

用公式 $\pm V = (2a^2 - b \times c)\dfrac{\sum h}{10}\,\text{m}^3$ 计算,则

$$+V = (2 \times 400 - 1.5 \times 10) \times \frac{0.08+0.12+0.01}{10}\,\text{m}^3 = 16.5\ \text{m}^3$$

方格Ⅳ为一点挖方,三点填方,同方格Ⅲ计算,则

$$+V = 8.0 \times 18.5 \times \frac{0.12}{6}\,\text{m}^3 = 3.0\ \text{m}^3$$

$$-V = (2 \times 400 - 8.0 \times 18.5) \times \frac{0.18+0.01+0.23}{10}\,\text{m}^3 = 27.4\ \text{m}^3$$

方格Ⅴ同方格Ⅱ计算,则

$$-V = 20 \times (18.3+3.2) \times \frac{0.11+0.08}{8}\,\text{m}^3 = 10.2\ \text{m}^3$$

$$+V = 20 \times (1.7+16.8) \times \frac{0.01+0.42}{8}\,\text{m}^3 = 19.9\ \text{m}^3$$

方格Ⅵ同上式计算,则

$$-V = 20 \times (10.0+4.7) \times \frac{0.01+0.13}{8}\,\text{m}^3 = 5.1\ \text{m}^3$$

$$+V = 20 \times (10.0+15.3) \times \frac{0.01+0.42}{8}\,\text{m}^3 = 27.2\ \text{m}^3$$

方格Ⅶ同上式计算,则

$$-V = 20 \times (3.2+14.8) \times \frac{0.08+0.17}{8}\,\text{m}^3 = 11.3\ \text{m}^3$$

$$+V = 20 \times (16.8+5.2) \times \frac{0.42+0.06}{8}\,\text{m}^3 = 26.4\ \text{m}^3$$

方格Ⅷ同方格Ⅲ计算,则

$$-V = 14.4 \times 4.7 \times \frac{0.13}{6}\,\text{m}^3 = 1.5\ \text{m}^3$$

$$+V = (2 \times 400 - 14.4 \times 4.7) \times \frac{0.42+0.06+0.05}{10}\,\text{m}^3 = 38.8\ \text{m}^3$$

八、绘制土方平衡调配图

划分调配区,A_1 代表第一挖方区,由Ⅱ、Ⅲ、Ⅳ挖方组成;A_2 代表第二挖方区,由Ⅴ、Ⅵ挖方

组成;A₃ 代表第三挖方区,由Ⅶ、Ⅷ挖方组成。B₁ 代表第一填方区,由Ⅰ、Ⅱ、Ⅴ填方组成;B₂ 代表第二填方区,由Ⅲ、Ⅳ、Ⅵ填方组成,B₃ 代表第三填方区,由Ⅶ填方组成。用作图法近似地标出调配区的重心位置,再用比例尺量出调配区之间的平均距离。某景区广场土方量平衡调配图见图 1.17。从图上可以清楚地看到各区的土方盈缺情况、土方的调拨数量、方向及距离。

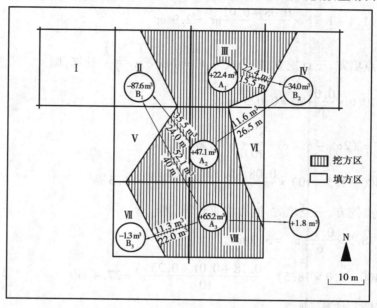

图 1.17　某景区广场土方量平衡调配图

以上为手工土方量计算,在实际土方设计和施工中,一般使用土方量计算软件进行操作,节省人力和物力,工作效率高。同时需要强调的是,不能只考虑挖方与填方数字的绝对平衡,在保证设计意图的前提下,施工时尽可能减少动土量和不必要的搬运。

任务考核

序　号	任务考核	考核项目	考核要点	分　值	得　分
1	过程考核	求原地形高程	运用插入法公式求角点原地形高程,结果计算正确	15	
2		确定设计高程	通过平整标高,根据坡度设计要求,正确推出各角点的设计高程	15	
3		求施工标高	各角点施工标高计算正确	15	
4		确定零点线	零点位置计算正确,用零点线正确划分挖方区与填方区	20	

续表

序　号	任务考核	考核项目	考核要点	分　值	得　分
5	结果考核	计算土方量	选用方格网计算土方量公式,结果计算正确。挖方总量与填方总量相对误差不超过10%	20	
6		绘土方平衡调配图	汇总挖方区与填方区土方量,确定取土与弃土的数量。正确绘制土方平衡调配图	15	

巩固训练

　　某小区为扩大居民活动场所,同时满足居民游园活动需要,拟将一高低不平的地块,平整为三坡向两坡面的"T"字形广场,要求广场具有一定的纵坡与横坡,坡度分别为1.5%和2%,土方就地平衡,试用方格网法计算其土方量,见图1.18。

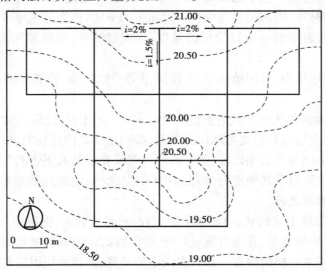

图1.18　某小区"T"字形广场

一、材料及用具

　　小区拟平整地块的地形图、计算器、直尺、圆规、三棱尺等。

二、组织实施

　　①将学生分成4个小组,以小组为单位,单人完成土方量计算;
　　②参照方格网法计算土方量实施步骤进行。

三、训练成果

①每人交一份训练报告,并参照上述任务考核进行评分;
②每个小组交一份土方平衡调配图。

拓展提高

地形地貌

地形是指地面上高低起伏及外部形态,如长方形、圆形、梯形等。地貌是指地球自然表面高低起伏形态,如山地、丘陵、平地、洼地等。园林地形是园林范围内地形发生的平面高低起伏的变化,称为小地形。微地形,在园林范围内起伏较小的地形称微地形,包括沙丘上微弱的起伏和波纹等。

一、地形的形式

(1)平坦地形　园林中坡度比较平缓的用地统称为平地。平地可作为集散广场、交通广场、草地、建筑等方面的用地,以接纳和疏散人群,组织各种活动或供游人游览和休息。在使用平坦地形时要注意以下几点:

①为排水方便,人为地要把平地变成3%~5%的坡度,造成大面积平地有一定起伏。

②在有山水的园林中,山水交界处应有一定面积的平地,作为过渡地带,临山的一边应以渐变的坡度和山体相接,近水的一旁以缓慢的坡度,形成过渡带,徐徐伸入水中造成冲积平原的景观。

③在平地上可挖地堆山,可用植物分割、作障景等手法处理,打破平地单调乏味,防止一览无余,作为障景处理。

(2)凸地形　凸地形的表现形式有坡度为8%~25%的土丘、丘陵、山峦以及小山峰。凸地形在景观中可作为焦点物或具有支配地位的要素,特别是当其被低矮的设计形状环绕时更是如此。从情感上来说,上山与下山相比较,前者能产生对某物或某人更强的尊崇感。因此,那些教堂、寺庙、宫殿、政府大厦以及其他重要的建筑物(如纪念碑、纪念性雕塑等),常常耸立在地形的顶部,给人以严肃崇敬之感。

(3)山脊　脊地总体上呈线状,与凹地形相比较,形状更紧凑、更集中。可以说是更"深化"的凸地形。与凸面地形相类似,脊地可限定户外空间边缘,调节其坡上和周围环境中的小气候。在景观中,脊地可被用来转换视线在一系列空间中的位置,或将视线引向某一特殊焦点。

(4)凹地形　凹地形在景观上可被称为碗状池地,呈现小盆地。凹地形在景观中通常作为一个空间,当其与凸面地形相连接时,它可完善地形布局。凹面地形是景观中的基础空间,适宜于多种活动的进行。凹面地形是一个具有内向性和不受外界干扰的空间,给人一种分割感、封闭感和私密感(图1.19)。

(5)谷地　与凹面地形相似,谷地在景观中也是一个低地,是景观中的基础空间,适合安排多种项目和内容。但它与脊地相似,也呈线状,沿一定的方向延伸,具有一定的方向性。

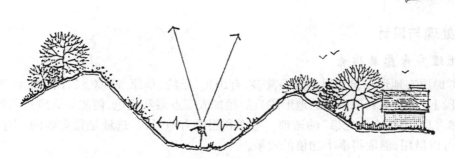

图1.19　凹面地形所形成的封闭和私密性空间

二、地形的功能和作用

（1）分隔空间　地形可以不同的方式创造和限制空间。平坦地形仅是一种缺乏垂直限制的平面因素，视觉上缺乏空间限制，而斜坡的地面较高点则占据了垂直面的一部分，并且能够限制和封闭空间。斜坡越陡越高，户外空间感就越强烈。地形除限制空间外，它还能影响一个空间的气氛。平坦、起伏平缓的地形能给人美的享受和轻松感，而陡峭、崎岖的地形极易在一个空间中造成兴奋的感受。

（2）控制视线　地形能在景观中将视线导向某一特定点，影响某一固定点的可视景物和可见范围，形成连续观赏后景观序列，或完全封闭同向不悦景物的视线。为了能在环境中使视线停留在某一特殊焦点上，我们可在视线的一侧或两侧将地形增高，在这种地形中，视线两侧的较高的地面犹如视野屏障，封锁了分散的视线，从而使视线集中到景物上。地形的另一类似功能是构成一系列赏景点，以此来观赏某一景物或空间。

（3）影响旅游线路和速度　地形可被用在外部环境中，影响行人和车辆运行的方向、速度和节奏。在园林设计中，可用地形的高低变化、坡度的陡缓以及道路的宽窄、曲直变化来影响和控制游人的游览线路和速度。在平坦的土地上，人们的步伐稳健持续，无须花费什么力气。而在变化的地形上，随着地面坡度的增加，或障碍物的出现，游览也就越发困难。为了上、下坡，人们就必须使出更多的力气，时间也就延长，中途的停顿休息也就逐渐增多。对于步行者来说，在上、下坡时，其平衡性受到干扰，每走一步都格外小心，最终导致尽可能地减少穿越斜坡的行动。

（4）改善小气候　地形可影响园林某一区域的光照、温度、风速和湿度等。从采光方面来说，朝南的坡面一年中大部分时间都保持较温暖和宜人的状态。从风的角度而言，凸面地形、脊地或土丘等，可以阻挡刮向某一场所的冬季寒风。反过来，地形也可被用来收集和引导夏季风。夏季风可以被引导穿过两高地之间形成的谷地或洼地、马鞍形的空间。

（5）美学功能　地形可被当作布局和视觉要素来使用。在大多数情况下，土壤是一种可塑性物质，它能被塑造成具有各种特性、具有美学价值的悦目的实体和虚体。地形有许多潜在的视觉特性。作为地形的土壤，我们可将其成形为柔软、具有美感的形状，这样它便能轻易地捕捉视线，并使其穿越于景观。借助于岩石和水泥，地形便被浇筑成具有清晰边缘和平面的挺括形状结构。地形的每一种上述功能，都可使一个设计具有明显的视觉特性和视觉感。

地形不仅可被组合成各种不同的形状，而且它还能在阳光和气候的影响下产生不同的视觉效应。阳光照射某一特殊地形，并由此产生的阴影变化，一般都会产生一种赏心悦目的效果。当然，这些情形每一天、每一个季节都在发生变化。此外，降雨和降雾所产生的视觉效应，也能改变地形的外貌。

三、地形处理与设计

1）地形处理应考虑的因素

（1）考虑原有地形　自然风景类型甚多，有山岳、丘陵、草原、沙漠、江、河、湖、海等景观，在这样的地段上，主要是利用原有的地形或只需稍加人工点缀和润色，便能成为风景名胜，这就是"自成天然之趣，不烦人工之事"的道理。考虑利用原有地形时，选址是很重要的。有了良好的自然条件可以借用，能取得事半功倍的效果。

（2）根据园林分区处理地形　在园林绿地中，开展活动内容很多。不同的活动，对地形有不同的要求。如游人集中的地方和体育活动的场所，要求地形平坦；划船游泳，需要有河流湖泊；登高眺望，需要有高地山冈；文娱活动需要许多室内外活动场地；安静休息和游览赏景则要求有山林溪流等。在园林建设中必须考虑不同分区有不同地形，而地形变化本身也能形成灵活多变的园林空间，创造出景区的园中园，比用建筑创造的空间更具有生气，更有自然野趣。

（3）要有利于园林地面排水　园林绿地每天有大量游人，雨后绿地中不能有积水，这样才能尽快供游人活动。园林中常用自然地形的坡度进行排水。因此，在创造一定起伏的地形时，要合理安排分水和汇水线，保证地形具有较好的自然排水条件。园林中每块绿地应有一定的排水方向，可直接流入水体或是由铺装路面排入水体，排水坡度可允许有起伏，但总的排水方向应该明确。

（4）要考虑坡面的稳定性　如果地形起伏过大，或坡度不大但同一坡度的坡面延伸过长时，则会引起地表径流，产生坡面滑坡。因此地形起伏应适度，坡长应适中。一般来说，坡度小于 1% 的地形易积水，地表面不稳定；坡度介于 1% ~5% 的地形排水较理想，适合于大多数活动内容的安排，但当同一坡面过长时，显得较单调，易形成地表径流；坡度介于 5% ~10% 的地形排水良好，而且具有起伏感；坡度大于 10% 的地形只能局部小范围地加以利用。

（5）要考虑为植物栽培创造条件　城市园林用地不适合植物生长，因此，在进行园林设计时，要通过利用和改造地形，为植物的生长发育创造良好的环境条件。城市中较低凹的地形，可挖土堆山，抬高地面，以适宜多数乔灌木的生长。利用地形坡面，创造一个相对温暖的小气候，满足喜温植物的生长等。

2）地形处理的方法

（1）巧借地形　利用环抱的土山或人工土丘挡风，创造向阳盆地和局部的小气候，阻挡当地常年有害风雪侵袭；利用起伏地形，适当加大高差至超过人的视线高度（1 700 mm），按"俗则屏之"原则进行"障景"；以土代墙，利用地形"围而不障"，以起伏连绵的土山代替景墙以"隔景"。

（2）巧改地形　建造平台园地或在坡地上修筑道路或建造房屋时，采用半挖半填式进行改造，可起到事半功倍的效果。

（3）土方的平衡与园林造景相结合　尽可能就地平衡土方，挖池与堆山结合，开湖与造堤相配合，使土方就近平衡，相得益彰。

（4）安排与地形风向有关的旅游服务设施等有特殊要求的用地，如风帆码头、烧烤场等。

任务2　挖湖工程施工

> 知识点:了解园林挖湖工程的基础知识,掌握挖湖工程施工的工艺流程和验收标准。
> 能力点:能根据施工图进行挖湖工程的施工、管理与验收。

任务描述

　　平整场地、挖人工湖是土方施工中一项主要工程任务。某大学拟在校园内挖人工湖,挖方工程量比较大,平均挖深将近4 m。所以要想高质量、低成本按期完成该项工程建设任务,现场施工人员必须掌握土壤的工程性质、土石方施工的基本知识、定点放线的技术等。

任务分析

　　通过对施工图纸的分析我们知道,要做好该项工程的施工管理工作,现场施工人员必须具有较强的管理能力、协调能力和责任心。挖湖工程的土方施工是在计算完土方工程量之后,按照清理现场、定点放线、土方开挖、土方运输、土方填筑、土方压实等工序完成施工任务。具体应解决好以下几个问题:

　　①正确识读挖湖施工图,准确把握设计人员的设计意图。
　　②根据土石方工程的特点,编制切实可行的人工湖挖湖施工组织方案。
　　③进行有效的人工湖挖湖施工现场管理、指导和协调工作。
　　④做好人工湖成品修整和保护工作。
　　⑤做好竣工验收的准备工作。

任务咨询

　　园林用地设计地形的实现必然要依靠土方施工来完成。任何建筑物、构筑物、道路及广场等工程的修建,都要在地面作一定的基础,挖掘基坑、路槽等,这些工程都是从土方施工开始的。园林中地形的利用、改造或创造,如挖湖堆山、平整场地都要依靠动土方来完成。土方工程量,一般来说在园林建设中是一项大工程,而且在建园中它又是先行的项目。它完成的速度和质量,直接影响后续工程,所以它和整个建设工程的进度关系密切。为了使工程能多快好省地完成,必须做好土方工程的设计和施工的安排。

一、土方施工基本知识

1)土方工程的种类及其施工要求

土方工程根据其使用期限和施工要求,可分为永久性和临时性两种,但是不论是永久性还是临时性的土方工程,都要求具有足够的稳定性和密实度,使工程质量和艺术造型都符合原设计的要求。同时在施工中还要遵守有关的技术规范和原设计的各项要求,以保证工程的稳定和持久。

2)土壤的工程性质及工程分类

土壤的工程性质对土方工程的稳定性、施工方法、工程量及工程投资有很大关系,也涉及工程设计、施工技术和施工组织的安排。因此,对土壤的这些性质要进行研究并掌握它。以下是土壤的几种主要的工程性质:

(1)土壤的容重　单位体积内天然状况下的土壤重量,单位为 kg/m^3。土壤容重的大小直接影响施工的难易程度,容重越大挖掘越难,在土方施工中把土壤分为松土、半坚土、坚土等类,所以施工中施工技术和定额应根据具体的土壤类别来制订。

(2)土壤的自然倾斜角(安息角)　土壤自然堆积,经沉落稳定后的表面与地平面所形成的夹角,就是土壤的自然倾斜角。在工程设计时,为了使工程稳定,其边坡坡度数值应参考相应土壤的自然倾斜角的数值,土壤自然倾斜角还受到其含水量的影响,见表1.4。

表1.4　土壤的自然倾斜角

土壤名称 \ 倾斜角 \ 含水量	干的/(°)	潮的/(°)	湿的/(°)	土壤颗粒尺寸/mm
砾石	40	40	35	2 ~ 20
卵石	35	45	25	20 ~ 200
粗砂	30	32	27	1 ~ 2
中砂	28	35	25	0.5 ~ 1
细砂	25	30	20	0.05 ~ 0.5
黏土	45	35	15	<0.001 ~ 0.005
壤土	50	40	30	
腐殖土	40	35	25	

(3)土壤含水量　土壤的含水量是土壤孔隙中的水重和土壤颗粒重的比值。

土壤含水量在5%以内称干土,在30%以内称潮土,大于30%称湿土。土壤含水量的多少,对土方施工的难易也有直接的影响,土壤含水量过小,土质过于坚实,不易挖掘;含水量过大,土壤易泥泞,也不利于施工,无论用人力或机械施工,工效均降低。以黏土为例,含水量在30%以内最易挖掘,若含水量过大时,则其本身性质发生很大变化,并丧失其稳定性,此时无论是填方或挖方,其坡度都显著下降,因此含水量过大的土壤不宜做回填土用。

在填方工程中土壤的相对密实度是检查土壤施工中密实程度的标准,为了使土壤达到设计

要求的密实度,可以采用人力夯实或机械夯实。一般采用机械压实,其密实度可达95%,人力夯实在87%左右。大面积填方如堆山等,通常不加夯压,而是借土壤的自重慢慢沉落,久而久之也可达到一定的密实度。

(4)土壤的可松性　土壤经挖掘后,其原有紧密结构遭到破坏,土体松散而使体积增加的性质。这一性质与土方工程的挖土和填土量的计算及运输等都有很大关系。

二、土方施工准备工作

在造园施工中,由于土方工程是一项比较艰巨的工作。所以准备工作和组织工作不仅应先行,而且要做得周全仔细,否则因为场地大或施工点分散,容易造成窝工甚至返工而影响工效。

1)准备工作

施工以前,要做以下工作:

①审阅土方设计图。

②收集与施工现场有关资料,如地质、市政、气象等。

③了解施工单位情况,如人力、装备、效率等。

④做土方施工的组织设计、进度、方法、人员、设备安排、场地布置图,完成以上工作后,进场。

2)清理场地

在施工地范围内,凡有碍工程的开展或影响工程稳定的地面物或地下物都应该清理,例如不需要保留的树木、废旧建筑物或地下构筑物等。

(1)场地树木及其他设施清理　凡土方开挖深度不大于50 cm,或填方高度较小的土方施工,现场及排水沟中的树木,必须连根拔除,清理树墩除用人工挖掘外,直径在50 cm以上的大树墩可用土机铲除或用爆破法清除。

(2)建筑物和地下构筑物的拆除　应根据其结构特点进行工作,并遵照《建筑工程安全技术规范》的规定进行操作。

(3)管线及其他异常物体　如果施工场地内的地面地下或水下发现有管线通过或其他异常物体时,应事先请有关部门协同查清。未查清前,不可动工,以免发生危险或造成其他损失。

3)排水

场地积水不仅不便于施工,而且也影响工程质量,在施工之前,应该设法将施工场地范围内的积水或过高的地下水排走。

(1)排除地面积水　在施工前,根据施工区地形特点在场地周围挖好排水沟(在山地施工为防山洪,在山坡上方应做截洪沟),使场地内排水通畅,而且场外的水也不致流入。

在低洼处或挖湖施工时,除挖好排水沟外,必要时还应加筑围堰或设防水堤,为了排水通畅,排水沟的纵坡不应小于2%。沟的边坡值取1:1.5,沟底宽及深不小于50 cm。

(2)地下水的排除　排除地下水方法很多,但一般多采用明沟,引至集水井,并用水泵排出,因为明沟较简单经济。一般按排水面积和地下水位的高低来安排排水系统,先定出主干渠和集水井的位置,再定支渠的位置和数目,土壤含水量大的要求排水迅速的,支渠分布应密些,其间距约1.5 m,反之可疏。

挖湖施工中应先挖排水沟,排水沟的深度,应深于水体挖深。沟可一次挖掘到底,也可以依施工情况分层下挖,采用哪种方式可根据出土方向决定。

三、土方施工

土方工程施工包括挖、运、填、压4个内容。其施工方法可采用人力施工,也可用机械化或半机械化施工。这要根据场地条件、工程量和当地施工条件决定。在规模较大、土方较集中的工程中,采用机械化施工较经济;但对工程量不大、施工点较分散的工程或因受场地限制,不便于采用机械施工的地段,应用人力施工或半机械化施工,以下按上述4个内容简单介绍。

1)土方的挖掘

(1)人力施工　人力施工适用于一般园林小型建筑、构筑物的基坑、小溪流和假植沟、带状种植沟和小范围整地的挖方工程。

①施工工具:主要是锹、铺、钢钎等。

②施工流程:确定开挖顺序→确定开挖边界和深度→分层开挖→修整边缘部位→清底。

③施工注意事项:人力施工不但要组织好劳动力而且要注意安全和保证工程质量。

a.施工者要有足够的工作面,一般平均每人应有4~6 m²。

b.开挖土方附近不得有重物及易坍落物。

c.在挖土过程中,随时注意观察土质情况,要有合理的边坡,必垂直下挖者,松软土不得超过0.7 m,中等密度者不超过1.25 m,坚硬土不超过2 m,超过以上数值的须设支撑板或保留符合规定的边坡。

d.挖方工人不得在土壁下向里挖土,以防坍塌。

e.在坡上或坡顶施工者,要注意坡下情况,不得向坡下滚落重物。

f.施工过程中注意保护基桩、龙门板或标高桩。

(2)机械施工　主要施工机械有推土机、挖土机等。在园林施工中推土机应用较广泛,例如,在挖掘水体时,以推土机推挖,将推至水体四周,再行运走或堆置地形。最后岸坡用人工修整。

用推土机挖湖挖山,效率较高,但应注意以下几个方面:

①推土前应识图或了解施工对象的情况,在动工之前应向推土机手介绍拟施工地段的地形情况及设计地形的特点,最好结合模型,使之一目了然。另外施工前还要了解实地定点放线情况,如桩位、施工标高等。这样施工起来司机心中有数,推土铲就像他手中的雕塑刀,能得心应手地按照设计意图去塑造地形。这一点对提高施工效率有很大关系,这一步工作做得好,在修饰山体(或水体)时便可以省去许多劳力物力。

②注意保护表土:在挖湖堆山时,先用推土机将施工地段的表层熟土(耕作层)推到施工场地外围,待地形整理停当,再把表土铺回来,这样做较麻烦费工,但对公园的植物生长却有很大的好处,有条件之处应该这样做。

③桩点和施工放线要明显,推土机施工进进退退,其活动范围较大,施工地面高低不平,加上进车或退车时司机视线存在某些死角,所以桩木和施工放线很容易受破坏。为了解决这一问题,应加高桩木的高度,桩木上可做醒目标志(如挂小彩旗或桩木上涂明亮的颜色),以引起施工人员的注意。施工期间,施工人员应该经常到现场,随时随地用测量仪器检查桩点和放线情况,掌握全局,以免挖错(或堆错)位置。

2)土方的运输

一般竖向设计都力求土方就地平衡,以减少土方的搬运量,土方运输是较艰巨的劳动,人工

运土一般都是短途的小搬运。车运人挑,这在有些局部或小型施工中还经常采用。运输距离较长的,最好使用机械或半机械化运输。不论是车运人挑,运输路线的组织很重要,卸土地点要明确,施工人员随时指点,避免混乱和窝工。如果使用外来土垫地堆山,运土车辆应设专人指挥,卸土的位置要准确,否则乱堆乱卸,必然会给下一步施工增加许多不必要的小搬运,从而浪费了人力物力。

3)土方的填筑

填土应该满足工程的质量要求,土壤的质量要根据填方的用途和要求加以选择,在绿化地段土壤应满足种植植物的要求,而作为建筑用地则以要求将来地基的稳定为原则。利用外来土垫地堆山,对土质应检定放行,劣土及受污染的土壤不应放入园内,以免将来影响植物的生长和妨害游人健康。

①大面积填方应分层填筑,一般每层 20~50 cm,有条件的应层层压实。

②在斜坡上填土,为防止新填土方滑落,应先把土坡挖成台阶状,然后再填方,这样可保证新填土方的稳定。

③辇土或挑土堆山,土方的运输路线和下卸,应以设计的山头为中心并结合来土方向进行安排。一般以环形线为宜,车辆或人挑满载上山,土卸在路两侧,空载的车(人)沿路线继续前行下山,车(人)不走回头路,不交叉穿行,所以不会顶流拥挤。随着卸土,山势逐渐升高,运土路线也随之升高,这样既组织了人流,又使土山分层上升,部分土方边卸边压实,这不仅有利于山体的稳定,山体表面也较自然。如果土源有几个来向,运土路线可根据设计地形特点安排几个小环路,小环路以人流车辆不相互干扰为原则。

4)土方的压实

人力压可用穷、破、碾等工具;机械碾压可用碾压机或用拖拉机带动的铁碾。小型的夯压机械有内燃穷、蛙式穷等。如土壤过分干燥,需先洒水湿润后再行压实。

在压实过程中应注意以下几点:

①压实工作必须分层进行。

②压实工作要注意均匀。

③压实松土时夯压工具应先轻后重。

④压实工作应自边缘开始逐渐向中间收拢,否则边缘土方外挤易引起坍落。

土方工程,施工面较宽,工程量大,施工组织工作很重要,大规模的工程应根据施工力量和条件决定,工程可全面铺开,也可以分区分期进行。

施工现场要有人指挥调度,各项工作要有专人负责,以确保工程按期、按计划高质量地完成。

任务实施

一、平整场地

按设计要求平整场地。

（1）清理现场　在景区拟建的"T"字形广场上，清理地面上的障碍物，包括树木、构筑物、建筑垃圾及生活垃圾等。

（2）定点放线　用经纬仪将图1.12所示的方格测设到地面上，地面上方格的边长为10 m。在每个方格角点处钉上木桩，木桩一侧标出1-1，1-2，2-1，2-2等编号，要求与图上方格网的角点编号一致。另一侧标出已计算出的每个角点施工标高。

（3）挖土　在地面上用白灰标记出填方与挖方区，用小型挖掘机或人工进行挖土作业。挖土时，由上而下，逐层进行。

（4）运土与填土　根据景区广场土方调配图，分区进行土方的运输，可采用人工推车或小型机械进行运输作业。在施工现场，施工人员要认真组织运输路线，按照不同填方区先远后近，由上而下逐方进行填土，避免发生卸土出错和窝工现象。

（5）压土　填土后要及时压实，如果土壤过分干燥，可先洒水后再压实，以保证土壤的压实质量，并检查设计标高及坡度是否达到要求。

二、挖人工湖

（1）清理现场　某大学校园拟建人工湖施工图。根据施工现场实际情况，可以采取相应措施进行地面上障碍物的清理。

（2）挖沟排水　当地下水位较高时，需挖沟排水。排水沟的深度，应深于水体挖深。为了更好地排水，排水沟的纵坡不应小于0.2%，沟的边坡为1:1.5，沟底宽及沟深不小于50 cm，利用水泵排水。要求沟一次挖到底，一侧出土。

（3）定点放线　按照人工湖施工范围，放好湖体边界线及施工标高。用经纬仪或全站仪等仪器在地面上依照施工图确定出人工湖的各特征点的位置，各点钉上木桩，然后将各点用白灰连接，即为边界线。在边界线的内部，还要再打上一定数量、具有一定密度的基底标高木桩，使用水准仪，利用附近水准点的已知高程，根据设计给定的水体基底标高，在木桩上进行测设，在木桩上画线标明开挖深度。

（4）挖土　在挖土施工中，各桩点尽量不要破坏，可以在各桩点处留出土台，待人工湖开挖接近完成时，再将此土台挖掉。机械挖土采用端头挖土法，挖掘机分别从待挖湖区域的南边作业线及西边湖岸线开挖，自西向东，自南向北。以前进行驶的方法进行开挖，自卸汽车配置在挖掘机的两侧装运土。边挖边检查湖体边坡线及湖体施工标高，同时检查湖岸坡度。边坡一般用人工修整，利用边坡样板来控制边坡坡度，达到设计边坡要求（本施工现场，土质为砂质黏土，其边坡坡度为1:0.5），不符合时可及时修整。

当挖土出现浅层滑坡时，如滑坡土方量不大，应将滑坡体全部挖除；如土方量较大，可对滑坡体采取深翻、推压、表面压实等措施进行处理。

挖土自上而下水平分段分层进行，挖掘机挖到湖底设计标高以上20 cm后，用推土机推平、清理，湖底部应尽量整平，不留土墩，以便湖里养鱼。开挖过程中，设专人监控开挖深度、坡度，随时为挖掘机司机指示湖底余量。

（5）运土　根据施工现场实际，选择好运土路线，明确卸土准确位置，最好将土运至待堆筑的土山附近，便于日后的土山施工。对于施工地段的表层熟土（即20 cm左右的耕作层），应单独存放，堆积高度控制在1.5 m，不需压实，以便日后用作种植土使用。

（6）压土　湖底土层需整平压实。如果不作混凝土面层，可选用黏质土，每层铺土厚度为20～30 cm，压实6～8遍，压实密实度达到设计要求，以防治水的渗漏，四周做上护坡（后面任务中提到）。

任务考核

序　号	任务考核	考核项目	考核要点	分　值	得　分
1	过程考核	清理现场	清理现场地上及地下障碍物，达到挖人工湖土方施工要求	10	
2		挖沟排水	挖沟排水方法正确，能正常进行土方施工	10	
3		定点放线	利用经纬仪或全站仪将方格网测放到地面上，湖体边界线及施工标高正确。复测验收合格	15	
4		挖土	按照湖体施工标高，用挖掘机分段分层挖土，方法正确	15	
5		运土	根据施工现场确定的运土路线，正确运土。卸土位置准确	15	
6		压土	压土后的密实度应达到90%以上或达到设计要求的密实度	15	
7	结果考核	湖体外观	湖体边界线、湖底标高、边坡及坡面土方挖掘达到设计要求	20	

巩固训练

参照图1.18所示某小区游园的设计要求及土方量的计算结果，结合校园广场工程建设，按照清理现场、定点放线、挖土、运土、填土、压土的施工程序进行场地平整。另外也可结合校园路面及广场铺装从中选出几个施工程序进行土方施工。

一、材料及用具

场地平整施工图、木桩、白灰、皮尺、经纬仪、铁锤、铁锹、蛙式夯、土筐、小推车、小型挖掘机等。

二、组织实施

①根据挖、填方区将学生分成 5 个小组,以小组为单位进行土方施工。

②参照场地平整土方施工程序,完成施工任务。

三、训练成果

①每人交一份训练报告,并参照上述任务考核进行评分。

②根据场地平整设计要求,完成土方施工。

拓展提高

园林工程施工放样技术

在清场之后,为了确定施工范围及挖土或填土的标高,应按设计图纸的要求,用测量仪器在施工现场进行定点放线工作。这一步工作很重要,为使施工充分表达设计意图,测设时应尽量精确。

(1)平整场地的放线　用经纬仪将图纸上的方格测设到地面上,并在每个交点处立桩木,边界上的桩木依图纸要求设置。桩木侧面须平滑,下端削尖,以便打入土中,桩上应表示出桩号(施工图上方格网的编号)和施工标高(挖土用" + "号,填土用" - "号)。

(2)自然地形的放线　挖湖堆山,首先确定堆山或挖湖的边界线,但这样的自然地形放到地面上去是较难的。特别是在缺乏永久性地面物的空旷地上,在这种情况下应先在施工图上方把格,再把方格网放到地面上,而后把设计地形等高线和方格网的交点一一标到地面上并打桩,桩木上也要标明桩号及施工标高。堆山时由于土层不断升高,桩木可能被土埋没,所以桩的长度应大于每层填土的高度,土山不高于 5 m 的,可用长竹竿做标高桩,在桩上把每层的标高定好,不同层可用不同颜色标志,以便识别,这样可省点。

(3)山体放线　山体放线有两种方法:一种是一次性立桩,适用于较低山体,一般最高处不高于 5 m。堆山时由于土层不断升高,桩木可能被土埋没,所以桩的长度应大于每层填土的高度。一般可用长竹竿做标高桩,在桩上把每层的标高定好。不同层可用不同颜色标志,以便识别。另一种方法就是分层放线,分层设置标高桩,这种方法适用于较高的山体。

(4)水体放线　水体放线工作和山体放线基本相同,但由于水体挖深一般较一致,而且池底常年隐没在水下,放线可以粗放些,但水体底部应尽可能整平,不留土墩,这对养鱼和捕鱼有利。如果水体打算栽植水生植物,还要考虑所栽植物的适宜深度。岸线和岸坡地定点放线应该准确,这不仅因为它是水上部分,有造景之功,而且和水体岸坡的稳定有很大的关系。为了施工的精确,可以用边坡样板来控制边坡坡度。

(5)沟渠放线　在开挖沟渠时,木桩常容易被移动甚至被破坏,从而影响校核工作,所以实际工作中一般使用龙门板,龙门板构造简单,使用也方便。每隔 30 ~ 100 m 设龙门板一块,其间距视沟渠纵坡的变化情况而定。板上应标明沟渠中心线位置及沟上口、沟底的宽度等。板上还要设坡度板来控制沟渠纵坡。

任务3　堆山工程施工

知识点:了解堆山工程施工的基础知识,掌握堆山工程施工的工艺流程和验收标准。
能力点:能根据施工图进行堆山工程的施工、管理与验收。

任务描述

　　堆山工程因土山地形较多,能否按图堆造土山地形,将影响整个工程整体效果。园林堆山工程应力求趋于自然,按地形设计走向可分为主脉和副脉、次脉,而后标定主峰、次峰和鞍部,形成脊(分水岭)及谷(合水线)。一般要求地形的降差不得过大,视其长度和幅度的变化,主峰的标高应按设计要求控制;地面降差也不能过急,应控制坡度在45°以下为宜,可以增加坡面长度来调节,减缓施工时的难度,利于堆造后山体的水土保持。在山土堆造过程中,土质黏沙适中,分层压实,确保地形稳固。按设计要求做到形、质到位。

任务分析

　　园林土山堆造属于填方工种,但土山的堆填不像一般填方工程那样简单,而是需要施工技术人员严格把关的一项工作。施工中应当按照土山设计图,随时检查堆土的准确性和土山地形与设计图的吻合性。具体应解决好以下几个问题:
　　①正确识别堆山工程施工图,准确把握设计人员的设计意图。
　　②利用所学的堆山工程基础知识编制切实可行的施工组织方案。
　　③根据堆山工程的特点进行有效的施工现场管理、指导和协调工作。
　　④做好堆山后的成品修整和保护工作。
　　⑤做好堆山竣工验收的准备工作。

任务咨询

　　随着国民经济的进一步发展,人们对自然、对生态的渴望越来越高,特别是城市的人们置于钢筋水泥的包围中,非常渴望在身边能看到形似自然界的丘陵、山谷、湖泊、小溪,近几年堆筑山体高差超过5 m的也越来越多,因此土山体的堆筑亦成为堆山工程的重要部分。堆山工程因土山地形较多,所以能否按图堆造土山地形,将影响整个工程整体效果。

一、堆山工程基本知识

1）堆山工程简述

园林工程中的堆山工程，是根据园林绿地的总体规划要求，对现场的地面进行填、挖、堆筑等，为园林工程建设营造出一个能够适应各种项目建设、更有利于植物生长的地形。比如，对于园林建筑物、园林小品的用地，要整理成局部平地地形，便于基础的开挖；对于堆土造景，可以整理成高于原地形标高的地块、场地上的建筑硬块，并且进行夯实处理，作为园路、广场的基层；对于绿化种植用地，则可以种地，也可以填筑建筑硬块，其表面土层厚度必须满足植物栽植要求；土质必须是符合种植土要求的土壤，严禁将场地内的建筑垃圾及有毒、有害的材料填筑在绿化种植地块。

2）堆山工程相关术语

（1）竣工坡度　它是所有景观开发工程结束后的最终坡度，是草坪、移植床、铺面等的上表面，通常在修坡平面图上用等高线和点高程标出。

（2）地基　表面材料如表土层和铺面（包括基础材料）被放在地基上面。地基回填情况下的顶面和开挖情况下的底面代表地基。夯实地基是指必须达到一个特定的密度，而不干扰地基是指地基土没有被开挖或没有任何形式上的变化。

（3）基层/底基层　它是填充的材料（通常是粗的或细的骨料），通常放在铺面下面。

（4）竣工标高　竣工标高通常是结构第一层的标高，但也可用来表示结构任何一层的标高。竣工标高和外部竣工坡度的关系取决于结构的类型。

（5）开挖　开挖是移走土的过程。是拟建的等高线向上方延伸，越过现有的等高线。

①标明现有的和拟建的等高线平面图。在拟建的等高线向上方出现开挖，而在它们向下方移动的地方出现回填。

②断面图表示出从开挖变化到回填的地方和拟建地面回到现有地面的地方。这两种情况都称为无开挖和无回填。

（6）回填　回填是添加土的过程。拟建的等高线向下坡方向延伸，越过现有等高线。当回填材料必须输入场地时，也经常称为借土。

（7）压实　在控制条件下土的压实，特别是指特定的含水量。

（8）表层土　表层土通常是土壤断面的最上面一层，厚度范围可以从低于 25 mm 到超过 300 mm。表层土有机含量很高，很易于分解，所以对结构来说不是合适的地基材料。

3）堆山工程要求

①在园林土方造型施工中，堆山工程表层土的土层厚度及质量必须达到《城市绿化工程施工及验收规范》中对栽植土的要求。

②堆山工程的施工既要满足园林景观的造景要求，更要考虑土方造型施工中的安全因素，应严格按照设计要求，并结合考虑土质条件、填筑高度、地下水位、施工方法、工期因素等。

③土壤的种类、土壤的特性与土方造型施工紧密相关，填方土料应符合设计要求，保证填方的强度和稳定性，无设计要求时，应符合下列规定：

a. 碎石类土，砂石和爆破石渣可用于离设计地形顶面标高 2 m 以下的填土。

b. 含水量符合压实要求的黏性土，可作各层填料。

c. 淤泥和淤泥质土，一般不能用作填料，但在软土或沼泽地区，经过处理，含水量符合压实要求，可用于填方中的次要部位。

d.填土应严格控制含水量,施工前应检验。当土的含水量大于最优含水量范围时,应采用翻松、晾晒、风干法降低含水量,或采用换土回填、均匀掺入干土或其他吸水材料等措施来降低土的含水量。若由于含水量过大夯实时产生橡皮土,应翻松晾干至最佳含水量时再填筑。如含水量偏低,可采用预先洒水润湿。土的含水量的建议鉴别方法是:土握在手中成团,落地开花,即为土的最优含水量,通常控制在18%～22%。

e.填方宜尽量采用同类土填筑。如果采用两种透水性不同的土填筑时,应将透水性较大的土层置于透水性小的土层之下,边坡不得用透水性较小的土封闭,以免填方形成水囊。

f.挖方的边坡,应根据土的物理学性质确定。人工湖开挖的边坡坡度应按设计要求放坡,边坡台阶开挖,应随时做成坡势,以利泄水。

二、堆山工程的准备工作

1)技术准备

①熟悉复核竖向设计的施工图纸,熟悉施工地块内的土层的土质情况。

②阅读地质勘察报告,了解堆山工程地块的土质及周边的地质情况、水文勘察资料等。

③测量放样,设置沉降及水平位移观测点,或观测柱。在具体的测量放样时,可以根据施工图及城市坐标点、水准点,将土山土丘、河流等高线上的拐点位置标注在现场,作为控制桩并做好保护。

④编制施工方案,绘制施工总平面布置图,提出土方造型的操作方法,提出需用施工机具、劳动力、推广新技术计划,较深的人工湖开挖还应提出支护、边坡保护和降水方案。

2)人员准备

组织并配备土方工程施工所需各专业技术人员、管理人员和技术工人;组织安排作业班次;制订较完善的技术岗位责任制和技术、质量、安全、管理网络;建立技术责任制和质量保证体系;对拟采用的土方工程新机具、新工艺、新技术,组织力量进行研制和试验。

3)设备准备

做好设备调配,对进场挖土、推土、造型、运输车辆及各种辅助设备进行维修检查,试运转,并运至使用地点就位。

4)施工现场准备

①土方施工条件复杂,施工时受地质、水文、气候和施工周围环境的影响较大,因此应充分掌握施工区域内地下障碍物和水文地质等各种资料数据,核查并确认可能影响施工质量的管线、地下基础及其他地下障碍物,用于指导施工。充分估计施工中可能产生的不良因素,制订各种相应的预防措施和应急手段,并在开工前做好必要的临时设施,包括临时水、点、照明和排水系统,以及施工便道的铺设等。

②在原有建筑物附近挖土和堆筑作业时,应先考虑到对原建筑物是否有外力的作用因而引起危害,做好有效的加固准备及安全措施。

③在预定挖土和堆筑土方的场地上,应将地表层的杂草、树墩、混凝土地坪预先加以清除、破碎并运出场地,对需要清除的地下隐蔽物体,由测量人员根据建设单位提供的准确位置图,进行方位测定,挖出表层,暴露出隐蔽物体后,予以清除。然后进行基层处理,由施工单位自检、建设或监理单位验收,未经验收不得进入下一道堆山工程的工序。

④在整个施工现场范围,必须先排除积水。然后开掘明沟使之相互贯通,同时开掘若干集水井,防治雨天积水,确保挖掘和堆筑的质量,以符合最佳含水标准。

⑤开挖和堆筑在按图放样定位、设置准确的定位标准及水准标高后,方可进行作业。特别是在城市规划区内,必须在规划部门勘察的建筑界线范围内进行测量点位,并经有关单位核查无误后,方可开工。

⑥堆山工程施工开工前,必须办妥各种进出土方申报手续和各种许可证。

三、堆山工程的土方工程量计算

在整个堆山工程的施工过程中,土方工程量的计算是一个非常重要的环节,在进行编制堆山工程的施工方案或编制施工预算书时,或进行土方的平衡调配及检查验收土方工程时,都要进行工程量的计算。土方工程量计算的实质是计算出挖方或填方的土的体积,即土的立方体量。

土方量计算的常用方法是方格网法,其计算步骤如下:

(1)划分方格网　根据已有地形图将欲计算场地划分为若干个方格网。将自然地面标高与设计地面标高的差值,即各角点的施工高度,写在方格网的左上角,挖方为" + ",填方为" - "。

(2)计算零点位置　在一个方格网内如果有填方或挖方时,应先算出方格网边上的零点的位置,并标注于方格网上,连接零点即得填方区或挖方区的分界线。

(3)计算土方的工程量　按方格网底面积图形和体积计算公式计算出每个方格内的挖方或填方量。

(4)计算土方总量　将挖方或填方区所有土方计算量汇总,即得该场地挖方和填方的总土方量。

四、土方的平衡与调配

计算出土方的施工标高、挖填区面积、挖填区土方量,并考虑各种变化因素,考虑土方的折算系数进行调整后,应对土方进行综合平衡与调配。土方平衡与调配工作是土方施工的一项重要内容,其目的在于取弃土量最少、土方运输量或土方运输成本为最低的条件,确定填、挖方区土方的调配方向和数量,从而达到缩短工期和提高经济效益的目的。

进行土方平衡与调配,必须综合考虑工程和现场情况、进度要求和土方施工方法以及分期分批施工工程的土方堆放和调运问题,经过全面研究,确定平衡调配的原则之后,才可着手进行土方平衡与调配工作,如划分调配区,计算土方的平均运距、单位土方的运价,确定土方的最优调配方案。

1)土方的平衡与调配原则

①与填方基本平衡,减少重复倒运。

②填方量与运距的乘积之和尽可能为最小,即总土方运输量或运输费用最小。

③土应该用在回填密实度要求较高的地区,以避免出现质量问题。

④土或弃土尽量不要或者少占用农田,弃土尽可能有计划地造田。

⑤区调配应该与全场调配相协调,避免只顾局部平衡,任意挖填而破坏全局平衡。

⑥选择恰当的调配方向、运输路线、施工顺序,避免土方运输出现对流和乱流现象,同时便于机械调配、机械化施工。

2）土方平衡与调配的步骤和方法

土方平衡与调配需要编制相应的土方调配图，其步骤如下：

（1）划分调配区。在平面图上先划出挖填区的分界线，并在挖方区和填方区适当划出若干的调配区，确定调配区的大小和位置。划分时应注意以下几点：

①划分应和房屋及构筑物的平面位置相协调，并考虑开工顺序、分期施工顺序。

②调配区的大小应能满足土方施工用主导机械的行驶操作尺寸要求。

③调配区的范围应满足和土方工程量计算用的方格网相协调。一般可分为若干个方格组成一个调配区。

④当土方运距较大或场地内土方调配不能达到平衡时，可考虑就近借土或弃土，此时一个借土区和一个弃土区可以作为一个独立的调配区。

（2）计算各个调配区的土方量并标注在图上。

（3）计算各挖方、填方之间的平均运距，即挖方区土方的重心和填方区土方重心的距离，可用作图法近似的求出形心位置 O 以代替重心坐标。重心求出后，标于图上，用比例尺量出每对调配区的平均运距。

（4）制订土方最优调配方案，使总土方运输量为最小值，即为最优调配方案。

综合上述堆山工程的土方工程量计算和土方平衡与调配，实际上是采用计算的方法，计算出挖方和填方的体积，然后采用最短运距，把高处设计的土方填至低于设计高程的地方。

五、堆山方法与验收要求

1）堆山方法

堆山工程的方法是采用机械和人工结合的方法，对场地内的土方进行填、挖、堆筑等，整造出一个能适应各种项目建设需要的地形。

（1）土山体堆筑填料的选择　土山体的堆筑、填料应符合设计要求，保证堆筑土山体土料的密实度和稳定性。当在有地下构筑物的顶面堆筑较高的土山体时，可考虑在土山体的中间放置轻型填充材料，如 EPE 板等，以减轻整个山体的重量。

（2）土方堆筑时对地基的要求　土方堆筑时，要求对持力层地质情况作详细了解，并计算出山体重量是否符合该地块地基最大承载力，如大于地基承载力则可采取地基加固措施。地基加固的方法有：打桩、设置钢筋混凝土结构的筏形基础、箱型基础等，还可以用灰土垫层、碎石垫层、三合土垫层等，并且进行强夯处理，以达到符合山体堆筑的承载要求。

（3）土山体堆筑方法　土山体的堆筑，应采用机械堆筑的方法，采用推土机填土时，填土应由下而上分层堆筑，每层虚铺厚度不大于 50 cm。

（4）土山体的机械压实

①用推土机来回行驶进行碾压，履带应重叠 1/2，填土可利用汽车行驶进行部分压实工作，行车路线须均匀分布于填土层上，汽车不能在虚土上行驶，卸土推平和压实工作须采用分段交叉进行。

②为保证填土压实的均匀性及密实度，避免碾轮下陷，提高碾压效率，在碾压机械碾压之前，宜先用轻型推土机、拖拉机推平，低速预压 4~5 遍，使表面平整。

③压实机械压实填方时，应控制行驶速度，一般平碾、振动碾不超过 2 km/h；并要控制压实遍数。当堆筑接近地基承载力时，未做地基处理的山体堆筑，应放慢堆筑速率，严密监测山体沉

降及位移变化。

④已填好的土如遭水浸,应把稀泥铲除后,方可进行下一道工序。填土区应保持一定横坡,或中间稍高两边稍低,以利于排水。当天填土,应当天压实。

⑤土山体密实度的检验。土山体在堆筑过程中,每层堆筑的土体均应达到设计的密实度标准,若设计未定标准则应达到88%以上,并且进行密实度检验,一般采用环刀法,才能填筑上层。

⑥土山体的等高线。山体的等高线按平面设计及竖向设计施工图进行施工,在山坡的变化处,做到坡度的流畅,每堆筑1 m高度对山体坡面边线按图示等高线进行一次修整。采用人工进行作业,以符合山形要求。整个山体堆筑完成后,再根据施工图平面等高线尺寸形状和竖向设计的要求自上而下对整个山体的山形变化点精细地修整一次。要求做到山体地形不积水,山脊、山坡曲线顺畅柔和。

⑦土山体的种植土。土山体表层种植土要求按照《城市绿化工程施工及验收规范》中相关条文执行。

⑧土山体的边坡。土山体的边坡应按设计的规定要求。如无设计规定,对于山体部分大于23.5°自然安息角的造型,应增加碾压次数和碾压层。条件允许的情况下,要分台阶碾压,以达到最佳密实度,防止出现施工中的自然滑坡。

2)堆山工程的验收

堆山工程的验收,应由设计、建设和施工等有关部门共同进行验收。

①通过土工试验,土山体密实度及最佳含水量应达到设计标准。检验报告齐全。

②土山体的平面位置和标高均应符合设计要求,立体造型应体现设计意图。外观质量评定通常按积水点、土体杂物、山形特征表现等几方面评定。

③雨后,土山体的山凹、山谷不积水,土山体四周排水通畅。

④土山体的表层土符合《城市绿化工程施工及验收规范》中的相关条文要求。

任务实施

一、平整场地

按设计要求平整场地。

二、堆筑土山

(1)清理现场 在施工现场,将地表层的杂草、树墩等障碍物除掉并运出场地,对需要清除的地下隐蔽物体,由测量人员根据建设单位提供的准确位置图,进行方位测定,挖出隐蔽物体后,予以清除。

(2)定点放线 先在土山施工图上作方格网,方格边长为1 cm×1 cm。用经纬仪或全站仪将方格网放到地面上,把设计的地形等高线和方格网的交点,在地面上标出并打上木桩。由于山体不高为3.5 m,可用长竹竿做标高桩,在桩上把每层标高定好,不同层可用不同颜色标志,以便施工者识别。

(3)挖土 利用挖人工湖时的土方进行堆筑土山。如土方量不够,可选择在土山中间夹一

些建筑垃圾,也可进行外来取土。但不能选用腐殖土、生活垃圾土及淤泥作为堆筑材料。

(4)运土 土方的运输和下卸,应以设计的山头为中心结合来土方向进行安排。一般以环形线为宜,车不走回头路,也不交叉穿行,不会出现顶流拥挤。

(5)填土 土方堆筑时,要求地面应有一定的承载力,根据设计要求,如山体的重量大于地块的承载力,则采取加固措施。可选用灰土垫层、碎石垫层、三合土垫层等,并进行强夯处理,达到符合山体堆筑的承载要求。

检验回填土料的种类、粒径,有无杂物,是否符合规定,以及土料的含水量是否在控制的范围内。如含水量偏高,可采用翻松、晾晒或均匀掺入干土等措施;如遇回填土的含水量偏低,可采用预先洒水润湿等措施。

土山体的堆筑,应采用机械堆筑的方法,采用推土机填土时,填土应由下而上分层堆筑,每层虚铺厚度不大于50 cm。

(6)压土 压土时,用推土机来回行驶进行碾压,履带应重叠1/2,填土可利用汽车行驶做部分压实工作,行车路线须均匀分布于填土层上,汽车不能在虚土上行驶,卸土推平和压实工作须采用分段交叉进行。

在机械施工碾压不到的填土部位,应配合人工推土填充,用蛙式夯或柴油打夯机分层夯打密实。

回填土方每层压实后,应按规范进行取样检验,测出干土的质量密度、压实度,达到要求后,再进行上一层的铺土。

填方全部完成后,表面应进行拉线找平,凡超过标准高程的地方,应及时依线铲平,凡低于标准高程的地方,应补土夯实。

土山体的边坡应按设计的规定要求。如无设计规定,对于山体部分大于23.5°自然安息角的造型,应该增加碾压次数和碾压层。条件允许的情况下,要分台阶碾压,以达到最佳密实度,防止出现施工中的自然滑坡。

三、质量标准

①基底处理必须符合设计要求或施工规范的规定。

②回填的土料,必须符合设计要求或施工规范的规定。

③回填土必须按规定分层夯压密实,取样测定压实后的干土质量密度,其合格率不应小于90%,不合格的干土质量密度的最低值与设计值的差,不应大于0.08 g/cm³,且不应集中,环刀取样的方法及数量应符合规定。

四、成品保护

①施工时,对定位标准桩、轴线控制桩、标准水准点及桩木等,填运土方时不得碰撞,并应定期复测检查这些标准桩点是否正确。

②夜间施工时,应合理安排施工顺序,要有足够的照明设施,防止铺填超厚,严禁用汽车直接将土倒入基坑(槽)内,但大型地坪与堆山工程不受限制。

③基础的现浇混凝土应达到一定强度,不致因回填土而受破坏时,方可回填土方。

五、应注意的质量通病

①未按要求测定土的干土质量密度:回填土每层都应测定夯实后的干土质量密度,符合设计要求后才能铺摊上层土。试验报告要注明土料种类、试验日期、试验结论及试验人员签字。

未达到设计要求的部位,应有处理方法和复验结果。

②回填土下沉:因虚铺土超过规定厚度,或夯实不够遍数,甚至漏夯。基底有机物或树根、落土等杂物清理不彻底原因,造成回填土下沉,为此,应在施工中认真执行规范的有关规定,并要严格检查,发现问题及时纠正。

③回填土夯压不密实:应在夯压时对干土适当洒水加以润湿;如回填土太湿同样夯不密实呈"橡皮土"现象,这时应将橡皮土挖出,重新换好土夯实处理。

④在地形、工程地质复杂地区内填方,且对填方密实度要求较高时,应采取措施(如排水暗沟、护坡桩等),以防填方土粒流失,造成不均匀下沉和坍塌等事故。

⑤填方基土为渣土时,应按设计要求加固地基,并要妥善处理基底下的软硬点、空洞、旧基以及暗塘等。

⑥回填管沟时,为防止管道中心位移或损坏管道,应用人工先在管子周围填土夯实,并应从管道两边同时进行,直至管顶 0.5 m 以上,在不损坏管道的情况下,方可采用机械回填和夯实。在抹带接口处,防腐绝缘层或电缆周围,应使用细粒土料回填。

⑦填方应按设计要求预留沉降量,如设计无要求时,可根据工程性质、填方高度、填料种类、密实要求和地基情况等,与建设单位共同确定(沉降量一般不超过填方高度的3%)。

任务考核

序　号	任务考核	考核项目	考核要点	分　值	得　分
1		清理现场	清理现场地上及地下障碍物,达到堆筑土山施工要求	10	
2		定点放线	利用经纬仪或全站仪将方格网测放到地面上,方法正确。立桩标高符合设计要求	15	
3	过程考核	挖土	在场内或场外用挖掘机挖土,方法正确	10	
4		运土	在施工场地内,采用环形线土方运输路线	10	
5		填土	堆筑场地采用加固处理。利用机械分层填土,方法正确	15	
6		压土	压土后的密实度应达到80%以上或达到设计要求的密实度	15	

续表

序　号	任务考核	考核项目	考核要点	分　值	得　分
7	结果考核	土山外观造型	土山造型应体现设计意图。山体的上凹不积水,四周排水通畅。山体表层土应符合《城市绿化工程施工及验收规范》中对栽植土的要求	25	

巩固训练

参照图 1.18 所示某小区游园的设计要求及土方量的计算结果,结合校园广场工程建设,按照清理现场、定点放线、挖土、运土、填土、压土的施工程序进行场地平整。另外也可结合校园路面及广场铺装从中选出几个施工程序进行土方施工。

一、材料及用具

场地平整施工图、木桩、白灰、皮尺、经纬仪、铁锤、铁锹、蛙式夯、土筐、小推车、小型挖掘机等。

二、组织实施

①根据挖、填方区将学生分成 5 个小组,以小组为单位进行土方施工。

②参照场地平整土方施工程序,完成施工任务。

三、训练成果

①每人交一份训练报告,并参照上述任务考核进行评分。

②根据场地平整设计要求,完成土方施工。

拓展提高

修坡工程的施工

一、场地准备

对修坡工程而言,场地准备涉及 4 个方面:计划保留的现有植被和结构的保护、表层土的移走和储存、侵蚀和沉积控制以及清除和拆除。

(1)植物的保护　对于计划保留的树,应尽可能地避免在滴水线之内的任何干扰。这不仅是指开挖和回填,而且也指材料的存放和设备的移动,因为这将引起树和灌木根区压缩的增加以及透气性的减少。

（2）表层土的移走　应对场地进行勘察,以确定表层土的数量和质量是否适合存放。表层土应仅仅在施工区域被剥去,若适合,可以在场地上堆积起来以备使用。如果表层土要堆放很长一段时间,应种上一年生的草以减少侵蚀损失。

（3）侵蚀和沉积控制　恰当地把雨水从受干扰区域引出,维持表面稳定性,过滤、收集沉积物等。这些措施必须符合调整的需要和规范。

（4）清除和拆除　如果建筑物、道路或别的结构影响拟订的开发项目,必须在施工开始前移走。对于有干扰的树和灌木以及任何可能在场地发现的杂物应同样处理。

对一个要开挖的场地来说,准备的最后一步是布置坡度标桩。坡度标桩表明了要完成拟定地基所需的开挖和回填量。

二、大开挖

在大规模或初步的土方平整阶段,主要进行土方挖掘和成型工作。大开挖的范围取决于工程的规模和复杂性。大开挖包括基本地形和基角的修整以及所有结构的基础开挖。

三、回填和精整

在初步坡度已经完成,结构已经建造好后,就要进行精整工作,这包括回填建筑物开挖的部分,如挡土墙和建筑基础,回填公共水管、污水管等的地沟。所有的回填材料必须正确压实,最大程度上减少将来的沉降问题,同时必须在不损坏公共设施和结构的方式下进行。最后一步是要确保土的形状和表面正确的成型,以及地基达到正确的标高。

四、表面平整

为完成这项工程,必须铺设表面平整材料,通常是首先铺坚硬的表面(如铺面),然后再铺表面土。因为表面土和铺面代表竣工材料,这些材料最后的坡度必须和修坡平面图上所示的拟建竣工坡度(等高线和点高程)一致。

学习小结

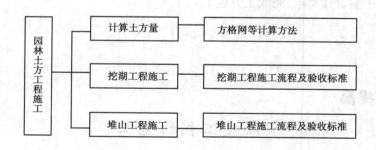

目标检测

一、复习题

(1)如何进行土方工程量的计算？

(2)简述土方平衡与调配的原则。

(3)举例说明如何做土方调配的最优方案。

(4)土壤的主要工程性质有哪些？

(5)什么是边坡坡度？与土壤自然倾斜角的关系是什么？

(6)土方施工的准备工作有哪些？

(7)土方施工的程序是什么？

二、思考题

(1)土方施工过程中包括哪些步骤？第一步应注意什么问题？你能自己总结出来吗？

(2)如何科学合理的安排土方的运输路线？

三、实训题

1)地形设计与模型设计

(1)实训目的　了解和掌握土方工程施工前的竖向设计的基本理论和方法。能够独立完成土山模型的制作。

(2)实训方法　采用分组形式,根据学生掌握情况程度进行分组。

(3)实训步骤

①用等高线在图纸上设计出一处土山地形。

②把平面等高线测放到苯板上。

③根据设计等高线用吹塑纸按比例及等高距制作土山骨架,固定在苯板上。

④用橡皮泥完善土山的骨架,根据需要涂色,完成土山模型的制作。

2)园林土方工程施工放样

(1)实训目的　掌握根据施工图进行园林土方施工放样的步骤和方法。要求学生将施工过程写成实习报告。

(2)实训方法　采用分组形式,根据学生掌握情况的程度进行分组。

(3)实训步骤

①在施工图上设置方格网。

②用经纬仪将方格网测设到实地,并在设计地形等高线和方格网的交点处立桩。

③在桩木上标出每一角点的原地形标高、设计标高及施工标高。

④如果是山体放线要注意桩木的高度。

项目 2 园林给排水工程施工

【项目目标】

- ❧ 能利用有关公式正确进行管网水力计算，确定管道直径；
- ❧ 掌握园林给水工程施工方法；
- ❧ 学会灌溉设施的安装；
- ❧ 掌握园林排水工程施工方法。

【项目说明】

园林作为休闲、娱乐、游览的场所，给排水工程是必不可少的设施，同时完善的给排水工程对园林保护和发展也具有重要的意义。园林给排水工程以室外配置完善的管渠系统进行给排水为主，包括园林景观区内部生活用水与排水系统、水景工程给排水系统、景区灌溉系统、生活污水系统和雨水排放系统等。所以本项目共分 3 个任务来完成：园林给水工程施工、园林喷灌工程施工和园林排水工程施工。

任务1 园林给水工程施工

知识点：了解园林给水工程的基础知识，掌握园林给水工程施工的工艺流程和验收标准。
能力点：能根据施工图进行园林给水工程施工、管理与验收。

 **任务描述**

园林绿地是人们休闲的场所,同时又是园林植物比较集中的地方,故必须满足人们活动、植物生长及水景用水所必需的水质、水量和水压的要求。园林给水工程通常是由取水工程、净水工程和输配水工程组成。

某公园拟建设树枝状给水管网工程,按照公园给水布置要求,正确进行公园给水工程水力计算与施工。从施工图上可以看出给水工程大多数属于隐蔽工程,在施工方面要注意以下几点:竣工标高、埋深不宜过大;处理好接口部位;认真进行水压试验;回填土使用优质土并切实压固;水表或止水阀门安装位置要稍高一些,避免积水。

 任务分析

要想高质量、低成本按期完成园林给水工程施工任务,在拥有高素质施工队伍的前提下,现场施工员在施工管理上必须认真做好施工过程的记录,同时在材料方面要确认管件的质量要符合要求。其工作步骤为:管网水力计算;定点放线;沟槽开挖;管道安装;水压试验;管道冲洗;沟槽回填。具体应解决好以下几个问题:

(1)正确识别给水工程施工图,准确把握设计人员的设计意图。

(2)在掌握园林给水工程基本知识后能够编制切实可行的给水工程施工组织方案。

(3)在掌握给水管网布置的知识基础上进行有效的给水施工现场管理、指导工作。

(4)做好给水工程成品修整和保护工作。

(5)做好给水工程竣工验收的准备工作。

 **任务咨询**

一、园林给水概述

1)园林给水类型与特点

(1)园林给水类型

①生活用水:指人们日常生活用水,如餐厅、内部食堂、茶室、小卖部、消毒饮水器及卫生设备等用水和特殊用水(如游泳池等)。生活用水对水质要求很高,直接关系到人身健康,其水质标准应符合《生活饮用水卫生标准》(GB 5749—2006)的要求。

②养护用水:包括植物灌溉、动物笼舍的冲洗及夏季广场和园路的喷洒用水等。这类用水对水质的要求不高,但用水量大,应满足用水需要。

③造景用水:指园林中各种水体(溪涧、湖泊、池沼、瀑布、跌水、喷泉等)的用水。其对水质

要求不高,人工造景的水体一般采用循环用水,以补充减少的水量。

④消防用水:指扑灭火灾所需要的用水。对水质没有特殊要求,一般将消防用水与生活用水综合考虑。在园林古建筑及重要设施附近都应设置消火栓。

(2)园林给水特点

①园林用水遍布全园或整个风景区,用水点较分散。

②由于用水点分布于地面高低起伏的地形上,高程变化大。

③根据用水对象不同,水质可以分别处理。

④各用水点的用水高峰时间可以相互交错和合理调节。

2)给水水源

(1)水源的类型　园林中的给水水源有地表水、地下水和城市自来水。

①地表水:包括江、河、湖和水库中的水,这些水由于长期暴露在地面上,容易受到污染。个别水源甚至受到各种污染源的污染,水质较差,必须经过净化和严格消毒,才可作为生活用水。

②地下水:包括泉水,以及从深井中取用的水。由于其水源不易受污染,水质较好,这部分水取用时,一般情况下除做必要的消毒外,不必再净化。

③城市自来水:从城市给水管网直接引入作为生活用水。

(2)水源的选择　园林中的生活用水要优先选用城市给水系统提供的水源,其次选择地下水(包括泉水);造景用水和植物栽培养护用水等,应优先选择河流、湖泊中符合《地面水环境质量标准》(GB 3838—88)的要求。

园林用水的水质要求,可因其用途不同分别进行处理。养护用水只要无害于动、植物,不污染环境即可。但生活用水(特别是饮用水)则必须经过严格净化消毒,水质须符合国家颁布的卫生标准。

3)给水工程的组成

给水工程由取水工程、净水工程和输配水工程3个部分组成,并用水泵联系,组成一个供水系统。

(1)取水工程　包括选择水源和取水地点,建造适宜的取水构筑物,其主要任务是保证园林用水量。另外园林用水也可以从城市给水管网中直接取用。

(2)净水工程　建造给水处理构筑物,对天然水质进行处理,提高水质要求。

(3)输配水工程　将足够的水量输送和分配到各用水地点,并保证水压和水质的要求,一般由加压泵站或水塔、输水管和配水管网组成。

二、给水管网的布置

1)管网的布置形式

(1)树枝状管网　树枝状管网是从引水点到用水点的管线布置成树枝状,如同树干分枝分杈,如图2.1所示。这种布置方式较简单,省管材,适合于用水点较分散的情况,对分期发展的公园有利。但树枝状管网供水的保证率较差,一旦管网出现问题或需维修时,影响用水面较大。

(2)环状管网　环状管网是给水管线纵横相互接近,闭合成环,如图2.2所示。管网供水能互相调剂,当管网中的某一管段出现故障,也不致影响供水,从而提高了供水的可靠性。但这种布置形式较费管材,投资较大。

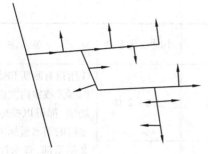

图2.1　树枝状管网　　　　　　　　　　图2.2　环状管网

2)管网的布置原则

①按照总体规划布局的要求布置管网,在大型公园或风景区建设时,可以考虑管网的分步建设。

②干管布置方向应按供水主要流向延伸,而供水流向取决于最大的用水点和用水调节设施(如水塔和高位水池)位置,即管网中干管输水距它们距离最近。

③管网布置必须保证供水安全可靠,干管一般按主要道路布置,宜布置成环状,但应尽量避免在园路和铺装场地下敷设。

④力求以最短距离敷设管线,以降低管网造价和供水能量费用。

⑤在保证管线安全不受破坏的情况下,干管宜随地形敷设,避开复杂地形和难于施工的地段,以减少土方工程量。在地形高差较大时,可以考虑分压供水或局部加压,不仅能节约能量,还能避免地形较低处的管网承受较高压力。

⑥为保证消火栓处有足够的水压和水量,应将消火栓与干管相连接。消火栓的布置,应先考虑主要建筑。

三、给水管网的水力计算

1)与水力计算相关的概念

(1)用水量标准　用水量标准是根据我国各地区、城镇的性质、生活水平与习惯、气候、建筑卫生设备不同而制定的,其是给水工程设计时的一项基本数据。我国地域辽阔,不同地区用水量标准也不同。园林用水量标准及小时变化系数见表2.1。此外用水量标准也可查阅建设部公布的《城市居民生活用水量标准》。

表2.1　园林用水量标准及小时变化系数

序　号	名　　称	最高生活用水量标准	单　位	小时变化系数	备　注
1	餐厅	15~20	L/(人·次)	2.0~1.5	餐厅用水包括主、副食加工,餐具洗涤清洁用水和工作人员、顾客的生活用水,但不包括冷却用水
	内部食堂	10~15	L/(人·次)	2.0~1.5	
	茶室	5~10	L/(人·次)	2.0~1.5	
	小卖部	3~5	L/(人·次)	2.0~1.5	

续表

序 号	名　称	最高生活用水量标准	单　位	小时变化系数	备　注
2	剧院	10 ~ 20	L/(场·人)	2.5 ~ 2.0	①附设有厕所和饮水设备的露天或室内文娱活动的场所,都可以按电影院或剧院的用水量标准选用 ②俱乐部、音乐厅和杂技场可按剧院标准。影剧院用水量标准介于电影院与剧院之间
	电影院	3 ~ 8	L/(场·人)	2.5 ~ 2.0	
3	大型喷泉	≥10 000	L/h		应考虑水的循环使用
	中型喷泉	2 000	L/h		
	小型喷泉	1 000	L/h		
4	洒水用水量: 柏油路面 石子路面 庭院及草地	0.2 ~ 0.5 0.4 ~ 0.7 1.0 ~ 1.5	L/(m²·次) L/(m²·次) L/(m²·次)		≤3 次/d ≤4 次/d ≤2 次/d
5	花园浇水	4.0 ~ 8.0	L/(m²·d)		结合当地气候、土质等实际情况取用
	乔灌木	4.0 ~ 8.0	L/(m²·d)		
	苗(花)圃	500 ~ 1 000	L/(亩·d)		
6	公共厕所	100	L/(器·h)		
7	办公楼	10 ~ 25	L/(班·人)	2.5 ~ 2.0	用水包括便溺冲洗、洗手、饮用和清洁用水

(2)日变化系数和时变化系数　将一年中用水量最多的一天的用水量称为最高日用水量。最高日用水量与平均日用水量的比值,称为日变化系数,用 K_d 表示。

$$日变化系数\ K_d = \frac{最高日用水量}{平均日用水量} \qquad (2.1)$$

在园林中,K_d 一般取 2 ~ 3。

同样,将最高日那天中用水最多的一小时的用水量称为最高时用水量。最高时用水量与平均时用水量的比值,称为时变化系数,用 K_h 表示。

$$时变化系数\ K_h = \frac{最高时用水量}{平均时用水量} \qquad (2.2)$$

在园林中,K_h 一般取 4 ~ 6。

最高时用水量即是给水管网的设计流量,其单位换算为 L/s 时称为设计秒流量。设计时用此流量,可保证用水高峰时水的正常供应。

(3)流量与流速　流量是指单位时间内水流流过某管道的量,单位用 L/s 或 m³/h 表示。

$$Q = \omega \times v \qquad (2.3)$$

式中　　Q——流量，L/s 或 m^3/h；

　　　　ω——管道断面积，dm^2 或 m^2；

　　　　v——流速，m/s。

给水管网中的管径是根据流量和流速来确定的，由于 $\omega = \pi \times \dfrac{D^2}{4}$，所以，管径（$D$ 单位为 mm）可由下式求得：

$$D = \sqrt{\frac{4Q}{\pi v}} \tag{2.4}$$

从式（2.4）可知，管径与流量成正比，与流速成反比。在实际工程中，选择多大管径为最适宜，这是个经济问题。管径大，流速小，水头损失小，但管径大投资也大；管径小，节省管材投资，但流速加大，水头损失也增大，甚至造成管道远端水压不足。将确定的流速既不浪费管材、增大投资，又不致使水头损失过大，称为经济流速。经济流速可采用经验数值而确定。

小管径：$DN = 100 \sim 400$ mm，v 取 $0.6 \sim 1.0$ m/s；

大管径：$DN > 400$ mm，v 取 $1.0 \sim 1.4$ m/s。

（4）水压力与水头损失　管道内水的压力通常用 kg/cm^2 表示。也可用"水柱高度"表示。水力学上又将水柱高度称为"水头"。10 m 水头（10 mH_2O）所产生的压力等于 1 kg/cm^2。

水头损失是指水在管中流动时，因管壁、管件等产生的摩擦阻力而使水压降低的现象。其分为沿程水头损失和局部水头损失。前者可由查铸铁管或其他材料"水力计算表"求得；后者通常依据管网性质按相应沿程水头损失的百分比估算：生活用水管网取 25% ~ 30%；生产用水管网取 20%；消防用水管网取 10%。

2）树枝状管网的水力计算

（1）收集有关图纸、资料　分析公园的设计图纸和说明书，了解各用水点的用水要求和标高等，再根据公园周边城市给水管网布置情况，提出其位置、管径、水压及引用水的可能性。

（2）布置管网　根据用水点分布情况，在公园设计平面图上，定出给水干管的位置、走向，并对节点进行编号，量出节点间的距离。干管应尽量靠近主要用水点。

（3）求公园中各用水点的用水量

①最高日用水量 Q_d：

$$Q_d = q \times N \text{（L/d 或 } m^3/d） \tag{2.5}$$

式中　　Q_d——某一用水点的最高日用水量，L/d 或 m^3/d；

　　　　q——最高日用水量标准，L/d；

　　　　N——服务对象数目或用水设施的数目。

②最高时用水量 Q_h：

$$Q_h = Q_d/24 \times K_h \text{（L/h 或 } m^3/h） \tag{2.6}$$

③设计秒流量 q_0：

$$q_0 = Q_h/3\,600 \text{（L/s）} \tag{2.7}$$

（4）管段管径的确定　根据 q_0 值查《给排水设计手册》水力计算表，可确定给水干管和用水点之间管段的管径及相应的流速和单位长度的水头损失。铸铁管水力计算表（节选表）见表2.2。

（5）水头计算　公园给水管段所需水柱高度可由下式计算：

$$H = H_1 + H_2 + H_3 + H_4 \text{（} mH_2O） \tag{2.8}$$

式中　　H——引水管处所需的总水压，mH_2O；

　　　　H_1——引水点与用水点之间的地面高差，m；

　　　　H_2——用水点与建筑进水管的高差，m；

　　　　H_3——用水点所需的工作水头，mH_2O；

　　　　H_4——沿程水头损失与局部水头损失之和，mH_2O。

管网中最不利的用水点，应该是地势高、距离引水点远、用水量最大或要求工作水头特别高的用水点。只有最不利用水点的水压得到满足，则同一管网中其他用水点的水压就能满足需要。

四、给水管材与附属设施

1）给水管材

（1）铸铁管　铸铁管有灰铸铁管和球墨铸铁管两种。灰铸铁管具有经久耐用、耐腐蚀性强，使用寿命长的优点，但质地较脆，不耐振动和弯折；球墨铸铁管具有较好的抗压、抗震性，用材省的优点，现已广泛运用。表2.2为铸铁管水力计算表。

表 2.2　铸铁管水力计算表（节选表）

设计流量 Q		DN/mm							
		50		75		100		125	
m^3/h	L/s	v	$1\,000i$	v	$1\,000i$	v	$1\,000i$	v	$1\,000\,i$
1.80	0.50	0.26	4.99						
2.16	0.60	0.32	6.90						
2.52	0.70	0.37	9.09						
2.88	0.80	0.42	11.6						
3.24	0.90	0.48	14.3	0.21	1.92				
3.60	1.0	0.53	17.3	0.23	2.31				
3.96	1.1	0.58	20.6	0.26	2.75				
4.32	1.2	0.64	24.1	0.28	3.20				
4.68	1.3	0.69	27.9	0.30	3.69				
5.04	1.4	0.74	32.0	0.33	4.22				
5.40	1.5	0.79	36.3	0.35	4.77	0.20	1.17		
5.76	1.6	0.85	40.9	0.37	5.34	0.21	1.31		
6.12	1.7	0.90	45.7	0.39	5.95	0.22	1.45		
6.48	1.8	0.95	50.8	0.42	6.59	0.23	1.61		
6.84	1.9	1.01	56.2	0.44	7.28	0.25	1.77		
7.20	2.0	1.06	61.9	0.46	7.98	0.26	1.94		
7.56	2.1	1.11	67.9	0.49	8.71	0.27	2.11		
7.92	2.2	1.17	74.0	0.51	9.47	0.29	2.29		
8.28	2.3	1.22	80.3	0.53	10.3	0.30	2.48		
8.64	2.4	1.27	87.5	0.56	11.1	0.31	2.66	0.20	0.902
9.00	2.5	1.33	94.9	0.58	11.9	0.32	2.88	0.21	0.966
9.36	2.6	1.38	103	0.60	12.8	0.34	3.08	0.215	1.03
9.72	2.7	1.43	111	0.63	13.8	0.35	3.30	0.22	1.11
10.08	2.8	1.48	119	0.65	14.7	0.36	3.52	0.23	1.18
10.44	2.9	1.54	128	0.67	15.7	0.38	3.75	0.24	1.25
10.80	3.0	1.59	137	0.70	16.7	0.39	3.98	0.25	1.33
11.16	3.1	1.64	146	0.72	17.7	0.40	4.23	0.26	1.41

注：$1\,000i$ 是每千米管长内的水头损失，其单位为 mH_2O。

（2）钢管　钢管有焊接钢管和无缝钢管两种,焊接钢管又分为镀锌钢管和非镀锌钢管。钢管有较好的机械强度,耐高压、振动,质轻,管度长,接口方便等优点,但耐腐蚀性差,防腐造价高。镀锌钢管有防腐、防锈、水质不易变坏,并能延长使用寿命的特点,是生活用水的主要管材。

（3）钢筋混凝土管　钢筋混凝土管有防腐能力强和较好的抗渗性与耐久性,但水管重量大,质地脆,装卸和搬运不便。现多使用预应力钢筒混凝土管（PCCP管）,其是利用钢筒和预应力钢筋混凝土管复合而成,具有抗震性好、使用寿命长、不易腐蚀、抗渗漏的特点,是较理想的大水量输水管材。

（4）玻璃钢管　玻璃钢管也称玻璃纤维缠绕夹砂管（RPM管）,以其独具的强耐腐蚀性能、内表面光滑、输送能耗低、使用寿命长、运输安装方便等特点,在城市给排水中得到广泛应用。

（5）塑料管　塑料管在任务二中介绍。

（6）管件　管件种类很多,不同的管材,管件略有不同,主要有接头、弯头、三通、四通、管堵和活性接头等。

（7）阀门　园林给水工程中常用的阀门按阀体结构和功能可分为截止阀、闸阀、蝶阀、球阀、电磁阀等。按驱动动力分为手动、电动、液动和气动4种,按承受压力分为高压、中压、低压3类,园林中使用的大多为中低压阀门,而以手动为主。

2）附属设施

（1）阀门井　阀门放在阀门井内,用来调节管线中的流量和水压,位于主管和支管交接处的阀门常设在支管上。一般阀门井内径在1 000～2 800 mm（管径 DN 为75～1 000 mm）,井口设为600～800 mm,井深由水管埋深决定。

（2）排气阀井和排水阀井　排气阀装在管线的高起部位,用以排出管内空气。排水阀设在管线最低处,用以排除管道中沉淀物和检修时放空存水。

（3）消火栓　消火栓可设在地上和地下,设在地上,易于寻找,使用方便,但易碰坏。地下一般安装在阀门井内,适于较冷地区。在城市,室外消火栓间距在120 m以内,公园或风景区可根据建筑情况而定。消火栓距建筑物在5 m以上,距离车行道不大于2 m,便于消防车的连接。

任务实施

一、某公园树枝状管网水力计算

如图2.3所示为某公园树枝状给水管网布置平面图。如用水点1为二层楼的餐厅,其标高为50.50 m,设计每日接待1 500人次,引水点A处的自由水头为37.30 mH₂O。用水点1的用水量、引水管管径、水头损失及其水压线标高,计算如下:

1）最高日用水量

查表2.1,q 为每人次15 L。

$$Q_d = q \times N = 15 \times 1\,500 \text{ L/d} = 22\,500 \text{ L/d}$$

2）最高时用水量

时变化系数 K_h 取6。

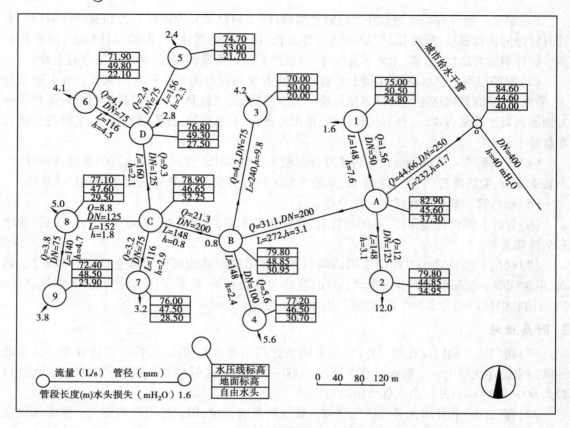

图 2.3 某公园给水管网布置平面图

$$Q_h = \frac{Q_d}{24} \times K_h = \frac{22\,500}{24} \times 6 \text{ L/h} = 5\,625 \text{ L/h}$$

3)设计秒流量

$$q_0 = \frac{Q_h}{3\,600} = \frac{5\,625}{3\,600} \text{ L/s} = 1.56 \text{ L/s}$$

4)1-A 管段管径

查表 2.2,取 q_0 为 1.6 L/s 作为设计流量,则 $DN = 50$ mm;$v = 0.85$ m/s(在经济流速范围内),水头损失为 40.9 mH$_2$O/1 000 m。

5)该管段的水头损失

$H_4 = h_y + h_j$(h_y 为沿程水头损失;h_j 为局部水头损失)

$h_y = i \times L = \dfrac{40.9}{1\,000} \times 148$ m $= 6.05$ m。因局部水头损失可按沿程水头损失的 25% 计算。则

$$H_4 = h_y + h_j = 1.25h_y = 7.6 \text{ mH}_2\text{O}$$

6)该点所需总水头

已知:A 点地面标高为 45.60 m,1 点为 50.50 m,则

$$H_1 = (50.50 - 45.60) \text{ m} = 4.90 \text{ m}$$

根据规定,二层楼房 $H_2 + H_3$ 可取 12 m,因 H_4 为 7.6 m,则

$$H = H_1 + H_2 + H_3 + H_4 = (4.9 + 12 + 7.6)\text{m} = 24.5\ \text{m}$$

7）该点的水压线标高

已知：A 点的自由水头为 37.30 m，标高为 45.60 m，则 A 点的水压线标高为 82.90 m。1 点的水压线标高等于 A 点的水压线标高减去引水管 A-1 的水头损失，则

$$h = (82.90 - 7.60)\text{m} = 75.30\ \text{m}$$

配水点 1 的自由水头为：(75.30 - 50.50)m = 24.80 m

由上式结果可知，该点的自由水头可以满足餐厅用水的总水头要求，计算合理。

以此类推，可求出全园各用水点的用水量、所需水压、管段管径及水头损失，同时对整个管网的水压要求进行复合，如最不利点（5 点）水压得以满足，那么全园各用水点均可满足。

二、某公园给水管网工程施工

1）定点放线

清除场地内有碍管线施工的设施及建筑垃圾等。根据管线平面布置图，利用相对坐标，按图示方向打桩放线，先确定用水点的位置，再确定管道位置。放线时，先定出管线走向中心线，后定出待开挖的沟槽边线。如管线为曲线，可按方格网法放线。

2）沟槽开挖

确定沟槽的位置、宽度和深度以后，采用机械挖槽。用机械挖槽后，当天不能下管时，沟底可留出 0.2 m 左右不挖，待铺管前用人工清底。沟槽应在各接口处挖成较大的工作坑，以便管道安装作业，其他地方尽可能地挖窄一些。工作坑规格：如管径 DN 为 75 ~ 250 mm，工作坑宽度为管径加 0.6 m；长度承口前为 0.6 m，承口后为 0.2 m；深度为 0.3 m。沟槽断面可选梯形或矩形，宽度一般可按管道外径加上 0.4 m 确定，深度应满足管网泄水要求，并在最大冻土层深度以下，以免将来产生冻裂隐患。沟槽开挖时必须按设计要求保证槽床至少有 0.2% 的坡度，坡向指向泄水点。开挖的管槽底面应平整、紧实，具有均匀的密实度。

3）管道安装

（1）散管与下管　将检查并疏通好的管子散开摆好，其承口迎着水流方向，插口顺着水流方向。当管径较小、质量较轻时，可采用人工下管；当管径较大、质量较重时，一般采用机械下管。下管时应谨慎操作，以保证人身安全。

（2）管道稳固　在沟底的铸铁管对口时，可将管子插口稍抬起，然后用撬杠在另一端用力将管子插口推入承口，再用撬杠将管子校正，使管子接口处间隙均匀，并保持管子成直线，管子两侧用土固定。如需安装阀门、消火栓处，应将阀门与其配合的短管安装好，然后再与管子连接。

管子铺设并调直后，在接口以外的部分，应及时覆土，以防管子发生位移和捻口时震松捻管口。稳管时，每根管子应对准中心线，接口的转角应符合施工规范要求。

（3）管道连接　铸铁管可采用大锤和剁斧进行断管，也可用手动液压铸铁剪切器切断。为管道连接，提供合格的管材。

铸铁管全部放稳后，将接口间隙内填塞干净的油麻或麻绳等，防止泥土及杂物渗入。当接口填麻丝时，应将堵塞物拿掉，填油麻的深度为承口总深的 $\frac{1}{3}$，填涂应均匀，以保证接口环形间隙均匀。将麻拧成麻辫进行打麻，麻辫直径约为承插口环形间隙的 1.5 倍，长度约为周长的 1.3 倍为宜。打锤要用力，凿凿相压，直到发出金属声为止。

接口完毕,应用草袋将接口处周围覆盖好,并用松土埋好后进行养护。天气炎热时还应盖上湿草袋并浇水,防止热胀冷缩损坏接口,气温在5 ℃以下时要注意防冻。接口一般养护3～5 d即可。

（4）管道加固　用水泥砂浆或混凝土支墩将管道的弯头、三通以及间隔一定距离的直线管段压实或支撑固定,可在水压试验合格后实施。

4）水压试验

水压试验的工作程序如下:

①接好试压装置。将水源接通,并挖好排水沟槽。

②向管内注水,此时应打开放气阀,如放气阀连续出水,说明管内空气已排尽,水灌满后,对铸铁管要浸泡。

③升压前要检查各接口、支撑与堵板,有问题待处理后才能升压。

④升压应缓慢进行,每次升压为0.2 MPa左右,同时观察各接口是否渗漏,升至工作压力时,应停泵检查。

⑤检查无问题后,继续升压到试验压力,如管道、附件和接口等未发生漏裂情况,证明强度试验合格,然后将压力降至工作压力进行密性试验。

⑥对试压管道全面检查,无渗漏为合格,做好试压记录,并将管内存水放净。

5）管道冲洗

管道安装完毕,验收前应进行冲洗,并做消毒处理,使水质达到规定洁净要求,同时做好管道冲洗验收记录。

做法是:消毒前,把管道中已安装好的水表拆下,用短管代替,并与正常供水管道接通,用高速水流冲洗水管,在管道末端选择几点将冲洗水排出,直至排出的水内不含杂质时,再进行消毒处理。

6）沟槽回填

（1）部分回填　部分回填位于管道以上约100 mm范围内,一般用沙土或筛过的原土回填,位于管底有效支撑角范围用粗中沙回填密实。管道两侧分层踩实,不能用小石块或砖砾等杂物单侧回填。

（2）全部回填　全部回填可用符合要求的原土分层轻夯,每次填土高度为100～150 mm,直至高出地面100 mm左右。使用动力打夯机（≤0.3 m）;人工打夯（≤0.2 m）。

任务考核

序　号	任务考核	考核项目	考核要点	分　值	得　分
1	过程考核	水力计算	管网布置正确,计算合理,管网水压复核合格	10	
2		定点放线	定点放线正确,管道位置符合要求	10	

续表

序　号	任务考核	考核项目	考核要点	分　值	得　分
3	过程考核	沟槽开挖	机械挖沟槽,宽度、深度、坡度及管基密实度合格	15	
4		管道安装	材料选择符合要求,接口连接方法正确	15	
5		水压试验	水压试验以无渗漏为合格	10	
6		管道冲洗	管道冲洗及消毒达到合格标准	10	
7		沟槽回填	回填土符合施工规范要求	10	
8	结果考核	供水效果	管网符合设计要求,管网供水正常	20	

巩固训练

图 2.4 为某小区给水管网布置图,结合市政给水管网工程施工,让学生参加给水施工工艺流程全部或几个施工阶段并完成相应任务。

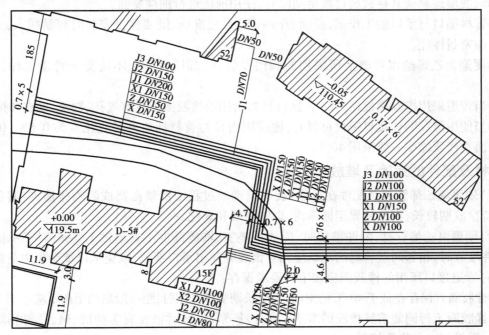

图 2.4　给水管网布置图(局部)

一、材料及用具

小区给水管网布置图、球墨铸铁管及管件、套丝机、砂轮锯、手锤、捻凿、钢锯、套丝扳、剁斧、大锤、试压泵、管钳、铁锹、铁镐、水平尺、钢卷尺等。

二、组织实施

①将学生分成 6 个小组，以小组为单位进行给水管网施工。

②按下列施工工艺流程完成施工任务：

定点放线→ 沟槽开挖→ 管道安装→ 水压试验→ 管道冲洗→沟槽回填。

三、训练成果

①每人交一份训练报告，并参照上述任务考核进行评分。

②根据小区给水管网设计要求，完成小区给水管网施工。

拓展提高

硬聚氯乙烯给水管道安装

一、管材及配件的性能要求

①施工所使用的硬聚氯乙烯给水管管材、管件应分别符合《给水用硬聚氯乙烯管村》（GB/T 1002·1—88）及《给水用硬聚氯乙烯管件》（BG/T 1002·2—88）的要求。如发现有损坏、变形、变质迹象或其存放超过规定期限时，使用前应进行抽样复验。

②管材插口与承口的工作面，必须表面平整，尺寸准确，既要保证安装时容易插入，又要保证接口的密封性能。

③硬聚氯乙烯给水管道上所采用的阀门及管件，其压力等级不应低于管道工作压力的 1.5 倍。

④当管道采用橡胶圈接口（R—R 接口）时，所用的橡胶圈不应有气孔、裂缝、重皮和接缝。

⑤当使用橡胶圈作接口密封材料时，橡胶圈内径与管材插口外径之比宜为 0.85 ~ 0.9，橡胶圈断面直径压缩率一般采用 40%。

二、管材及配件的运输及堆放

（1）硬聚氯乙烯管材及配件在运输、装卸及堆放过程中严禁抛扔或激烈碰撞，应避免阳光暴晒，若存放期较长，则应放置于棚库内，以防变形和老化。

（2）硬聚氯乙烯管材、配件堆放时，应放平垫实，堆放高度不宜超过 1.5 m；对于承插式管材、配件堆放时，相邻两层管材的承口应相互倒置并让出承口部位，以免承口承受集中荷载。

（3）管道接口所用的橡胶圈应按下列要求保存：

①橡胶圈宜保存在低于 40 ℃的室内，不应长期受日光照射，距一般热源距离不应小于 1 m。

②橡胶圈不行同能溶解橡胶的溶剂（油类、苯等）以及对橡胶有害的酸、碱、盐等物质存放在一起，不得与以上物质接触。

③橡胶圈在保存及运输中，不应使其长期受挤压，以免变形。

④当管材出厂时配套使用的橡胶圈已放入承口内,可不必取出保存。

三、硬聚氯乙烯给水管道安装

(1)管道铺设应在沟底标高和管道基础质量检查合格后进行,在铺设管道前要对管材、管件、橡胶圈等重新作一次外观检查,发现有问题的管材、管件均不得使用。

(2)管道的一般铺设过程是:管材放入沟槽、接口、部分回填、试压、全部回填。在条件不允许,管径不大时,可将2或3根管在地面上接好,平稳放入沟槽内。

(3)在沟槽内铺设硬聚氯乙烯给水管道时,如设计未规定采用基础的形式,可将管道铺设在未经扰动的原土上。管道安装后,铺设管道时所用的临时垫块应及时拆除。

(4)管道不得铺设在冻土上,铺设管道和管道试压过程中,应防止沟底冻结。

(5)管材在吊运及放入沟时,应采用可靠的软带吊具,平稳下沟,不得与沟壁或沟底激烈碰撞。

(6)在昼夜温差变化较大的地区,应采取防止因温差产生的应力而破坏管道及接口的措施。橡胶圈接口不宜在 - 10 ℃以下施工。

(7)在安装法兰接口的阀门和管件时,应采取防止造成外加拉应力的措施。口径大于100 mm的阀门下应设支墩。

(8)管道转弯的三通和弯头处是否设止推支墩及支墩的结构形式由设计决定。管道的支墩不应设置在松土上,其后背应紧靠原状土,如无条件,应采取措施保证支墩的稳定;支墩与管道之间应设橡胶垫片,以防止管道的破坏。在无设计规定的情况下,管径小于100 mm 的弯头、三通可不设止推支墩。

(9)管道在铺设过程中可以有适当的弯曲,但曲率半径不得小于管径的300倍。

(10)在硬聚氯乙烯管道穿墙处,应设预留孔或安装套管,在套管范围内管道不得有接口。硬聚氯乙烯管道与套管间应用非燃烧材料填塞。

(11)管道安装和铺设工程中断时,应用木塞或其他盖堵将管口封闭,防止杂物进入。

(12)硬聚氯乙烯给水管道橡胶圈接口适用于管外径为63～315 mm 的管道连接。

(13)橡胶圈连接

①检查管材、管件及橡胶圈质量。

②清理干净承口内橡胶圈沟槽、插口端工作面及橡胶圈,不得有土或其他杂物。

③将橡胶圈正确安装在承口的橡胶圈沟槽区中,不得装反或扭曲,为了安装方便可先用水浸湿胶圈。

④橡胶圈连接须在插口端倒角,并应划出插入长度标线,然后再进行连接。

⑤用毛刷将润滑剂均匀地涂在装嵌承口处的橡胶圈和管插口端外表面上,但不得将润滑剂涂到承口的橡胶圈沟槽内;润滑剂可采用 V 型脂肪酸盐,禁止用黄油或其他油类作润滑剂。

⑥将连接管道的插口对准承口,保证插入管段的平直,用手动葫芦或其他拉力机械将管一次插入至标线。若插入阻力过大,切勿强行插入,以防橡胶圈扭曲。

任务2　园林喷灌工程施工

> 知识点：了解园林灌溉工程的基础知识，掌握园林灌溉施工的工艺流程和验收标准。
> 能力点：能根据施工图进行园林灌溉工程的施工、管理与验收。

**任务描述**

喷灌是喷洒灌溉的简称，它是利用专门的设备（动力机、水泵、管道等）把水加压，或利用水的自然落差将有压水送到灌溉地段，通过喷洒器（喷头）喷射到空中散成细小的水滴，均匀地散布在田间进行灌溉。喷灌和其他灌溉方式比较，有很多优点，如有利于浅浇勤灌节约用水、改善小气候、不破坏花木、减小劳动强度、便于控制灌水量、不产生冲刷保持土壤肥力等，它是一种先进的灌溉方式，缺点是初始投资较大。

某公园绿地将进行喷灌系统管道安装（图2.5），根据绿地喷灌管网的布置要求，对其进行固定式喷灌系统安装施工。希望通过学习后能正确进行绿地给水管道的布置，学会绿地固定式喷灌系统管道安装方法。

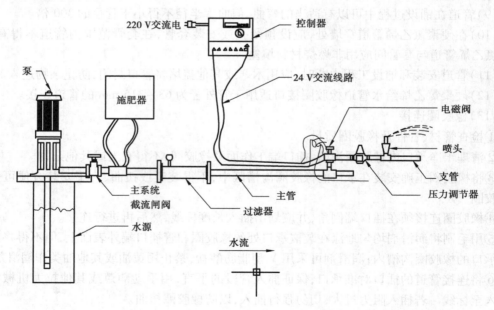

图2.5　园林灌溉系统的基本组成示意图

任务分析

喷灌是属于给水系统,由于是生产用水,其水源可以用自来水也可以用地表水和地下水,同时整个灌区内可以分区分片供水,减小主管道的管径,降低工程造价。其施工步骤为:定点放线→沟槽开挖→浇筑基座→安装水泵与管道→管道冲洗→管道试压→沟槽回填→安装喷头。具体应解决好以下几个问题:

①正确认识园林喷灌工程施工图,准确把握设计人员的设计意图。

②能够利用园林喷灌施工的知识编制切实可行的园林喷灌施工组织方案。

③能够根据园林喷灌工程的施工特点,进行有效的施工现场管理、指导工作。

④做好园林喷灌的成品修整和保护工作。

⑤做好园林喷灌工程竣工验收的准备工作。

任务咨询

园林绿地中的灌溉方式长期来一直处在人工拉胶管或提水浇灌的状况,这不仅耗费劳力、容易损坏花木,而且用水也不经济。近年来,随着我国城镇建设的迅速发展,绿地面积不断扩展,绿地质量要求越来越高,一种新型的灌溉方式——喷灌逐渐发展起来。

一、喷灌系统的组成

一个完整的绿地喷灌系统一般由水源、首部枢纽、管网和喷头等组成。

(1)水源　绿地喷灌系统的水源有多种形式,一般多用城市供水系统作为喷灌水源。另外,井泉、湖泊、水库、河流也可作为水源。无论采用哪种水源,应满足喷灌系统对水质和水量标准的要求。

(2)首部枢纽　首部枢纽一般包括动力设备(电动机、柴油机、汽油机等)、水泵(离心泵、潜水泵等)和控制设备(减压阀、逆止阀、泄水阀等)。其作用是从水源取水,并对水进行加压和系统控制。首部设备的设置,可视系统类型、水源条件及用户要求有所增减。当城市供水系统的压力满足不了喷灌工作压力的要求时,可建专用水泵站、加压水泵室等,有时可在自来水管路上加装一台管道泵即可。

(3)管网　喷灌系统的管网是由不同管径的管道(干管、分干管、支管等),通过各种相应的管件、阀门等设备将其连接而成的供水系统。其作用是将压力水输送并分配到所需喷灌的绿地种植区域。喷灌系统管网所需管材多采用施工方便,水力学性能良好且不会锈蚀的塑料管为主要材料,如 UPVC 管、PE 管、PPR 管等,这些塑料管道已成为现代喷灌工程的主要管材。另外,在管网安装时应根据需要在管网中安装必要的安全装置,如进排气阀、限压阀、泄水阀等。

(4)喷头　喷头是喷灌系统的专用设备,其作用是将有压力的集中水流,通过喷头孔嘴喷洒出去,将水分散成细小水滴,如同降雨一般均匀地喷洒在绿地种植区域。

二、喷灌系统的类型

（1）固定式喷灌系统　固定式喷灌系统由水源、水泵、管道系统和喷头组成。该喷灌系统有固定的泵站,供水的干管、支管均埋于地下,喷头固定于竖管上,也可按轮灌顺序临时安装。另有一种较先进的固定喷头,喷头不工作时,缩入套管或检查井内,使用时打开阀门,利用水压,把喷头顶升到一定高度进行喷洒。喷灌完毕,关上阀门,喷头便自动缩入套管或检查井内。这种喷头便于管理,不妨碍地面活动,不影响景观效果,如在高尔夫球场多采用。

固定式喷灌系统的设备费用较高,投资较大,但操作方便,节约劳力,便于实现自动化和遥控操作。适用于经常灌溉及灌溉期较长的草坪、大型花坛、花圃、庭院绿地等。

（2）移动式喷灌系统　移动式喷灌系统其动力（电动机或汽油发动机）、水泵、管道和喷头等是可以移动的,由于管道等设备不必埋入地下,所以投资较省,机动性强,但移动不方便,易损坏苗木,工作劳动强度大。适用于有池塘、河流等天然水源地区的园林绿地、苗圃和花圃灌溉。

（3）半固定式喷灌系统　半固定式喷灌系统的泵站和干管固定或埋于地下,通过连接干管、分干管伸出地面的给水栓向支管供水,支管、竖管及喷头可移动。其设备利用率较高,运行管理比较方便,多用于大型花圃、苗圃及公园的树林区。

三、管材与管件

1）硬聚氯乙烯（UPVC）管

（1）管材　硬聚氯乙烯管材是以聚氯乙烯树脂为主要原料,加入无毒专用助剂,经混合、塑化、挤出或注射成型而成。具有抗冲击强度高,表面光滑,流体阻力小,耐腐蚀,质地轻,导热系数小,便于运输、贮存、安装和使用寿命长等特点。

我国于1996年颁布了新的UPVC给水管材国家标准,即GB/T 10002.1—1996。按目前国家管材标准,管材直径规格共有28个,压力等级为$0.6 \sim 11.6$ MPa,共5个等级。用于绿地喷灌系统的常采用承压为0.63 MPa、1.00 MPa、1.25 MPa 3种规格;用于民用住宅室内供水系统的管材,其产品应符合国家饮水卫生标准。

（2）管件　绿地喷灌系统使用的管件主要是给水系列的一次成型管件,有胶合承插型、弹性密封圈承插型和法兰连接型3个类型。

2）聚乙烯（PE）管

（1）管材　聚乙烯管材是以聚乙烯树脂为主要原料,配一定量的助剂,经挤出成型加工而成。具有质轻、耐腐蚀、无毒、易弯曲、施工方便等特点。

聚乙烯管材有高密度聚乙烯（HDPE）和低密度聚乙烯（LDPE）两种。前者由于价格较贵,在喷灌系统中很少采用;后者质地较软,适合在较复杂的地形敷设,在绿地喷灌系统中常被使用。

（2）管件　低密度聚乙烯（LDPE）管材可采用注塑成型的组合式管件连接。当管径较大时,一般用金属加工制成的法兰盘代替锁紧螺母进行连接。

3）聚丙烯（PPR、PPC）管

（1）管材　聚丙烯管材是以聚丙烯树脂为主要原料,加入适当稳定剂,经挤出成型加工而成。具有质轻、耐腐蚀、耐热性较高、施工方便等特点。由于管材耐热性好,在太阳直射下,可长时间暴露在外并正常使用,故多用于移动式或半固定式喷灌系统。

（2）管件　聚丙烯树脂是一种高结晶聚合物,其管件在加工温度为$160 \sim 170$ ℃时,采用甘油浴方式加工而成。

四、喷头类型与布置形式

1)喷头类型

（1）固定式喷头　如图2.6所示,固定式喷头工作时喷出的水流可以是一束、多束或呈扇形。常见的形式有全圆形、3/4圆弧形、2/3圆弧形、半圆形、1/3圆弧形和1/4圆弧形,特殊形式也有带状的。其工作压力较低,为100~200 kPa,工作半径一般为1.5~7 m。适于庭院、小规模绿化喷灌和四周有障碍物阻挡时使用。

图2.6　固定式喷头与喷灌

（2）旋转式喷头　旋转式喷头如图2.7所示,旋转式喷头都有一个或两个喷嘴,其喷洒角度一般从20°~240°可调,许多还可以作全圆喷洒。同固定式喷头比较,旋转式喷头工作压力较高,大多数喷头工作压力在150~700 kPa,射程范围较大,小的在6 m,大的可达30 m以上。适用于大面积园林绿地和运动场草坪喷灌。

图2.7　旋转式喷头与喷灌

2)布置形式

固定式喷灌系统引水路径是:从水源引水至泵房,通过水泵加压再输送给干管,干管输给（分干管至）支管,支管上竖立管再接喷嘴,在分干管或支管上设阀门控制喷嘴数量和喷洒面积。

喷头布置形式也称喷头的组合形式,是指各喷头的相对位置安排。在布置喷头时,应充分考虑当地的地形条件、绿化种植和园林设施对喷洒效果的影响,力求做到科学合理。在喷头射程相同的情况下,不同的布置形式,其支管和喷头的间距也不同。如表2.3为常用的几种喷头布置形式和有效控制面积及应用范围。

表2.3　喷头的布置形式

序号	喷头组合形式	喷洒方式	喷头间距/L、支管间距/b、喷头射程/R的关系	有效控制面积/S	应用范围
A		全圆	$L = b = 1.42R$	$S = 2R^2$	在风向改变频繁的地区效果好
B		全圆	$L = 1.73R$ $b = 1.5R$	$S = 2.6R^2$	在无风的情况下喷洒的效果最好
C		扇形	$L = R$ $b = 1.73R$	$S = 1.73R^2$	较 AB 节省管道,但多用了喷头
D		扇形	$L = R$ $b = 1.87R$	$S = 1.87R^2$	同 C

喷头布置形式确定后,可根据喷嘴的射程,再确定喷头的间距和支管间距。同时还要考虑风力大小的影响,如美国"Rainbird"公司的喷头组合建议值是:平均风速小于 3.0 m/s,喷头间距取 $0.8R$,支管间距取 $1.3R$;平均风速在 $3.0 \sim 4.5$ m/s,喷头间距取 $0.8R$,支管间距取 $1.2R$;平均风速 $4.5 \sim 5.5$ m/s,喷头间距取 $0.6R$,支管间距取 R。

任务实施

一、定点放线

(1)水泵位置　确定水泵的轴线、泵房的基脚位置和开挖深度。

(2)管道位置　对喷灌区场地进行平整,根据管道系统布置图,确定管道的轴线、弯头、三通、四通和竖管的位置和管槽的深度。用线桩或拉线和白灰,在地面上将管道中心线及待开挖的沟槽边线划标出来。

二、沟槽开挖

（1）开挖工艺　管道位置确定后，采用人工挖槽或机械挖槽。当土质松软、地下水位较低和开挖时地下有需要保护设施的地段采用人工挖；当土质坚硬、地下水位较高和开挖地段无地下其他管线或设施时，采用机械挖槽。

（2）沟槽处理　沟槽断面可根据挖槽深度和土质情况而定。直形（矩形）槽适合于深度小、土质坚硬的地段；梯形槽适用于深度较大、土质较松软的地段。沟槽底宽开挖大小为管道基础宽度加上2倍的工作宽度，工作宽度可根据管径大小而定，一般不大于0.8 m。沟槽深度应按管道设计纵断面图确定。其他事宜见任务一。

（3）基坑处理　当沟槽开挖深度不超过15 cm时，可用挖槽原土回填夯实，其压实度不应低于原地基土的密实度。如出现排水不良造成地基土扰动时，扰动深度在10 cm以内，宜采用填天然配砂石或沙砾处理。一般基坑开挖后，应立即浇筑基础铺设管道，以免长时间敞开造成塌方和风化底土。

三、浇筑基座

常用一个木框架，浇筑混凝土，即按水泵基脚尺寸打孔，按水泵的安装条件把基脚螺钉穿在孔内进行浇筑。此工序关键在于严格控制基脚螺钉的位置和深度。

四、安装水泵与管道

（一）安装水泵

用螺丝将水泵平稳紧固于混凝土基座上，要求水泵轴线与动力轴线相一致，安装完毕后应用测隙规检查同心度，吸水管要尽量短而直，接头严格密封不能漏气。

（二）管道连接

1）硬聚氯乙烯（UPVC）管接口方式与做法

（1）焊接　焊枪喷出热空气达到200～240 ℃，使焊条与管材同时受热，成为韧性流动状态，达到塑料软化温度时，使焊条与管件相互黏接而焊牢。

（2）法兰连接　一般采用可拆卸法兰接口，法兰为塑料材质。法兰与管口间连接采用焊接、凸缘接和翻边接。

（3）承插黏接　先进行承口扩口作业。将工业甘油加热至140 ℃，管子插入油中深度为承口长度加15 mm，经过1 min将管取出，并在定型规格钢模上撑口，而后置于冷水冷却之后，拔出冲子，承口即制成。承插口环向间隙为0.15～0.30 mm。黏接前，用丙酮将承插口接触面擦洗干净，涂1层"601"黏结剂，再将承接口连接。

（4）胶圈连接　将胶圈弹进承口槽内，使胶圈贴紧于凹槽内壁，在胶圈与插口斜面涂一层润滑油，再将插口推入承口内，这是采用手插拉入器插入的。

2）聚丙烯（PPR、PPC）管接口方式与做法

（1）焊接　将待连接管两端制成坡口，用焊枪喷出约240 ℃的热空气，使两端管材及聚丙烯焊条同时熔化，再将焊枪沿加热部位后退即成。

（2）加热插黏接　将工业甘油加热到约170 ℃，再将待安管管端插入甘油内加热，然后在已安管管端涂上黏结剂，将其油中加热管端变软的待安管从油中取出，再将已安管插入待安管

管端,冷却后接口即完成。

（3）热熔压紧法　将两待接管管端对接,用约 50 ℃恒温电热板夹置于两管端之间,当管端熔化后,即把电热板抽出,再用力压紧熔化的管端面,冷却后接口即接成。

（4）钢管插入搭接法　将待接管管端插入约 170 ℃甘油中,再将钢管短节的一端插入到熔化的管端,经冷却后将接头部位用钢丝绑扎;再将钢管短节的另一头插入熔化的另一管端,经冷却后用钢丝绑扎。如此,两条待安管由钢管短节插接而成。

聚乙烯(PE)管接口方式有焊接法、承插黏接法、热熔压紧法、承插胶圈法及钢管插入搭接法。

下管与管道加固等内容见任务一。

五、管道冲洗

管道安装好后,先不装喷头,一般是开泵冲洗管道,将竖管敞开任其自由溢流,把管道中的泥沙等全部冲出来,防止堵塞喷头。喷灌管网可不做消毒处理。

六、管道试压

管道试压的做法是:将管网开口部分全部封闭,竖管用堵头封闭,逐段进行试压。试压的压力应比工作压力大一倍,保持这种压力 10～20 min,各接头如发现漏水应及时修补,直至不漏为止。

七、沟槽回填

管道试压合格后,应及时回填沟槽,如管道埋深较大应分层轻轻夯实。回填前沟槽内砖、石、木块等杂物要清除干净;沟槽内不得有积水。

八、安装喷头

根据喷头的布置形式,在竖管上端安装喷头。

任务考核

序　号	任务考核	考核项目	考核要点	分　值	得　分
1		定点放线	水泵与管道位置符合要求,定点放线正确	10	
2		沟槽开挖	沟槽的宽度、深度、坡度及基坑处理合格	10	
3	过程考核	浇筑基座	基座浇筑方法正确,基脚螺钉位置正确	10	
4		安装水泵与管道	水泵安装正确,接头不漏气。塑料管材选择符合要求,接口连接方法正确	20	
5		管道冲洗	管道冲洗符合要求	10	

续表

序　号	任务考核	考核项目	考核要点	分　值	得　分
6	过程考核	管道试压	压力符合试压标准,接头无漏水	10	
7		沟槽回填	回填土符合施工规范要求	10	
8		安装喷头	喷头安装方法正确	10	
9	结果考核	试喷	喷灌系统符合设计要求,水泵与喷头运转正常	10	

巩固训练

结合本校对绿地水分管理的实际情况,可采用移动式喷灌系统或半固定式喷灌系统进行喷灌安装,让学生参加喷灌系统全部或部分施工并完成相应任务。

一、材料及用具

硬聚氯乙烯(UPVC)管或聚乙烯(PE)管、管件、水泵、焊枪、法兰接口、工业甘油、钢丝、铁锹、铁镐、水平尺、钢卷尺等。

二、组织实施

①将学生分成4个小组,以小组为单位进行喷灌系统安装。
②按下列施工阶段完成施工任务:沟槽开挖→浇筑基座→安装水泵与管道→管道冲洗→管道试压→沟槽回填→安装喷头。

三、训练成果

①每人交一份训练报告,并参照上述任务考核进行评分。
②完成校园绿地喷灌系统安装。

拓展提高

微喷灌技术

一、微喷灌的种类

微灌是利用微灌设备组装成微灌系统,将有压水输送分配到田间,通过灌水器以微小的流量湿润作物根部附近土壤的一种灌水技术。微灌按灌水器及出流形式的不同,主要有滴灌、微喷灌、小管出流、渗灌等形式。

1)滴灌

滴灌是利用安装在末级管道(称为毛管)上的滴头,或与毛管制作成一体的滴灌带(或滴灌管)将压力水以水滴状湿润土壤,在灌水器流量较大时,形成连续细小水流湿润土壤。通常将毛管和灌水器放在地面,也可以把毛管和灌水器埋入地面以下 30 cm 左右。前者称为地表滴灌,后者称为地下滴灌。滴灌灌水器的流量通常为 1.14~10 L/h。

2)微喷灌

微喷灌是利用直接安装在毛管上或与毛管连接的微喷头将压力水以喷洒状湿润土壤。微喷头有固定式和旋转式两种。前者喷射范围小,水滴小;后者喷射范围较大,水滴也大些,故安装的间距也比较大。微喷头的流量通常为 20~250 L/h。另外还有微喷带也属于微喷灌系列,微喷带又称多孔管、喷水带,是在可压扁的塑料软管上采用机械或激光直接加工出水小孔,进行微喷灌的设备。

3)小管出流

小管出流是利用 $\phi 4$ 的小塑料管与毛管连接作为灌水器,以细流(射流)状局部湿润作物附近的土壤,小管出流的流量常为 40~250 L/h。对于高大果树通常围绕树干修一渗水小沟,以分散水流,均匀湿润果树周围土壤。在国内,为增加毛管的铺设长度,减少毛管首末端流量的不均匀,通常在小塑料管上安装稳流器,以保证每个灌水器流量的均匀性。

4)渗灌

渗灌是利用一种特别的渗水毛管埋入地表以下 30 cm 左右,压力水通过渗水毛管管壁的毛细孔以渗流的形式湿润其周围土壤。由于渗灌能减少土壤表面蒸发,从技术上来讲,是用水量很省的一种微灌技术,但目前使用起来,渗灌管常埋于地下,由于作物根系有向水性,渗灌管经常遭受堵塞问题困扰。渗灌管的流量常为 2~3 L/(h·m)。

二、微灌的优缺点

1)优点

微灌可以非常方便地将水灌到每一株植物附近的土壤中,经常维持较低的水压力满足作物生长需要。微灌具有以下诸多优点:

(1)省水、省工、节能　微灌是按作物需水要求适时适量地灌水,仅湿润根区附近的土壤,因而显著减少了水的损失。微灌是管网供水,操作方便,劳动效率高,而且便于自动控制,因而可明显节省劳力。同时微灌大部分属局部灌溉,大部分地表保持干燥,减少了杂草的生长,也就减少了用于除草的劳力和除草剂费用。肥料和药剂可通过微灌系统与灌溉水一起直接施到根系附近的土壤中,不需人工作业,提高了施肥、施药的效率和利用率。微灌灌水器的工作压力一般为 50~150 kPa,比喷灌低得多,又因微灌比地面灌溉省水,对提水灌溉来说意味着减少了能耗。

(2)灌水均匀　微灌系统能够做到有效地控制每个灌水器的出水流量,灌水均匀度高,一般可达 80%~90%。

(3)增产　微灌能适时适量地向作物根区供水供肥,为作物根系活动层土壤创造了很好的水、热、气、养分状况,因而可实现稳产,提高产品质量。

(4)对土壤和地形的适应性强　微灌的灌水强度可根据土壤的入渗特性选用相应的灌水器,并对其调节,不产生地表径流和深层渗漏。微灌是采用压力管道将水输送到每棵作物的根部附近,可以在任何复杂的地形条件下有效工作,甚至在某些很陡的土地或在乱石滩上种的树也可以采用微灌。

2)缺点

微灌系统投资一般要高于地面灌;微灌灌水器出口很小,易被水中的矿物质或有机物堵塞,减少系统水量分布均匀度,严重时会使整个系统无法正常工作,甚至报废;微灌毛管一般铺设在地面,使用中会影响田间管理,有时会被拉断、割破,发生漏水,增加了后期维护费用。

任务3 园林排水工程施工

> 知识点:了解园林排水施工的基础知识,掌握园林排水施工的工艺流程和验收标准。
> 能力点:能根据施工图进行园林排水工程的施工、管理与验收。

 **任务描述**

园林中为满足游人及管理人员生活的需要,每天都会产生生活污水。由于园林造景的需要,利用地形起伏创造环境空间,这样会导致一些天然降水不能排出。为保持环境,应及时收集和排出这些污水,给游人创造一个良好的环境空间。园林排水工程的主要任务就是排出生活污水和天然降水。

图2.8是典型的排水施工图,从施工图上可以看出排水工程大多数属于隐蔽工程,雨水主要通过地面排水与明沟排水为主,而污水则可以通过管道排放。对公园排水区域采用地面排水、明沟排水与管道排水的综合排水方式,并对其进行排水工程施工。其施工内容为:地面排水、明沟排水、管道排水。

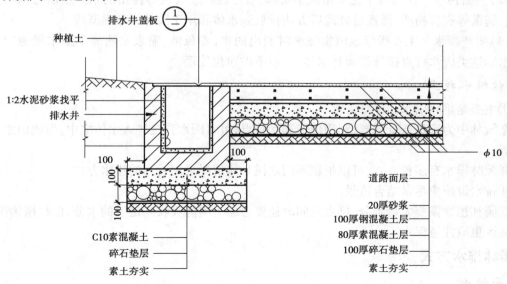

图2.8 某景观排水施工图

任务分析

园林排水主要是指排出雨水和少量的生活污水。所以要想高质量、低成本按期完成园林排水工程施工任务,在拥有高素质施工队伍的前提下,现场施工员在施工管理上必须认真做好施工过程的记录,同时还要掌握排水工程的特点、排水的方式、排水系统的组成、排水管网的设计、排水工程施工与管理技术。具体应解决好以下下几个问题:

①正确识别给水工程施工图,准确把握设计人员的设计意图。
②编制切实可行的给水工程施工组织方案。
③进行有效的给水施工现场管理、指导和协调工作。
④做好给水工程成品修整和保护工作。
⑤做好给水工程竣工验收的准备工作。

任务咨询

一、园林排水种类与特点

1)园林排水种类

(1)降水　主要指地面上径流的雨水和冰雪融化水。特点是降水比较集中,径流量比较大。降水一部分渗入土壤,另一部分进入园林水体和城市排水系统。

(2)生活污水　在园林中主要指从小卖部、餐厅、茶室、公厕等排出的水。生活污水中多含酸、碱、病菌等有害物质,需经过处理后方能排放到水体和用于园林绿地灌溉等。

(3)生产废水　主要指绿地植物浇灌时淌出的水,养鱼池、喷泉水池等小型水景池中排放的废水。这类废水可直接排放园林水体,一般不做净化处理。

2)园林排水特点

①主要是排除雨水和少量污水。
②园林中为满足造景需要,利用地形起伏特点,可将雨水直接排入水体之中,形成山水相依的格局。
③园林排水有多种方式,可以根据不同地段具体情况采用适当的排水方式。
④排水设施应尽量结合造景。
⑤园林植物需要大量水分,排水的同时还要考虑土壤能吸收到足够的水分,以利植物生长,干旱地区更应注意保水。

二、园林排水方式

1)地面排水

地面排水主要指排除降水。它是利用园林中地形条件,将雨水汇集,再通过谷、涧、沟、园路等加以组织引导,就近排入水体或城市雨水管道。地面排水适用于公园绿地。

2)管渠排水

（1）明沟排水 明沟排水主要是将地表水通过各种明沟有组织地排放。根据不同地段,可以选择土质、砌砖、砖石或混凝土明沟,常见明沟断面形式见图2.9。

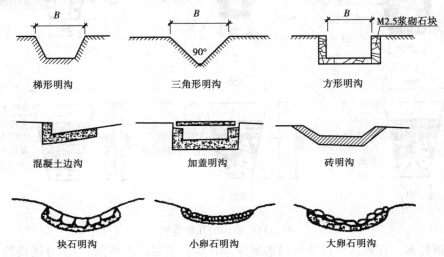

图2.9 常见明沟的形式

（2）盲沟排水 盲沟排水是一种地下排水渠道,用以排除地下水,降低地下水位。适用于一些要求排水良好的活动场地,如运动场、草坪、高尔夫球场等以及某些不耐水的园林植物生长区。

①盲沟的布置形式:盲沟的布置形式取决于地形和地下水的流动方向。树枝式,适用于周边高中间低的园林地形（洼地）;鱼骨式,适用于谷地积水较多处;铁耙式,适用于一面坡的地形;平面式,适用于高地下水位的体育场。几种常见的布置形式见图2.10。

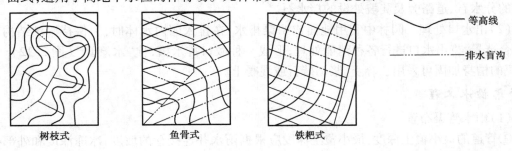

图2.10 盲沟布置形式

②盲沟的埋深与间距:盲沟的埋深主要受植物对地下水位的要求、冰冻深度、土壤质地和地面荷载情况等因素的影响,从不同土壤质地上看,通常在1.2～1.7 m;支管间距主要取决于土壤类型、排水量及排水速度等因素,一般在8～24 m。对于排水要求较高的场地,适当多设支管。

③盲沟沟底纵坡:沟底纵坡坡度不少于5‰,只要地形条件许可,坡度应尽可能取大些,以利于地下水的排出。

盲沟的做法依材料选择不同而有多种类型,如图2.11所示。

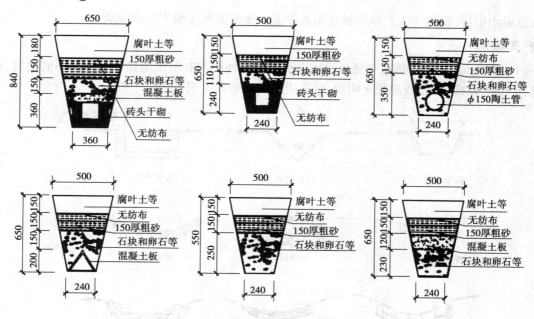

图 2.11　盲沟的几种类型

（3）管道排水　在园林中的某些局部地方,如广场、主要建筑周围,当不方便使用明沟排水时,可以利用敷设专用管道排水。管道排水费用较高,但不妨碍地面活动,而且既卫生又美观,排水率也高。

三、雨水处理工程

1）防止地表径流工程措施

（1）设置挡水石　地表径流在山谷及较大沟坡汇水线上,易形成大流速流,为防止其对地表的冲刷,可在汇水区布置一些山石,借此降低流速,减缓水流冲力,起到保护地表的作用。如溪涧的分水石、道路旁及陡坡处设的挡水石。

（2）出水口处理　园林中利用地面或明渠排水,在排入园内水体时,为保持岸坡结构稳定并结合造景,将出水口进行各种消能处理,形成一种敞口排水槽,称"水簸箕"（图 2.12）。"水簸箕"的槽身加固可采用三合土、浆砌砖石或混凝土。

2）管渠排水工程

（1）雨水管渠布置

①管道的最小覆土深度:最小覆土深度应根据雨水井连接管的坡度、冰冻深度和外部荷载情况而确定,雨水管的最小覆土深度一般在 0.5～0.7 m。

②最小坡度:雨水管道只有保持一定的纵坡坡度,才能使雨水靠自身重力向前流动。一般土质明渠最小坡度不小于 2‰;砌筑梯形明渠的最小坡度不小于 0.2‰。不同管径对坡度也有要求,见表 2.4。

③流速的确定:流速过小,不仅直接影响排水速度,水中杂质也易于沉淀淤积。各种管道在自流条件下的最小容许流速不得小于 0.75 m/s,各种明渠不得小于 0.4 m/s。流速过大,会对管壁有磨损,降低管道的使用寿命。金属管道的最大设计流速为 10 m/s,非金属管道为 5 m/s。各种明渠的最大设计流速参照表2.5。

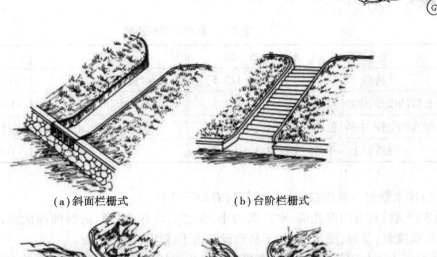

（a）斜面栏栅式　　　　　　　（b）台阶栏栅式

（c）消力阶　　　　　　　　（d）消力块

图2.12　几种排水口处理

表2.4　雨水管道各种管径最小坡度

管径/mm	200	300	350	400
最小坡度/‰	4	3.3	3	2

表2.5　明渠最大设计流速

明渠类别	最大设计流速/(m·s⁻¹)	明渠类别	最大设计流速/(m·s⁻¹)
粗砂及砂质黏土	0.8	草皮护面	1.6
砂质黏土	1.0	干砌块石	2.0
黏土	1.2	浆砌块石及浆砌石	3.0
石灰岩及中砂岩	4.0	混凝土	4.0

④最小管径及沟槽尺寸：一般雨水口连接管最小管径为200 mm，最小坡度为1%。公园绿地的径流中挟带泥沙及枯枝落叶较多，容易堵塞管道，故最小管径限值可适当放大，采用300 mm。梯形明渠为了便于维修和排水通畅，渠底宽度不得小于30 cm。梯形明渠的边坡，用砖石或混凝土块铺砌的一般采用1：0.75～1：1。边坡在无铺装情况下，根据其土壤性质可采用相应数值，参照表2.6。

表2.6　梯形明渠的边坡

土　质	边　坡	土　质	边　坡
粉砂	1:3~1:3.5	砂质黏土和黏土	1:1.15~1:1.25
松散的细砂、中砂、粗砂	1:2~1:2.5	砾石土和卵石土	1:1.25~1:1.5
细实的细砂、中砂、粗砂	1:1.5~1:2	半岩性土	1:0.5~1:1
黏质砂土	1:1.5~1:2	风化岩石	1:0.25~1:0.5

(2)排水管材　常用的室外排水管材有如下几种:

①陶土管:具有内壁光滑,水流阻力小,无透水性好,耐磨、耐腐蚀等优点,但质脆易碎、抗弯、抗压强度低,节短,施工不便,不易敷设于松土或埋深较大之处。

②混凝土管与钢筋混凝土管:混凝土管多用普通地段的自流管段,钢筋混凝土管多用于深埋或土质条件不良地段及有压管段。二者具有取材制造方便、强度高、应用广泛等优点,但具有抗酸碱腐蚀性及抗渗性较差、管节短、节点多、搬运施工不便等缺点。

③塑料管:内壁光滑、水流阻力小、抗腐蚀性好、节长接头少。抗压力较低,多用于建筑排水。

(3)附属构筑物　附属构筑物是雨水管道系统的组成部分,一般雨水管道系统由雨水口、连接管、检查井、干管和出水口5部分构成。

①检查井:检查井的功能是便于管道检查和清理,同时也起连接管段的作用。检查井通常设置在管道交汇、坡度和管径改变的地方。为了作业方便,相邻检查井之间管段应成一直线。井之间的最大间距在管径小于500 mm时为50 m。检查井主要由井基、井底、井身、井盖座和井盖组成,其构造见图2.13。

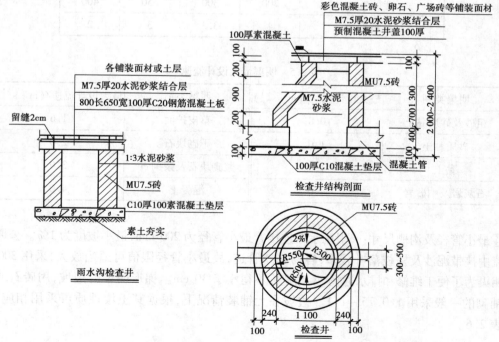

图2.13　检查井大样图

②跌水井:跌水井是设有消能设施的检查井。跌水井一般不设在管道转弯处,常在地形较陡处设置,以保证管道有足够覆土深度。当管底标高落差不大于 1 m 时,可将检查井底部做成斜坡衔接两排水管即可,不必采用跌水措施。

③雨水口:雨水口是雨水排水管道上收集地面径流的构筑物,其通常设置在道路边沟或地势低洼处。雨水口的间距一般控制在 30~80 m,它与干管常用 200 mm 的连接管,其长度不得超过 25 m。雨水口由进水管、井筒、连接管、雨算子组成,其构造如图 2.14 所示。

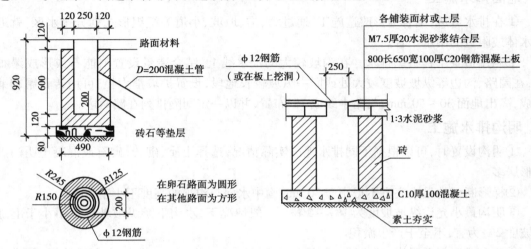

图2.14　雨水口大样图

④出水口:出水口是排水管道向水体排放污水及雨水的构筑物,其设置位置和形式应根据水位、水流方向、驳岸形式而定。雨水管道出水口不要淹没于水中,管底标高应在水体常水位以上,以免引起水体倒灌。在出水口与水体岸边连接处,可做护坡或挡土墙,以保护河岸及固定出水管道。出水口的构造见图 2.15。

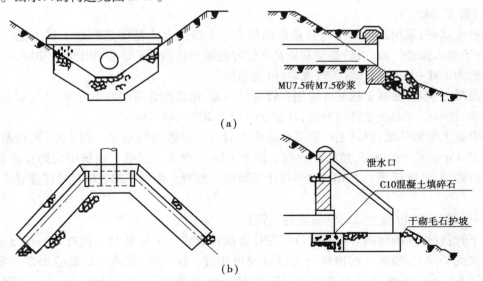

(a)

(b)

图2.15　出水口大样图
(a),(b)排水口

任务实施

一、地面排水施工

①在排水区域,结合地形改造施工,通过涧、沟、地坡、小道等组织形式划分排水区,就近排入水体或附近的雨水干管。

②利用造景工程组织排水。在沟坡较大的汇水线上,结合造景设置消能石或形成瀑布水景;在园路、沟边等纵坡坡度较大处或同一纵坡较长地段,设置护坡消力槛,可用砖石镶砌铺筑而成,高出地面 30～50 mm,与路中线成 75°布置,并以一定间隔排列在路两边。

二、明沟排水施工

①明沟设置时,可以根据不同排水地段实际情况,选择土质、砌砖、砌石或混凝土明沟。以梯形居多。

②梯形断面的最小底宽不得小于 30 cm,沟中水面与沟顶的高度不小于 20 cm。

③明沟最小允许纵坡坡度为 1‰～2‰。一般情况下,水沟下游纵坡坡度以不小于上游纵坡坡度 2‰为宜,不至于产生淤积。

④砖砌或混凝土明沟,其边坡一般设为 1：0.75～1：1 为宜。在人流集中活动场所,为交通安全和保洁需要,明沟可做加盖处理。

三、管道排水施工

(1)管道布置　管道布置形式采用树枝式或鱼骨式,水由支渠汇入干渠排出。管道纵坡坡度要求不小于 5‰。雨水干管施工图如图 2.16 所示。

(2)管道基础

①砂土基础:采用弧形素土与砂垫层两种方法。弧形素土基础是在原土层上挖一弧形管槽,将管子放入弧形管槽内;砂垫层基础是在挖好的弧形槽内铺一层粗砂作为砂垫层,砂垫层的厚度一般为 100～150 mm。管径较大时,可适当加厚。

②混凝土枕基:混凝土枕基一般用在管道接口处,通常在管道接口下方用 C7.5 混凝土做成枕状垫块,枕基长度取决于管道外径,其宽度一般为 200～300 mm。

③混凝土带形基础:混凝土带形基础是沿着管道全长铺设的基础。做法是:先在基础底部垫一层 100 mm 厚的砂砾层,然后在垫层上浇灌 C10 混凝土。混凝土浇筑中应防止离析;浇筑后应进行养护,强度低于 1.2 MPa 时不得承受荷载。混凝土带形基础规格尺寸应按施工图的要求确定。

(3)管道安装(混凝土管与钢筋混凝土管)

①下管:管道基础标高与中心线位置应符合设计要求。下管从两个检查井一端开始,将管道慢慢放到基础上,当进入沟槽后马上进行校正找直。校正时,管道接口处应保留一定间隙。管径小于 600 mm 的承插口或平口管道应留 10 mm 间隙;管径大于 600 mm 时,应留不小于 3 mm 的对口间隙。待管道下完,对其位置及标高进行检查,核实无误后,再进行接口处理。

②接口:主要接口形式有承插式和平口式两种。

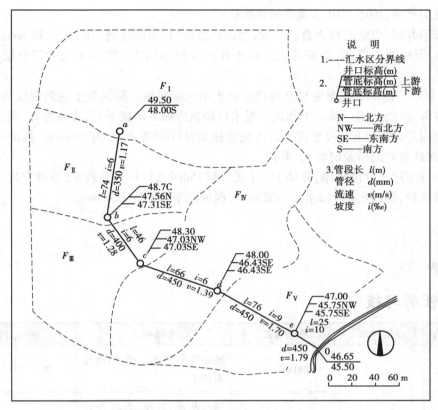

图 2.16　某雨水干管施工图（平面图）

a. 承插式。施工前，承口内、外壁工作面应清洗干净。用普通水泥砂浆接口时做法是：用 1:2 和好的水泥砂浆，由下往上分层填入捣实，表面抹光后覆盖湿草袋养护。若敷设小口径承插管时，可在稳好第一节管段后，在下部承口上垫满灰浆，再将第二节管插入承口内稳好。挤入管内的灰浆抹平内口，多余的清除干净，接口余下的部分填灰打严或用砂浆抹平。采用沥青油膏接口时做法是：选用 6 号石油膏 100，重松节油 11.1，废机油 44.5，石棉灰 77.5，滑石粉 119 按重量比配成沥青油膏，调制时，先把沥青加热至 120 ℃，加入其他材料搅拌均匀，待加热至 140 ℃，即可使用。接口时，先涂冷底子油一道，再填沥青石膏。

b. 平口式。一般采用 1:2.5 水泥砂浆抹带接口。在混凝土基础浇筑完成后可进行抹带工作。操作前应将管道接口处进行局部处理，管径小于或等于 600 mm 时，应刷去抹带部分管口浆皮；管径大于 600 mm 时，应将抹带部分的管口外壁凿毛刷净，管道基础与抹带相接处混凝土表面也应凿毛刷净，使之黏接牢固。抹带时，应使接口部分保持湿润，先在接口部分抹上薄薄一层素灰浆，可分两次抹压，第一层为整个厚度的 1/3，抹完后在上面割划线槽使其表面粗糙，待初凝后再抹第二层，并赶光压实。抹好后，立即覆盖湿草袋并定期洒水养护，以防龟裂。接口时不应往管缝内填塞碎石、碎砖，必要时应塞麻绳或管内加垫托，待抹完后再取出。

（4）检查井　检查井的井坑与管道沟槽一同开挖，井基基础与管道平基同时浇筑。砌筑前应将砖用水浸透，用 M10 水泥砂浆砌筑，砌筑时应满填满挤、上下搭砌，水平缝厚度与竖向缝厚度宜为 10 mm。

在砌筑检查井时，应同时安装预留支管，预留支管的管径、方向、高程应符合设计要求，管与井壁衔接处应严密,采用 M10 水泥砂浆二次嵌实。

砌筑圆形井时,应随时检查直径尺寸,当四面收口时,每层收进不应大于 30 mm。砌筑至规定标高后,应及时浇筑井圈,盖好井盖。检查井内外壁均用 1:2 防水水泥砂浆分层粉抹压实、压光。

(5)雨水口　雨水口底面为 C10 现浇混凝土 10 cm 底板。待混凝土达到强度后,在底板面上先铺砂浆再砌砖,采用一顺一丁砌筑。雨水口砌筑应做到墙面平直,边角整齐,宽度一致。

雨水口内外抹面可用 1:2 水泥砂浆由底板抹至设计标高,厚度为 20 mm。抹面时用水泥板搓平,待水泥砂浆初凝后及时磨光、养护。

将砌筑顶面用水冲洗干净,并铺 1:2 水泥砂浆,同时按设计标高找平,便可安装雨箅子。雨箅子安装就位后,其四周用 1:2 水泥砂浆嵌牢,保证低于路面 5~20 mm。

任务考核

序　号	任务考核	考核项目	考核要点	分　值	得　分
1	过程考核	地面排水	地面排水区划合理,地面没有积水	20	
2		明沟排水	明沟断面、坡度、边坡符合设计要求,施工方法正确	20	
3		管道排水	管道基础、管道安装、检查井与雨水口施工方法正确,其施工应符合《给水排水管道工程施工及验收规范》GB 50268—2008 中的有关规定	40	
4	结果考核	排水效果	排水工程施工达到设计要求,整个排水区域,排水通畅	20	

巩固训练

图 2.17 为某小区排水管网布置平面图,结合市政排水管网工程施工,让学生参加部分排水工程施工并完成相应任务。

一、材料及用具

小区排水管网布置图、混凝土管或钢筋混凝土管、水泥、中砂、链式手拉葫芦、千斤顶、撬杠、手锤、捻凿、水平仪、钢卷尺等。

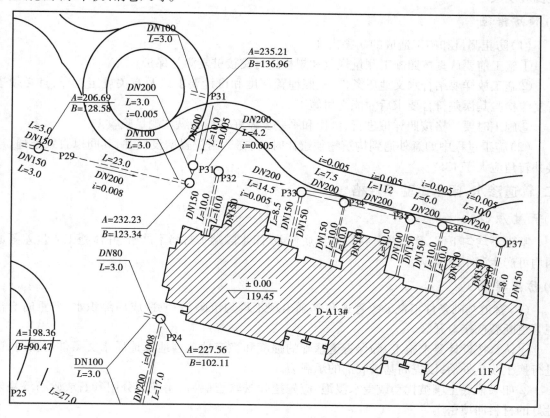

图 2.17　排水管网布置图(局部)

二、组织实施

①将学生分成 4 个小组,以小组为单位进行排水管道施工。

②按下列施工内容完成施工任务:管道基础、管道安装、雨水口、检查井。

三、训练成果

①每人交一份训练报告,并参照管道排水任务考核进行评分。

②根据小区排水管网设计要求,完成小区排水管网施工。

拓展提高

排水管道质量验收

一、管道位置偏移或积水

1)产生原因

测量差错,施工走样和意外的避让原有构筑物,在平面上产生位置偏移,立面上产生积水甚至倒坡现象。

2）预防措施

（1）防止测量和施工造成的病害措施：

①施工前要认真按照施工测量规范和规程进行交接桩复测与保护。

②施工放样要结合水文地质条件，按照埋置深度和设计要求以及有关规定放样，且必须进行复测检验其误差符合要求后才能交付施工。

③施工时要严格按照样桩进行，沟槽和平基要做好轴线和纵坡测量验收。

（2）施工过程中如意外遇到构筑物须避让时，应在适当位置增设接井，其间以直线连通，连接井转角应大于135°。

二、管道渗水，闭水试验不合格

1）产生原因

基础不均匀下沉，管材及其接口施工质量差、闭水段端头封堵不严密、井体施工质量差等原因均可产生漏水现象。

2）防治措施

（1）管道基础条件不良导致管道和基础出现不均匀沉陷，一般造成局部积水，严重时会出现管道断裂或接口开裂。

①认真按设计要求施工，确保管道基础的强度和稳定性。当地基地质水文条件不良时，应进行换土改良处治，以提高基槽底部的承载力。

②如果槽底土壤被扰动或受水浸泡，应先挖除松软土层后，超挖部分用砂石或碎石等稳定性好的材料回填密实。

③地下水位以下开挖土方时，应采取有效措施做好抗槽底部排水降水工作，确保干槽开挖干槽施工，必要时可在槽坑底预留20 cm后土层，待后续工序施工时随时清除。

（2）管材质量差，存在裂缝或局部混凝土松散，抗渗能力差，容易产生漏水。

①所有管材要由质量部门提供合格证和力学试验报告等资料。

②管材外质量要求表面平整无松散露骨和蜂窝麻面现象。

③安装前再次逐节检查，对已发现或有质量问题的应责令退场或经有效处理后方可使用。

（3）管接口填料及施工质量差，管道在外力作用下产生破损或接口开裂。

①选用质量良好的接口填料并按试验配合比和合理的施工工艺组织施工。

②抹带施工时，接口缝内要洁净，必要时应凿毛处理，按照施工操作规程认真施工。

（4）检查井施工质量差，井壁和与其连接管的结合处渗漏。

①检查井砌筑砂浆要饱满，勾缝全面不遗漏；抹面前清洁和湿润表面，抹面时及时压光收浆并养护；遇有地下水时，抹面和勾缝应随时砌筑及时完成，不可在回填后在进行内抹面或内勾缝。

②与检查井连接的管外表面应先湿润且均匀刷一层水泥原浆，并坐浆就位后再做好内外抹面，以防渗漏。

（5）规划预留支管封口不密实，因其在井内而常被忽视，如果采用砌砖墙封堵时，应注意以下几点：

①砌堵前应把管口0.5 m左右范围内的管内壁清洗干净，涂刷水泥原浆，同时把所有用的

砖块润湿备用。

②砌堵砂浆标号应不低于 M7.5,且具有良好的稠度。

③勾缝和抹面用的水泥砂浆标号不低于 M15,且用防水水泥砂浆,抹面应按防水的 5 层施工法施工。

④一般情况下,在检查井砌筑之前进行封砌,以利于保证质量。

（6）闭水试验是对管道施工和材料质量进行全面的检验,其间难免出现不合格的现象。这时应先在渗漏处一一做好记号,在排干管内水后进行认真处理。对细小的缝隙或麻面渗漏可采用水泥浆涂刷或防水涂料涂刷,较严重的应返工处理。严重的渗漏除了更换管材、重新填塞接口处,还应进行专业技术处理。处理后再做试验,如此重复进行直至闭水合格为止。

三、检查井变形、下沉,构配件质量差

1)产生原因

检查井变形和下沉,井盖质量和安装质量差,井内爬梯安装随意性太大,影响外观及其使用质量。

2)防治措施

①认真做好检查井的基层和垫层,破管做流槽的做法,防止井体下沉。

②检查井砌筑质量,应控制好井室和井口中心位置及其高度,防止井体变形。

③检查井盖与座要配套;安装时座浆要饱满;轻重型号和面底不错用,铁爬安装要控制好上、下第一步的位置,偏差不要太大,平面位置准确。

四、填土沉陷

1)产生原因

检查井周边回填不密实,不按要求分层夯实,回填材料欠佳、含水量控制不好等原因影响压实效果,给工后造成过大的沉降。

2)预防与处治措施

（1）预防措施　管槽回填时必须根据回填的部位和施工条件选择合适的填料和夯实机械;沟槽较窄时可采用人工或蛙式打夯机夯填。不同的填料、不同的填筑厚度应选用不同的夯压器具,以取得最经济的压实效果;填料中的淤泥、树根、草皮及其腐殖物既影响压实效果,又会使土干缩,腐烂形成孔洞,这些材料均不可作为填料,以免引起沉陷;控制填料含水量与最佳含水量偏差 2% 左右;遇地下水或雨水施工必须先排干水再分层随填随压密实。

（2）处治措施　根据沉降破坏程度采取相应的措施,不影响其他构筑物的少量沉降可不做处理和只做表面处理,如沥青路面上可采取局部填补以免积水;如造成其他构筑物基础脱空破坏的,可采用泵压水泥浆填充;如造成结构破坏的应挖除不良填料,换填稳定性能好的材料,经压实后再恢复损坏的构筑物。

管道工程属隐蔽工程,竣工时只有检查井可供人们检验,因此,必须注重主体结构施工质量,在施工过程中努力注意克服各种质量通病,确保整体工程施工质量。

学习小结

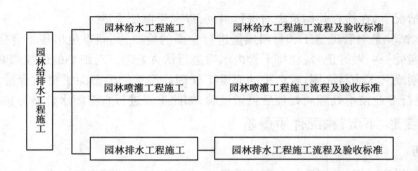

目标检测

一、简答题

(1)简述园林给排水的特点。

(2)园林排水的方式有哪些?

(3)简述园林喷灌工程的施工技术要点。

二、思考题

(1)如何科学合理地进行给排水的管线布局?

(2)如何设计出合理的喷灌工程施工方案?

三、实训题

园林喷灌工程设计与施工

1)实训目的

掌握喷灌设计的基本原理及喷灌工程的施工技术。

2)实训方法

学生以小组为单位,进行场地实测、施工图设计、备料和放线施工。每组交报告一份,内容包括施工组织设计和施工记录报告。

3)实训步骤

(1)熟悉喷灌系统布置的有关技术要求。

(2)施工场地的测量。

(3)进行喷灌系统的施工图设计。

(4)喷灌工程施工及闭水实验。

(5)施工现场清理。

项目 **3** 园林小品工程施工

【项目目标】

- 明确与认识挡土墙断面结构，掌握挡土墙施工方法；
- 说出景墙的几种表现形式，掌握景墙的施工方法；
- 掌握廊架基本构造与施工方法；
- 熟悉园桥的结构形式，掌握园桥的施工方法；
- 掌握园亭的基本构造与施工方法；
- 正确分析花坛的类型，掌握花坛砌筑与制作方法。

【项目说明】

园林小品是园林中供休息、装饰、照明、展示和为园林管理及方便游人之用的小型建筑设施。一般没有内部空间，体量小巧，造型别致。园林小品既能美化环境，丰富园趣，为游人提供文化休息和公共活动的方便，又能使游人从中获得美的感受和良好的教益。

园林小品内容丰富，代表性园林小品有景墙、挡土墙、廊架、花坛、园桥、景亭等，它们在园林中起点缀环境、活跃景色、烘托气氛、加深意境的作用。本项目共分6个任务来完成：挡土墙工程施工；景墙工程施工；廊架工程施工；园桥工程施工；园亭工程施工；花坛砌筑工程施工。

任务1 挡土墙工程施工

知识点：了解挡土墙工程的基础知识，掌握挡土墙工程施工的工艺流程和验收标准。
能力点：能根据施工图进行挡土墙工程施工、管理与验收。

 **任务描述**

图 3.1　某园林挡土墙实景

挡土墙是用来支承路基填土或山坡土体，防止填土或土体变形失稳的一种构造物。在路基工程中，挡土墙可用以稳定路堤和路堑边坡，减少土石方工程量和占地面积，防止水流冲刷路基，此外，挡土墙还经常用于整治坍方、滑坡等路基病害。

某公园在地面坡度较大处，为防止土体滑坡和坍方，建造挡土墙（图 3.1）。根据挡土墙结构设计要求，正确进行石砌筑挡土墙施工。能正确进行挡土墙排水处理，选择并运用墙体砌筑材料，完成挡土墙的施工。

 任务分析

挡土墙类型的划分方法较多，除按挡土墙设置位置划分外，还可按结构形式、建筑材料、施工方法及所处环境条件等进行划分。如按建筑材料可分为砖、石、混凝土及钢筋混凝土挡土墙等。本任务以石砌筑倾斜式挡土墙为例，其施工步骤为：定点放线→基槽开挖→基础砌筑→墙身砌筑→压顶处理→墙面装饰。具体应解决好以下几个问题：

①正确认识挡土墙工程施工图，准确把握设计人员的设计意图。

②能够利用挡土墙施工的知识编制切实可行的挡土墙工程施工组织方案。

③能够根据挡土墙工程的特点，进行有效的施工现场管理、指导工作。

④做好挡土墙工程的成品修整和保护工作。

⑤做好挡土墙工程竣工验收的准备工作。

任务咨询

一、常用砌筑材料

1）普通砖

（1）实心黏土砖（砖）　它是以黏土为主要原料，经搅拌成可塑状，用机械挤压成砖坯，经风干后入窑煅烧而成（图 3.2）。标准砖规格为 240 mm×115 mm×53 mm。砖按生产方法分为手工砖和机制砖，按颜色可分为红砖和青砖。一般青砖较红砖结实，耐碱、耐久性好。砖的强度等级一般为 MU10 和 MU7.5。

（2）其他类砖　它们是利用工业废料加工而成的,如煤矸石砖、粉煤灰砖（图3.3）、炉渣砖等。优点是化废为宝、节约土地资源、节约能源。其强度等级为 MU7.5 ~ MU15,规格同标准砖。煤矸石砖多用于挡土墙、花坛等墙体的砌筑。

图3.2　黏土砖图片

图3.3　粉煤灰砖图片

2）石材

（1）毛石　毛石是由人工利用撬凿法与爆破法开采出来的不规则石块（图3.4）。由于岩石具有层理结构,开采时往往可获得相对平整和基本平行的两个面。

图3.4　毛石图片

图3.5　料石图片

（2）料石（条石）　料石是由人工或机械开采的较规则的六面体石块,经人工略加凿琢而成（图3.5）。依其表面加工的平整程度分为毛料石、粗料石和细料石。

①毛料:石其表面稍加修整,厚度不小于 20 cm,长度为厚度的 1.5 ~ 3 倍。

②粗料石:其表面凸凹深度要求不大于 2 cm,厚度与宽度均不小于 20 cm,长度不大于厚度的 3 倍。

③细料石:其须细加工,表面凸凹深度要求不大于 0.2 cm,其余同粗料石。

石材的强度等级有:MU200、MU150、MU100、MU80、MU60、MU50 等。

3）砂浆

（1）组成砂浆材料

①水泥:其为粉末状物质,加入适量水拌和后,可由塑性浆状体逐渐变成坚硬的石状体,是一种水硬性无机胶凝材料。常用水泥有硅酸盐水泥、普通硅酸盐水泥、矿渣硅酸盐水泥、火山灰质硅酸盐水泥、粉煤灰硅酸盐水泥。

②石灰膏:是用生石灰经水化与网滤在沉淀池中沉淀熟化、贮存后而成。脱水硬化的石灰膏严禁使用。

③砂:是指粒径在 5 mm 以下的石质颗粒。按砂的平均粒径一般分为粗砂、中砂、细砂、特细砂 4 类,见表 3.1。

表 3.1　砂的分类

类　别	平均粒径/mm	细度模数	类　别	平均粒径/mm	细度模数
粗砂	>0.5	3.7~3.1	细砂	0.25~0.35	2.2~1.6
中砂	0.35~0.5	3.0~2.3	特细砂	<0.25	1.5~0.7

④微沫剂:是一种憎水性的有机表面活性物质,它能增加水泥的分散性。

⑤防水剂:是与水泥结合形成的不溶性材料,具有填充堵塞砂浆间隙的作用。

⑥食盐:用于砌筑砂浆中,起抗冻剂的作用。

⑦水。

(2)砂浆的类型　砂浆是由砂、水泥、石灰膏和外加剂(如微沫剂、防水剂、抗冻剂)加水拌和而成。其强度等级为:M15、M10、M7.5 、M5 、M2.5、M1 和 M0.4。

①水泥砂浆:是由水泥和砂子按一定质量比配制搅拌而成。主要用在受湿度影响大的墙体、基础等部位。

②混合砂浆:是由水泥、石灰膏、砂子按一定质量比配制搅拌而成。主要用在地面上墙体的砌筑。

③石灰砂浆:是由石灰膏和砂子按一定质量比配制而成。强度较低,主要作为临时性建筑使用。

④防水砂浆:是在体积比为 1:3 的水泥砂浆中,掺入水泥质量 3%~5% 的防水剂搅拌而成。主要用于防潮层。

⑤勾缝砂浆:将水泥和细砂以 1:1 的体积比拌制而成。主要用于清水墙面的勾缝。

4)混凝土

(1)普通混凝土(混凝土)　它是将水泥、砂、卵石或碎石及水按适当比例,经混合搅拌,硬化成型的一种人工石材。

(2)钢筋混凝土　它是在混凝土配比材料的基础上,加入一些抗拉钢筋($\phi 6~\phi 40$)或钢丝($\phi 2.5~\phi 5$),再经过一段时间养护,达到一定强度要求而成的。

混凝土强度等级有 12 级,分别是 C7.5、C10、C15、C20、C25、C30、C35、C40、C45、C50、C55 和 C60。

二、挡土墙断面结构

(1)重力式挡土墙　重力式挡土墙是借助于墙体的自重来维持土坡的稳定,常用砖、毛石及混凝土筑成,是园林中常用的一种类型。用混凝土砌筑时,要求墙顶宽度至少为 20 cm,以便灌浇和捣实。重力式挡土墙断面形式有 3 种(图 3.6)。

①直立式:直立式挡土墙是墙面基本与水平面垂直,墙面倾斜坡度控制在 10:0.2~10:1 的挡土墙。由于承受墙背的水平压力大,挡土墙高度在几十厘米到 2 m 为宜。

②倾斜式:倾斜式挡土墙是墙背向土体倾斜,倾斜坡度在 20° 左右的挡土墙。由于水平压

力减小,加之墙背与土层密贴,减少了挖方和回填土数量,适于中等高度的挡土墙。

③台阶式:台阶式挡土墙是将墙背做成台阶,以适应不同土层深度土压和利用土的垂直压力来增加稳定性,适于较高的挡土墙。

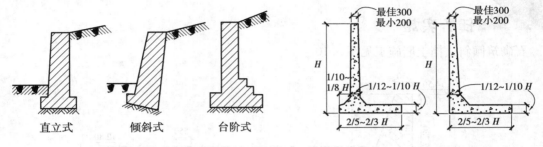

图3.6　重力式挡土墙　　　　　　　　　　图3.7　悬臂式挡土墙

（2）半重力式挡土墙　半重力式挡土墙是在墙体中加入少量钢筋,起加固作用,其他同重力式挡土墙。

（3）悬臂式挡土墙　悬臂式挡土墙为钢筋混凝土结构,常做成倒"T"形或"L"形,高度在7～9 m时较为经济。悬臂的底脚可伸入墙内,或伸出墙外,或两侧都伸出。如底脚伸入墙内侧,它处于所支撑的土壤下面,可利用土体的压力,使墙体自重增加。底脚伸出墙外时,施工较方便,但要做成稳重的底脚。其断面参考比例见图3.7。

三、挡土墙排水处理

（1）截水明沟排水　在大片景区和游人较少的地带,根据不同地势和汇水量,设置一道或几道平行于挡土墙的明沟(图3.8),利用明沟纵坡排除降水和地表径流,减少墙后地面渗水。

（2）地面封闭处理　在墙后地面上,根据各种填土和使用情况,在土壤渗透性较大地段,采取相应地面封闭处理来减少地面渗水。如作20～30 cm厚夯实黏土层或种植草皮封闭,也可用混凝土或毛石封闭。

（3）设置泄水孔　在墙身水平方向每隔2～4 m及竖向每隔1～2 m设泄水孔。每层泄水孔要交错设置。泄水孔在石砌墙身中的宽度为2～4 cm,高度为10～20 cm。混凝土墙身可留直径为5～10 cm的圆孔(PVC管)排水。

（4）暗沟排水　有的地段为了挡土墙的美观,要求不允许在墙身上设置泄水孔,这时可在墙背面刷防水砂浆或填一层不小于50 cm厚的黏土隔水层,还需设毛石盲沟,并设置平行于挡土墙的暗沟(图3.9),以引导墙后积水并与暗管相连。

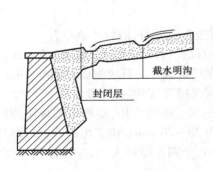

图3.8　墙后土坡排水明沟

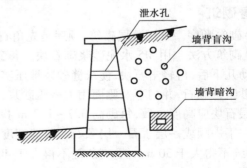

图3.9　墙后排水盲沟与暗沟

任务实施

石砌筑倾斜式挡土墙施工见图3.10。

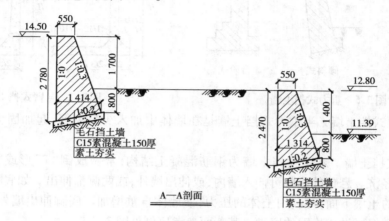

图3.10　挡土墙施工图

一、定点放线

清理施工现场,确定挡土墙的平面位置。用经纬仪和钢尺找出基础轴线的位置,在两侧各加宽20 cm放线,基础轴线位置允许偏差为20 mm。

二、基槽开挖

基槽开挖完成后,将素土夯实,在基槽底部铺一层14～15 cm的灰土加固。灰土配比为:石灰与中性黏土之比为3:7。

三、基础砌筑

基础砌筑时,基础第一层石块应坐浆,即在开始砌筑前先铺砂浆(M7.5水泥砂浆)30～50 mm,然后选用较大较整齐的石块,大面朝下,放稳放平。从第二层开始,应分层卧砌,并应按上下错缝,内外搭接,不得采用外面侧立石块中间填心的砌法。

基础的最上一层,宜选用较大的条石砌筑。基础灰缝厚度在20～30 mm。

四、墙身砌筑

(1)砌筑顺序　采用分层砌筑,顺序是先角石,后边石或面石,最后才填心石。

(2)砌筑方法　用M5水泥砂浆砌石块。每砌一石块时,均应先铺底浆,再放石块,经左右轻轻揉动几下后,再轻击石块,使灰缝砂浆被压实。在已砌筑好的石块侧面安砌时,应在相邻侧面先抹砂浆再砌石,并向下及侧面用力挤压砂浆,使灰缝挤实,砌体被贴紧。

每层石块应高度一致,每砌高0.7～1.2 m找平一次。砌筑石块,错缝应按规定排列,同一层中用一丁一顺或一层丁石一层顺石。灰缝宽度宜为20～30 mm。砌筑填心石,灰缝应彼此错开,水平缝不得大于30 mm,垂直灰缝不得大于40 mm,个别空隙较大的,应在砂浆中用挤浆填塞小石块。

每隔10～25 cm设置伸缩缝,缝宽3 cm,用板条、沥青、石棉绳、止水带等材料填充,填充时略低于砌石墙面,缝隙用水泥砂浆勾满。

（3）排水处理 砌筑墙身时按设计要求预留泄水孔,位置符合设计要求。泄水孔与土体间铺设长宽各为300 mm、厚200 mm的卵石或碎石作疏水层。在墙后坡上适当位置设置一道平行于挡土墙的明沟。

五、压顶处理

墙顶可选花岗岩条石作压顶,条石宽度为300 mm,厚度为80 mm。墙顶用1:3水泥砂浆抹面厚20 mm。挡土墙内侧回填土必须分层夯填,分层松土厚度应为300 mm。墙顶土面应有适当坡度使流水流向挡土墙外侧面。

六、墙面装饰

墙面装饰主要是对墙面进行勾缝处理。挡土墙设计无特殊要求时,勾缝宜采用凸缝或平缝。勾缝前,应先清理缝槽,用水冲洗湿润;勾缝时,可用1:2的水泥砂浆,将砂浆嵌入砌缝内约2 cm;勾缝后,应保持砌后的自然缝,不应有瞎缝、丢缝、裂纹和黏结不牢等现象出现。

任务考核

序 号	任务考核	考核项目	考核要点	分 值	得 分
1	过程考核	定点放线	基础轴线位置正确,允许偏差为20 mm	10	
2		基槽开挖	素土夯实,灰土加固处理方法正确	10	
3		基础砌筑	M7.5水泥砂浆砌筑方法正确,错缝搭接符合要求,灰缝厚度在20~30 mm	20	
4	过程考核	墙身砌筑	用M5水泥砂浆砌筑方法正确,伸缩缝设置合理,泄水孔符合设计要求,有卵石或碎石作疏水层	30	
5		压顶处理	用1:3水泥砂浆抹面,条石宽度、厚度符合要求	10	
6		墙面装饰	用1:2的水泥砂浆勾缝,勾缝处理正确	10	
7	结果考核	挡土墙外观	挡土墙施工达到设计要求,具备使用功能	10	

巩固训练

在大学校园某一坡地边缘,如有土山的,在其坡下某一地段,以砖或毛石作材料,砌筑高 100~150 cm,长 200 cm,底宽 40 cm,顶宽 35 cm 的直立式挡土墙。让学生参加挡土墙的施工并完成任务。

一、材料及用具

直立式挡土墙施工图、砖或毛石、条石、白灰、水泥、中砂、φ100PVC 管、夯、撬杠、手锤、镐、铁锹、水平尺、钢卷尺等。

二、组织实施

①将学生分成 4 个小组,以小组为单位进行挡土墙施工;

②按下列施工步骤完成施工任务:

基槽开挖→基础砌筑→墙身砌筑→压顶处理→墙面装饰。

三、训练成果

①每人交一份训练报告,并参照上述任务考核进行评分;

②根据直立式挡土墙结构设计要求,完成施工。

拓展提高

常见挡土墙构造与施工

一、石砌重力式挡土墙

1)石砌重力式挡土墙的构造

石砌重力式挡土墙,一般由墙身、基础、排水设施和沉降缝等几部分组成。

2)石砌重力式挡土墙施工

（1）材料要求

①片石:应经过挑选,质地均匀,无裂缝,不易风化。抗压强度不低于 25 MPa。

②砂浆:砂浆一般用水泥、砂和水拌和而成,也可用水泥、石灰、砂与水拌和,或石灰、砂与水拌和而成。

（2）准备工作　浆砌前应做好一切准备工作,包括工具配备;按设计图纸检查和处理基底;放线;安放脚手架、跳板等施工设施;清除砌石上的尘土、泥垢等。

（3）砌筑顺序　以分层进行为原则。底层极为重要,它是以上各层的基石,若底层质量不符合要求,则要影响以上各层。较长的砌体除分层外,还应分段砌筑。

（4）砌筑工艺　浆砌原理是利用砂浆胶结片石,使之成为整体而组成人工构筑物,常用坐浆法和挤浆法等。

（5）砌筑要求 砌体外圈定位行列与转角石应选择表面较平、尺寸较大的石块，浆砌时，长短相间并与里层石块咬紧，上下层竖缝错开，缝宽不大于 3 cm，分层砌筑应将大块石料用于下层，每处石块形状及尺寸应合适。竖缝较宽者可塞以小石子，但不能在石下用高于砂浆层的小石块支垫。排列时，应将石块交错，坐实挤紧，尖锐凸出部分应敲除。

3）质量要求

①石料规格应符合有关规定。

②地基必须满足设计要求。

③砂浆或混凝土的配合比符合试验规定。混凝土表面的蜂窝麻面不得超过该面面积的 0.5%，深度不超过 10 mm。

④砌石分层错缝。浆砌时坐浆挤紧，嵌填饱满密实，不得有空洞；干砌时不得松动、叠砌和浮塞。

⑤墙背填料符合设计和施工规范要求。

⑥沉降缝、泄水孔数量应符合设计要求。沉降缝整齐垂直，上下贯通。泄水孔坡度向外，无堵塞现象。

⑦砌体坚实牢固，勾缝平顺，无脱落现象。

二、薄壁式挡土墙施工

1）薄壁式挡土墙的构造

薄壁式挡土墙是钢筋混凝土结构，属轻型挡土墙，包括悬臂式和扶壁式两种形式。

2）扶壁式、悬臂式挡土墙施工要点

（1）测量放线 严格按道路施工中线、高程点控制挡土墙的平面位置和纵断高程。

（2）基槽开挖 挡土墙基槽开挖，不得扰动基底原状土，如有超挖，应回填原状，并按道路基实标准夯实。

（3）支安模板 挡土墙基础模板在垫层（找平层）上支安模板，必须牢固，不得松动、跑模、下沉。

（4）挡土墙钢筋成型 钢筋表面应清洁，不得有锈皮、油渍、油漆等污垢。钢筋必须调直，调直后的钢筋表面不得有使钢筋截面积减少的伤痕。

（5）浇筑挡土墙混凝土基础 混凝土配合比应符合设计强度要求。混凝土要振捣密实，杯槽部位更应加强加细振捣。预埋件按设计位置与基础钢筋焊牢，以免振捣混凝土时发生变形和位移。

（6）挡土墙板安装 当基础混凝土强度达到设计强度标准的 75% 后，方可安装挡土墙板。符合设计强度要求（强度达到设计强度标准值 100%），外观没有缺棱、掉角、裂缝的墙板，方可安装。

（7）浇注挡土墙墙顶混凝土 测量人员按道修纵断高程控制模板高程。模板内侧压紧薄泡沫塑料条，严禁跑浆。

（8）墙帽与护栏安装 墙顶帽石坐浆饱满，安装牢固。护栏与帽石联结稳固，防锈漆涂刷均匀，颜色一致。

三、加筋土挡土墙施工

1）加筋土挡土墙构造

加筋土挡土墙由面板、拉筋、填料及基础 4 个部分组成。

2) 加筋土挡土墙施工

（1）基底处理　基底土要求反复碾压达到95%的密实度。如因基底土质不良无法满足密实度要求，则必须进行处理。

（2）基础浇筑　按照测量放线的位置安装基础模板，现浇混凝土基础一般为C20混凝土。

（3）预制墙面板　预制墙面板采用专用钢模板。模板要求有足够的刚度和强度，几何尺寸误差应控制在0~2 mm。

（4）安装墙板　当挡土墙的基础混凝土强度达到70%以上时，即可安装第一层墙板。

（5）调整墙板　墙板安装就位后，应进行适当调整使其竖向应符合设计边坡要求，横向应使每层墙板均在同一水平线上。

（6）铺设拉筋　待填土达到一定位置时，即可铺设第一层拉筋，拉筋铺设时应水平散开成扇形，筋条之间不要重叠以防减少拉筋与填料之间的摩擦力。

（7）填土碾压　每层筋条的填料一般分两层填铺，用平地机整平，每次松铺厚度一般为20~30 cm，碾压后的密实度要求达到95%，按照经验，距离墙板2 m内的填土采用1.5 t小型压路机碾压，2 m以外用12~15 t压路机碾压。

任务2　景墙工程施工

> 知识点：了解园林景墙工程的基本知识，掌握绿地景墙施工的工艺流程和验收标准。
> 能力点：能根据施工图进行园林景墙工程的施工、管理与验收。

任务描述

在园林小品中，景墙具有隔断、导游、衬景、装饰、保护等作用。景墙是园林中常见的小品，其形式不拘一格，功能因需而设，材料丰富多样。除了人们常见的园林中作障景、漏景以及背景的景墙外，近年来，很多城市更是把景墙作为城市文化建设、改善市容市貌的重要方式。

某景区为分隔空间场地的需要，在某一地段设置并建造景观墙体（图3.11）。根据景观墙体的构造设计要求，正确进行砖砌景观墙体施工。

图3.11　某景墙实景

任务分析

景墙的形式也是多种多样,一般根据材料、断面的不同,有高矮、曲直、虚实、光洁、粗糙、有椽无椽等形式。景墙既要美观,又要坚固耐久。常用材料有砖、混凝土、花格景墙、石墙、铁花格景墙等。其施工步骤为:基槽放线→基槽开挖→混凝土基础砌筑→墙身砌筑→压顶处理→墙面装饰。具体应解决好以下几个问题:

①正确认识景墙工程施工图,准确把握设计人员的设计意图。

②能够利用景墙施工的知识编制切实可行的景墙工程施工组织方案。

③能够根据景墙工程的施工特点,进行有效的施工现场管理、指导工作。

④做好景墙工程的成品修整和保护工作。

⑤做好景墙工程竣工验收的准备工作。

任务咨询

在园林建设中,由于使用功能、植物生长、景观要求等的需要,常用不同形式的挡墙围合、界定、分隔这些空间场地。如果场地处于同一高程,用于分隔、界定、围合的挡墙仅为景观视觉而设,则称为景观墙体。景墙是园林景观的一个有机组成部分。中国园林善于运用将藏与露、分与合进行对比的艺术手法,营造不同的、个性化的园林景观空间,使景墙与隔断得到了极大的发展,无论是古典园林还是现代园林,其应用都极其广泛。

一、常用墙面装饰材料

1)砌体材料

(1)砖与卵石　选择颜色、质感及砌块组合与勾缝的变化,形成美的外观。

(2)石块　石块通过留自然荒包、打钻路、扁光等方式进行加工处理,能达到不同的表面效果。

2)贴面材料

(1)饰面砖

①墙面砖:如图 3.12 所示,其一般规格有 200 mm × 100 mm × 12 mm、150 mm × 75 mm × 12 mm、75 mm ×75 mm × 8 mm、108 mm × 108 mm × 8 mm 等,分有釉和无釉两种。

②马赛克:是用优质瓷土烧制的片状小瓷砖拼成各种图案贴在墙上的饰面材料。

(2)饰面板　饰面板是用花岗岩荒料经锯切、研磨、抛光及切割而成的装饰材料,有下列 4 种:

①剁斧板:表面粗糙,具有规则的条状斧纹,见图 3.13。

图3.12　墙面砖图片

②机刨板:表面平整,具有相互平行的刨纹,见图3.14。

图3.13　剁斧板图片

图3.14　机刨板图片

③粗磨板:表面光滑、无光。

④磨光板:表面光亮、色泽鲜明、晶体裸露。

(3)青石板　青石板有暗红、灰、绿、紫等不同颜色,按其纹理构造可劈成自然状薄片。使用规格为长宽为300～500 mm不等的矩形块。形状自然、色彩富有变化是其装饰的特点。

(4)文化石　文化石分为天然和人造两种。天然文化石是开采于自然界的石材矿,其中的板岩、砂岩、石英岩经加工成为一种装饰材料,具有材质坚硬、色泽鲜明、纹理丰富、抗压、耐磨、耐火、耐腐蚀、吸水率低等特点;人造文化石采用硅钙、石膏等材料精制而成。它模仿天然石材的外形纹理,具有质地轻、色彩丰富、不霉、不燃、便于安装等特点。

(5)水磨石饰面板　它是将大理石石粒、颜料、水泥、中砂等材料经过选配制坯、养护、磨光打亮而制成。具有色泽多样,表面光滑,美观耐用的特点,如图3.15所示。

3)装饰抹灰

(1)抹灰层次　装饰抹灰有水刷石、水磨石、斩假石、干黏石、喷砂、喷涂、彩色抹灰等多种形式,无论选用哪一种,都需分层涂抹。涂抹层次可分为底层、中层和面层,如图3.16所示。底层主要起黏结作用,中层主要起找平作用,面层起装饰作用。

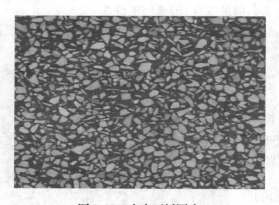

图3.15　水磨石板图片

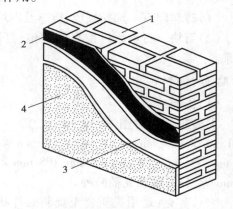

图3.16　砖墙面抹灰分层
1.基本　2.底层　3.中层　4.面层

(2)主要抹灰材料

①白水泥:是白色硅酸盐水泥的简称,一般不用于墙面,多为装饰性用,如白色墙面砖的

勾缝。

②彩色石渣:是由大理石和白云石等石材经破碎而成,用于水刷石、干黏石等,要求颗粒坚硬、洁净,含泥量不大于2%。

③花岗岩石屑:是花岗岩的碎料,平均粒径为2~5 mm,主要用于斩假石面层。

④彩砂:有天然的和人工烧制的,主要用于外墙喷涂。其粒径为1~3 mm,要求颗粒均匀、颜色稳定,含泥量不超过2%。

⑤颜料:是配制装饰抹灰色彩的调刷材料。要求耐碱、耐日光晒,其掺量不超过水泥用量的12%。

⑥107胶:为聚乙烯醇缩甲醛,是一种有机类胶黏剂。常拌于水泥中使用,能加强面层与基层的黏结,提高涂层的强度及柔韧性,减少开裂。

⑦有机硅憎水剂:如甲基硅醇钠,是一种无色透明液体。当面层抹灰完成后,将其喷于层面之外,起到憎水、防污的作用。

4)金属材料

主要指型钢、铸铁、锻铁、铸铝和各种金属网材,如镀锌铅丝网、铝板网、不锈钢网等,用于局部金属景墙的施工。

二、景墙的设计要求

1)保证有足够的稳定性

(1)平面布置 景墙一般以锯齿形错开或沿墙轴线前后错动,折线、曲线和蛇形布置,其稳定性好。而直线形稳定性较差,须增加墙厚或扶壁来提高稳定性。景墙常采用组合方式进行平面布置,如景墙与景观墙体建筑、景观挡土墙、花坛之间的组合,都将提高景观墙体的稳定性。

(2)基础 一般地基土上基础深度为45~60 cm。在黏土上,基础埋深要求达到90 cm甚至更深。当地基土质不均时,景墙基础可采用混凝土、钢筋混凝土,基础的宽度与埋深最好咨询结构工程师。

2)抵抗外界环境变化

(1)抵御雨雪的侵蚀 景墙往往处于露天环境,这就要求墙体从砌筑材料的选择上和外观细部设计上应考虑雨、雪的影响。

(2)防止热胀冷缩的破坏 景墙为适应热胀冷缩的影响,需要做伸缩缝和沉降缝。一般用砖、混凝土砌块所做的景墙,每隔12 m需留一条10 mm宽的伸缩缝,并用专用的有伸缩性的胶黏水泥填缝。

3)具有与环境景观协调的造型与装饰

景墙是以造景为第一目的,外观设计上应处理好色彩、质感和造型,既要体现不同造型,又要表现一定的装饰效果。

在景墙上进行雕刻或者彩绘艺术作品;在居住区、企业、商业步行街等场所提供名称、标志性符号等信息;通过多种透空方式,形成框景,以增加景观的层次和景深(图3.17);现代景墙常与喷泉、涌泉、水池等搭配,加上灯光效果,使其更有观赏性。

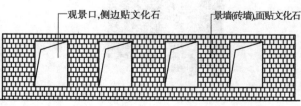

图3.17 透空景墙

三、景墙的几种表现形式

1)砖砌景墙

砖砌景墙的外观效果取决于砖的质量,部分取决于砌合的形式。砌体宜采用一顺一丁砌筑,如图3.18所示。若为清水墙,对其砖表面的平整度、完整性、尺度误差和砖与砖之间勾缝及砌砖排列方式要求严格,否则将直接影响其美观;若砖墙表面作装饰抹灰或贴各种饰面材料,则对砖的外观和灰缝要求不高。

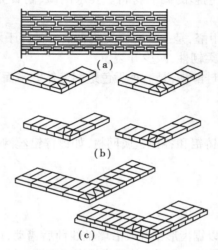

图3.18　一顺一丁排砖法
(a)立面图;(b)一砖墙排法;(c)一砖半墙排法

2)石砌景墙

石砌景墙能给环境带来自然、永恒的感觉。石块的类型有多种,石材表面通过留自然荒包、打钻路、扁光等方式进行加工处理,可以得到多种表面效果,同时,天然石块(卵石)的应用也是多样的,这就使石砌景墙有不同砌合与表现形式,构成不同的景观效果,如图3.19所示。

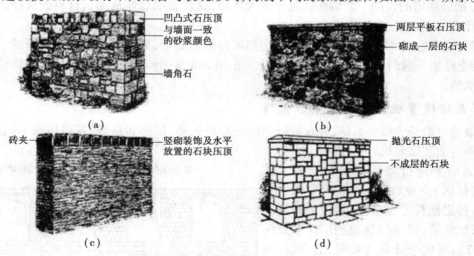

图3.19　石砌景观墙体
(a)非成层不规则毛石墙;(b)成层不规则毛石墙;(c)不规则水平薄片毛石;(d)不规则方形毛石墙

3)混凝土砌块景墙

混凝土砌块常模仿天然石块的各种形状,与现代建筑搭配,应用于景墙的设计与施工之中,取得了较好的效果。混凝土砌块在质地、色泽及形状上的多种变化,使景墙更好地为整体环境发挥景观服务功能。混凝土砌块景墙见图3.20。

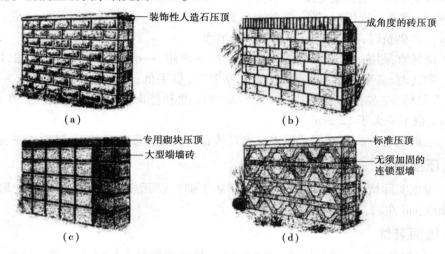

图 3.20　混凝土砌块景观墙体

(a)普通混凝土砌块墙;(b)仿浮雕石混凝土砌块墙;(c)斜块剖面混凝土砌块墙;(d)混凝土砌块墙

任务实施

砖砌景墙的施工图见图3.21。

一、基槽放线

根据图纸设计要求,在地面上打桩放线,确定沟槽的平面位置。

二、基槽开挖

按基槽平面位置及深度开挖基槽,基槽沟底进行素土夯实并找平。

三、混凝土基础砌筑

清除木模板内的泥土等杂物,并浇水润湿模板。按混凝土配合比投料,投料顺序为碎石、水泥、中砂、水,配成 M7.5 水泥砂浆。当混凝土振捣密实后,表面应及时用木杆刮平,木抹子搓平,之后洒水覆盖,养护期一般不少于 7 昼夜。

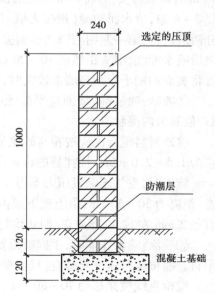

图 3.21　砖砌景墙的施工图(剖面图)

四、墙身砌筑

（1）抄平　为使砖墙底面标高符合设计要求，砌墙前
应在基面（基础防潮层）上定出各层标高，并采用 M7.5 水泥砂浆找平。

（2）弹线　根据施工图要求，弹出墙身轴线、宽度线。

（3）砌筑　选用"一顺一丁"砌法，即一层顺砖与一层丁砖相互间隔砌成。上下层错缝 1/4
砖长。砖砌筑时，砖应提前 1~2 d 浇水湿润。

砌砖宜采用一铁锹灰（M5 水泥砂浆）、一块砖、一挤揉的"三一"砌砖法，即满铺、满挤操作
法。砌砖时，砖要放平。里手高，墙面就要张；里手低，墙面就要背。砌砖一定要跟线，"上跟
线，下跟棱，左右相邻要对平"。水平灰缝厚度和竖向灰缝宽度一般为 10 mm，但不应小于
8 mm，也不应大于 12 mm。

随砌随将舌头灰刮尽。用 2 m 靠尺检查墙面垂直度和平整度，随时纠正偏差。

五、压顶处理

根据实际情况，压顶可采用砖砌（整砖丁砌）、贴瓦或混凝土砌块安装处理。压顶高度可设
置 200 mm 左右，宽度同墙厚或挑出。

六、墙面装饰

（1）勾缝装饰　墙面勾缝一般宜用 1:2 的水泥砂浆。勾缝前应清扫墙面上黏结的砂浆、灰
尘，并洒水湿润。勾凹缝时，宜按"从上而下，先平（缝），后立（缝）"的顺序勾缝；勾凸缝时，宜先
勾立缝，后勾平缝。

（2）抹灰装饰　底层与中层砂浆宜采用 1:2 的水泥砂浆，总厚度控制在 12 mm，待中层硬结
后，再进行面层处理。面层处理可以有以下几种方式。

①水刷石：将水泥与石子按质量比为 1:3 进行拌和。拌和均匀后进行摊铺，厚度控制在
30 mm，拍平压实，并将内部水泥浆挤压出来，尽量保证石子大面朝上，再用铁抹子溜光压实，反
复 3~4 遍，待水泥初凝（指按无痕）用刷子刷不掉石子为宜。然后开始喷洒面层水泥浆，喷洒
分两遍进行，第一遍用毛刷沾水刷去水泥砂浆，露出石料；第二遍用喷雾器将四周表面喷湿润。
之后喷水冲洗，喷头距墙面 10~20 cm，喷刷要均匀，使石子表面露出 1~2 mm 为宜，最后用水
管将表面冲刷干净。当墙面较大时，可用 3 mm 厚玻璃条分隔，施工完毕玻璃条不取出。

②喷砂：喷砂前，墙面应平整无孔洞，墙面无粉尘，将墙面喷水充分湿润，深度为 3 mm 左
右，使其为内湿状态。

喷砂材料配合比应按粉与砂比为 1:1.5~1:2.0 配制，并加喷砂专用胶搅拌均匀，搅拌时间
应为 1.5~2.0 min。搅拌好的材料应在 2.5~3.0 h 用完，以免硬化。

施工时，空气压缩机压力不得小于 8 MPa，以确保喷砂附着力。喷枪与墙面应保持垂直状
态，距离为 30~50 cm，由上而下或由左而右匀速进行喷洒施工。喷砂点高度为 1~3 mm，底部
直径 2 mm 左右，以形成点、网状均匀覆盖基层为宜。

③喷涂：喷涂作业时，手握喷枪要稳，涂料出口应与被涂面垂直，喷枪移动时应与涂面保持
平行。喷枪运行速度要适宜，且应保持一致。

喷枪直线喷涂移动 70~80 cm 后，应拐弯 180° 向后喷涂下一行。喷涂时，第一行与第二行
的重叠宽度控制在喷涂宽度的 1/3~1/2，使涂层厚度比较均匀，色调基本一致。喷涂要连续作
业，到分界处再停歇。

喷涂一般分遍完成,波状和花点喷涂为两遍,粒状喷涂为三遍,前后两遍的喷涂间隔为1～2 h。涂料干燥前,应防止雨淋,尘土沾污。

④彩色抹灰:面层材料可以选择水泥色浆,抹灰后形成不同的色彩线条和花纹等装饰效果。

 任务考核

序 号	任务考核	考核项目	考核要点	分 值	得 分
1	过程考核	基槽放线	沟槽平面位置,打桩放线正确	10	
2		基槽开挖	基槽挖深正确,素土夯实,并找平	10	
3		混凝土基础砌筑	M7.5 水泥砂浆,砂的含泥量不应超过 5%,砌筑方法正确	15	
4		墙身砌筑	用 M5 水泥砂浆砌筑方法正确,防潮层位置正确,墙面垂直度和平整度及灰缝符合要求	30	
5		压顶处理	压顶的高度与宽度符合要求	10	
6		墙面装饰	用 1:2 的水泥砂浆勾缝或抹灰处理正确	15	
7	结果考核	景墙效果	景墙施工达到设计要求,具有景观效果	10	

 巩固训练

在某大学游园或植物园,选择适当位置砌筑景墙,参照图 3.18 所示,让学生参加砖砌景墙的全部施工过程并完成任务。

一、材料及用具

砖砌景墙施工图、砖、碎石、白灰、水泥、中砂、彩色涂料、喷枪、夯、撬杠、手锤、镐、铁锹、木抹子、靠尺、水平尺、钢卷尺等。

二、组织实施

①将学生分成 5 个小组,以小组为单位进行景墙施工;

②按下列施工步骤完成施工任务。

基槽开挖→基础砌筑(砖砌)→墙身砌筑→压顶处理→墙面装饰(喷彩色涂料)。

三、训练成果

①每人交一份训练报告,并参照上述任务考核进行评分;

②根据砖砌景墙结构设计要求,完成施工。

拓展提高

园墙与围篱

园墙有隔断、划分组织空间的作用,也有围合、标识、衬景的功能。本身还有装饰、美化环境、制造气氛并获得亲切安全感等多功能作用。因此高度一般控制在 2 m 以下,成为园景的一部分,园墙的命名由此而来。

园墙和围篱在设计中可交替配合使用,构成各景区景点外围特征,并与大门出入口、竹林、树丛、花坛、流水等自然环境融为一体。特别是在当前城市绿化改善市容上,它又发挥了新的作用,各大城市绿化用地紧张,为了将各沿街住宅单位的零星绿地组织到街头绿化上来,可通过园墙漏窗和围篱空隙"引绿出墙"成为城市街道公共绿地的一部分,从视觉上扩大绿化空间,美化市容。

一、传统式园墙与景园式围篱

园墙和围篱形式繁多,根据其材料和剖面的不同有土、砖、瓦、轻钢、绿篱等。从外观又有高矮、曲直、虚实、光洁与粗糙、有檐与无檐之分。园墙区分的重要标准就是压顶。

1)传统园墙

①小青瓦、琉璃瓦压顶

②青瓦卷棚压顶

③园窗青瓦压顶

④漏窗青瓦压顶

⑤长腰青瓦压顶

⑥八五砖竖筒压顶

2)园林式围篱

围篱与园墙空间构成的区别在于围篱在垂直界面上虚多实少,所用材料更广泛自由,就地取材,美不胜收。

(1)人工材料(砖、石、轻钢、铅丝网等)　有砖围篱、混合(砖石、钢木)围篱、轻钢围篱、铅丝网围篱。

(2)自然材料(竹片、棕第、树枝、稻草等)

①竹围篱:富于野趣,造价低廉,别具一格,但使用年限短。

②蕙枝围篱、栅式围篱、屏栅围篱、花坛式围篱、绿篱:多用藤蔓花卉及灌木组成,强烈地反映自然生机与情趣,生动自然,颇有特色,为上乘。

二、石墙与仿生墙

石墙与混凝土仿生墙、复合式墙等在园墙设计中应用广泛,它能激起人们对大自然的向往与追求,表现一定的园林意境,可运用"线条""质感""体量""色彩""光影""层次""花饰""韵律与节奏"等手法,通过工程实践创造出花色繁多的园林石墙来。

1)线条

线条就是石的纹理及走向,常有水平划分、垂直划分、矩形和棱锥形划分,斜线、曲折线、斜面的处理。

2)质感

质感是指材料质地和纹理所给人的触视感觉,可分为天然的和人为加工的两类。

3)体量

体量是视觉上的体感分量,如形状大小、方圆、宽窄、凹凸。

4)色彩

色彩给人以浓淡、冷暖、协调与刺激之感。

5)光影

光影是视觉上的明暗、强弱、轻重、升降、摇晃。某种程度上说,光影也是一种材料,活动的材料,要很好地在设计中使用。

6)空间层次的组织

空间层次的组织是虚实、高低、前后、深浅、分层与分格,形成的空间序列层次感特别强烈。

7)花饰

集图案、民间艺术、工艺造型、美术装修等大成,使园林石墙成为园林及美化环境的一部分,发挥其特定的艺术功能。

8)韵律与节奏

体量、体感、色彩、光影、线条等要素不断出现与重复组合,表现了一定的韵律与节奏。它渗透于整个现实生活之中。一组韵律优美、节奏鲜明的园墙与围篱能在人们的思想感情上唤起一种和于节奏韵律的愉快感。这在很大程度上取决于墙篱的外形设计、质感强弱、线条聚散、高低大小、转换重叠、更替抑扬,在已有的规律的间隔中,反复迂回、交替组合、自然地形成园墙的韵律与节奏,使自然环境与人造环境相互融合衔接沟通。

任务3　廊架工程施工

知识点:了解廊架施工的基础知识,掌握廊架工程施工的工艺流程和验收标准。

能力点:能根据施工图进行廊架工程的施工、管理与验收。

任务描述

廊是亭的延伸,是联系风景景点建筑的纽带,随山就势,曲折迂回,逶迤蜿蜒。廊既能引导

图3.22　木廊架实景

视角多变的导游交通路线,又可划分景区,丰富空间层次,增加景深,是中国园林建筑群体中重要的组成部分。

花架是园林绿地中以植物材料为顶的廊,它既具有廊的功能,又比廊更接近自然,融合于环境之中,其布局灵活多样,尽可能用所配置植物的特点来构思花架,形式有条形、圆形、转角形、多边形、弧形、复柱形等。

某住宅小区,为满足居民休憩与观赏需要,在小区建造两处廊架,一处为混凝土廊架,另一处为木廊架。根据廊架构造设计要求,正确进行混凝土廊架与木廊架(图3.22)施工。

任务分析

廊架实际上包含廊和架两方面含义,它是以木材、竹材、石材、金属、钢筋混凝土为主要原料添加其他材料凝合而成,供游人休息、景观点缀之用的建筑体。廊架的位置选择较灵活,公园隅角、水边、园路一侧、道路转弯处、建筑旁边等都可设立。在形式上可与亭廊、建筑组合,也可单独设立于草坪之上。

要想成功完成廊架工程施工,就要正确分析影响廊架工程的因素,做好廊架施工前的准备工作,根据廊架的特点,学会并指导廊架工程施工。具体应解决好以下几个问题:

①正确认识廊架工程施工图,准确把握设计人员的设计意图。

②能够利用廊架的知识编制切实可行的廊架工程施工组织方案。

③能够根据廊架工程的特点,进行有效的施工现场管理、指导工作。

④做好廊架工程的成品修整和保护工作。

⑤做好廊架工程竣工验收的准备工作。

任务咨询

一、廊架在园林中的作用

廊架多为平顶或拱门形,一般不攀爬植物,有攀缘植物的可以称为花架(廊式花架)。

（1）联系功能　廊架可将单体建筑连成有机的群体,使之主次分明,错落有致;廊架可配合园路,构成全园交通、浏览及各种活动的通道网络,以"线"联系全园。

（2）分隔与围合空间　在花墙的转角处,以种植竹石、花草构成小景,可使空间相互渗透,隔而不断,层次丰富。廊架又可将空旷开敞的空间围成封闭的空间,在开阔中有封闭,热闹中有静谧,使空间变幻的情趣倍增。

（3）造景功能　廊架样式各异,外形美观,加之材质丰富,其本身就是一道景观。而且廊架的自身构造为绿化植被的立面发展创造了条件,避免了植物种植的单一与单薄,使得乔木、灌木、藤本植物各有发展空间,相得益彰。

（4）遮阳、防雨、休息功能　无论是现代还是古典特色廊架均可为人们提供休闲、休憩的场所,同时还有防雨淋、遮阳的作用,形成观赏的佳境。

二、廊架的表现形式

1）廊的表现形式

根据廊的平面与立面造型,可分为双面空廊、单面空廊、复廊、双层廊、爬山廊、曲廊和单支柱廊等。

2）花架的表现形式

（1）单片式　该花架是简单的网格式,其作用是为攀缘植物提供支架,在高度上可根据需要而定,而在长度上可适当延长,材料多用木条或钢铁制作,一般布置在庭院及面积较小的环境内。

（2）独立式　这种花架一般是作为独立观赏的景物,在造型上可以设置为类似一座亭子,顶盖是由攀缘植物的叶与蔓组成,架条从中心向外放射,形成舒展新颖、别具风韵的风格,如图3.23所示。

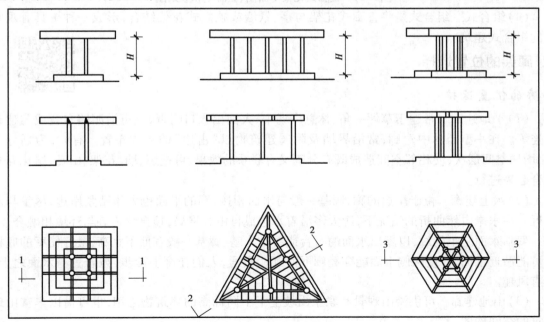

图3.23　独立式花架平面图与立面图

（3）直廊式　这种花架是园林中常见的一种表现形式,类似于葡萄架。此花架是先立柱,再沿柱子排列的方向布置梁,在两排梁上按照一定的间隔布置花架条,两端向外挑出悬臂,在梁与梁之间，可布置坐凳或花窗隔断，既提供休息场所，又有良好的装饰效果，如图3.24所示。

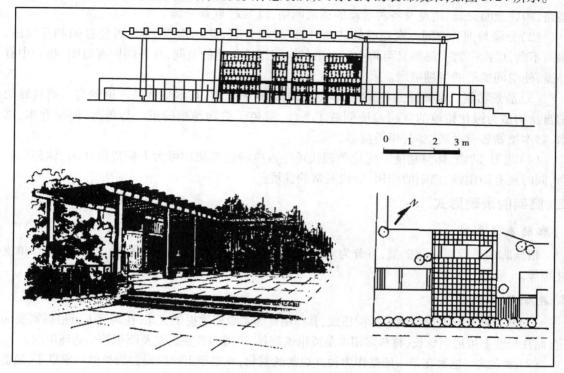

图3.24 直廊式花架平面图、立面图和效果图

（4）组合式 组合式是将直廊式花架与亭、景墙或独立式花架结合，形成一种更具有观赏性的组合式建筑。

三、廊架的位置选择

1）廊的位置选择

（1）平地建廊 常建于草坪一角、休息广场中、大门出入口附近，也可沿园路布置或与建筑相连等。在小型园林中建廊，常沿界墙及附属建筑物以"占边"的形式布置。有时，为划分景区，增加空间层次，使相邻空间造成既有分割又有联系的效果，可把廊、墙、花架、山石、绿化互相配合起来进行。

（2）水上建廊 位于岸边的廊，廊基一般与水面相接，廊的平面也大体贴紧岸边，尽量与水接近。在水岸自然曲折的情况下，廊大多沿着水边成自由式格局，顺自然之势与环境相融合。

驾临水面之上的廊，以露出水面的石台或石墩为基，廊基一般宜低不宜高，最好使廊的底板尽可能贴近水面，并使两侧水面能穿经廊下而互相贯通，人们在廊上漫步，宛若置身水面之上，别有风趣。

（3）山地建廊 可供游山观景和联系山坡上下不同标高的建筑物之用，也可借以丰富山地建筑的空间构图。

2）花架的位置选择

花架在庭院中的布局可以采取附建式，也可以采取独立式。附建式属于建筑的一部分，是建筑空间的延续。它应保持建筑自身统一的比例与尺度，在功能上除供植物攀缘或设桌凳供游

人休息外,也可以只起装饰作用。独立式的布局应在庭院总体设计中加以确定,它可以在花丛中,也可以在草坪边,使庭院空间有起有伏,增加平坦空间的层次,有时亦可傍山临池随势弯曲。花架如同廊道也可起到组织浏览路线和组织观赏景点的作用。布置花架时一方面要格调清新,另一方面要注意与周围建筑和绿化栽培在风格上的统一。

四、廊架的常用材料

廊架的材料可分为人工材料和自然材料两种,在建造廊架时,选择不同的材料,可形成不同的廊架,见表3.2。

表3.2　廊架的常用材料

材　料		说　明
人工材料	金属品	铁管、铝管、铜管、不锈钢管均可应用
	水泥品	水泥、粉光、斩石、洗石、磨石、清水砖、美术砖、瓷砖、马赛克等。本身骨干以钢筋混凝土制作,表面以上述材料装饰
	塑胶品	塑胶管、硬质塑胶、玻璃纤维(玻璃钢)。塑胶管绿廊需要考虑绿廊顶架的负荷,包括攀附其上的枝干重量,塑胶管的厚度及管内填充物。需有底模,花样多,但造价较昂贵
自然材料	木竹绿廊	常用的一种,材质轻,质感好,造型简单容易,易保养
	树廊	用可遮阳的树枝,枝条相交培育成廊架的形式。如行道树、凤凰木、榕树、木麻黄夹道成行
	石廊	用自然石加工或不加工构筑而成

五、廊架的构造与设计

以绿廊(花架)为例加以说明。

绿廊的顶部为平顶或拱门形,宽度2~5 m,高度则依宽度而定,高与宽之比为5:4。绿廊的四侧设有柱子,柱子的距离一般在2.5~3.5 m。柱子依材料选取,可分为木柱、铁柱、砖柱、石柱、水泥柱等。柱子一般用混凝土作基础,如直接将木柱埋入土中,要求将埋入部分用柏油涂抹防腐。

柱子顶端架着格子条,其材料多为木条,亦有用竹竿和铁条的。柱子顶端主要由梁、椽和横木3个部分构成。梁,是由两根柱子所支持的横梁;椽,是架在梁上的木条;横木,木条架于椽上,是构成格子的细条,其距离依攀缘植物的性质而异。

绿廊在自然式庭院中,常将木柱保留树皮,或将水泥柱故意做成树皮状,如加油漆,常漆成绿色,以利与自然环境统一;规则式庭院中,则多漆成白色或乳黄色,以增加情趣,减少单调。绿廊中一般均配置座椅以供休息。

一、混凝土廊架施工

(1)定点放线　根据图纸设计要求和地面坐标系统的对应关系,用经纬仪把廊架的平面位置和边线测放到地面上,并打桩或用白灰做好标记。

（2）基础处理　在放线外边缘宽出 20 cm 左右挖好槽之后,首先用素土夯实,有松软处要进行加固,不得留下不均匀沉降的隐患,再用 150 mm 厚级配三合土和 120 mm 厚 C15 素混凝土做垫层,基层以 100 mm 厚的 C20 素混凝土做好,最后用 C20 钢筋混凝土做基础。

（3）柱身浇筑　混凝土的组成材料为:水泥、碎石、砂和水按一定比例均匀拌和,其配合比应符合国家现行标准《普通混凝土配合比设计规程》JGJ55 的有关规定。

安装模板浇筑,下为 460 mm×460 mm,上为 300 mm×300 mm 的钢筋混凝土柱子。浇筑在所需形状的模板内进行,经捣实、养护、硬结成廊架的柱子。

（4）柱身装饰　将浇筑好的混凝土柱身清理干净后,用 20 mm 厚的 1:2 砂浆粉底文化石贴面装饰。

（5）顶部安装　顶部花架条预制 C20 钢筋混凝土,规格为 60 mm×150 mm。

二、木廊架施工

木廊架平面图、立面图及基础大样图,如图 3.25 至图 3.28 所示。

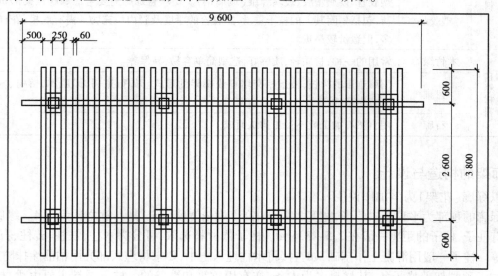

图 3.25　木廊架顶平面图

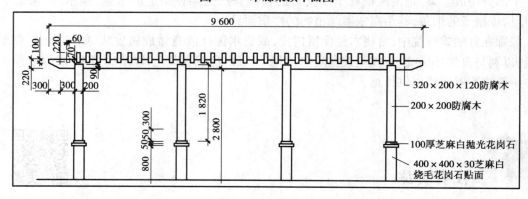

图 3.26　木廊架立面图（一）

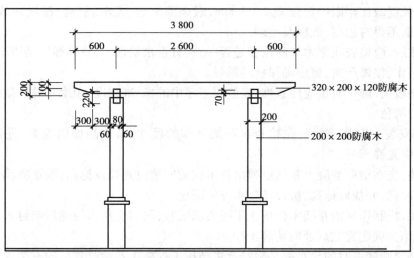

图 3.27 木廊架立面图(二)

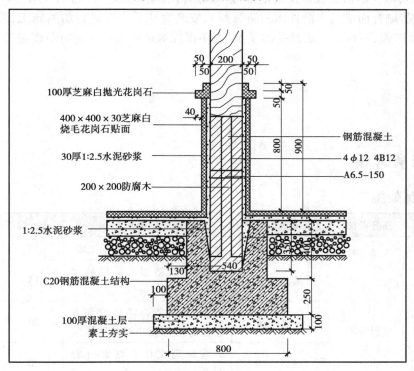

图 3.28 木廊架基础大样图

(1)定点放线 定点放线同混凝土廊架施工。

(2)基础处理 挖好基槽后,先用素土夯实,再用 100 mm 厚 C10 素混凝土做垫层,之后用 C20 钢筋混凝土做好基础。

(3)选择木料 通常用松木作材料,要求材质好,质地坚韧,材料挺直,比例匀称,正常无障节、霉变,无裂缝,色泽一致,干燥。

(4)加工制作 应按要求将木料逐根进行榫穴,榫头划墨,画线必须正确。榫要饱满,眼要方正,半榫的长度应比半眼的深度短 2～3 mm,线条要平直、光滑、清秀、深浅一致。割角应严密、整齐。刨面不得有刨痕、戗槎及毛刺。

拼榫完成后,应检查花架木枋的角度是否一致,有否松动现象,整体强度是否牢固。木料加工不仅要求制作、接榫严密,更应确保材料质量。

构件规格较大,施工时也应注意榫卯、凿眼工序中的稳、准程度,用家具的质量标准要求,体现园林小品的特色。

(5)花架安装　安装前要预先检查木花架制作的尺寸,对成品加以检查,进行校正规方。如有问题,应事先修理好。

木柱安装,先在钢筋混凝土基础层弹出各木柱的安装位置线及标高,间距应满足设计要求,将木柱放正、放稳,并找好标高,按设计要求方法固定。

花架安装,将制作好的花架木枋按施工图要求安装,用钢钉从木枋侧斜向钉入,钉长为木枋厚的 1～1.2 倍。固定完之后及时清理干净。

木材的材质和铺设时的含水率必须符合木结构工程施工及验收规范的有关规定。

(6)防腐处理　木枋安装前按规范进行半成品防腐基础处理,防腐剂可用 ACQ 木材防腐剂(由铜和季铵盐融合而成的水溶性木材防腐剂),安装完成后立即进行防腐施工,若遇雨雪天气必须采取防水措施,不得让半成品受淋至湿,更不得在湿透的成品上进行防腐施工,确保成品防腐质量合格。

 **任务考核**

一、混凝土廊架施工

序　号	任务考核	考核项目	考核要点	分　值	得　分
1	过程考核	定点放线	廊架平面位置,打桩放线正确	10	
2		基础处理	素土夯实,垫层与基层处理正确	15	
3		柱身浇筑	混凝土配比符合要求,浇筑方法正确,柱子规格符合要求	20	
4		柱身装饰	砂浆粉底文化石贴面符合要求	20	
5		顶部安装	预制 C20 钢筋混凝土架条安装正确	20	
6	结果考核	廊架景观效果	混凝土廊架外观与造型达到设计要求	15	

二、木廊架施工

序 号	任务考核	考核项目	考核要点	分 值	得 分
1	过程考核	定点放线	廊架平面位置,打桩放线正确	10	
2		基础处理	素土夯实,垫层与基层处理正确	10	
3		选择木料	使用松木,料料选择符合要求	20	
4		加工制作	木料加工符合要求,保证材料质量,接榫严密	20	
5		花架安装	木柱和花架安装方法正确,符合设计要求	20	
6		防腐处理	防腐剂处理及时,方法正确	10	
7	结果考核	木廊架景观效果	木廊架外观与造型达到设计要求	10	

巩固训练

在某大学游园或植物园,选择适当位置建造一处木廊架,要求如下:木料已加工处理完成,木柱一般规格为220 mm×220 mm×2 100 mm,安装时木柱插入已建的砼柱形杯口基础内,校正后采用细石砼固定。让学生参加木廊架的全部施工过程并完成任务。

一、材料及用具

木廊架施工图、经纬仪、水准仪、水准尺、木柱、木条、碎石、水泥、中砂、防腐剂、手锤、斧头、镐、铁锹、钢卷尺等。

二、组织实施

①将学生分成4个小组,以小组为单位进行木廊架施工;

②按下列施工步骤完成施工任务:

定点放线→基础处理→花架安装→防腐处理。

三、训练成果

①每人交一份训练报告,并参照上述任务考核进行评分;

②根据木廊架构造设计要求,完成施工。

拓展提高

特色廊架施工

本工程廊架部分宜采用扩大拼装和综合安装的方法施工。

一、施工准备

基础施工后,将在预制厂内加工的廊架组件运输至现场开始拼装作业。

①确定几何位置的主要构件应吊装在设计位置上,在松开吊钩前应作初步校正并固定。

②在管架安装完成并固定后对运输和安装过程中被破坏的涂层部分以及连接处,进行处理并补涂。

③多层管架的安装,每完成一个层间后应按验收标准进行校正;继续安装上一层面时,应考虑下一层间安装的偏差值。

④管架安装合格后,进行表面清理,然后进行中间漆的涂刷工作,符合设计要求。

二、钢结构安装工艺

(1)作业程序　土建基础复测→钢架立柱就位→钢架梁就位→钢架梁螺栓组对→涂料喷涂。

现场安装首先安装立柱,然后进行柱间支撑等的安装,最后将组装好的梁吊装就位;钢架梁螺栓组对;待钢管廊架全部安装完,校准后再拧紧;喷涂涂料。

(2)安装的准备　施工现场要做到"三通一平",施工区域进行隔离,并具有隔离标识;土建基础复测和验收工作完成;成品、半成品进场,合理堆放,现场标识完成;构件运输,严禁挤压,以防变形,结构伸出与长度不超过2 m。

(3)钢架梁、柱安装

①基础验收和放线:安装前首先对基础进行认真的检查和验收。主要对外形、纵横中心线、标高及有关几何尺寸进行复查,看是否超出标准的要求。基础尺寸允许的偏差要满足规范的规定。基础超差部位及时处理。

建筑物轴线、基础轴线和标高、地脚螺栓的规格应符合设计要求。

②现场安装首先安装立柱,然后进行柱之间支撑等的安装,最后将组装好的梁吊装就位。然后钢架梁螺栓组对。使用25 t汽车吊进行吊装。

组对是在现场位置地面进行,连接形式是高强度螺栓连接,高强度螺栓为大六角头,由一个螺栓、两个垫圈和一个螺母组成。

(4)高强螺栓连接　摩擦型高强螺栓连接的钢结构在安装立柱时,两柱端面有一定接触面来保证有足够的摩擦力。规程规定在加工时接触面应达到端面积的3/4,安装时要达到70%以上。通常用塞尺测量检查。

任务4　园桥工程施工

> 知识点：了解园桥施工的基础知识，掌握园桥施工的工艺流程和验收标准。
> 能力点：能根据施工图进行园桥工程的施工、管理与验收。

任务描述

　　园林中的桥，可以联系风景点的水陆交通，组织游览线路，变换观赏视线，点缀水景，增加水面层次，兼有交通和艺术欣赏的双重作用。园桥在造园艺术上的价值，往往超过交通功能。

　　某湿地公园，为满足游人游园需求，拟在新挖小河上建钢筋混凝土小桥（图3.29）及湿地边缘建栈道。根据钢筋混凝土小桥和栈道施工技术要求，正确进行施工。

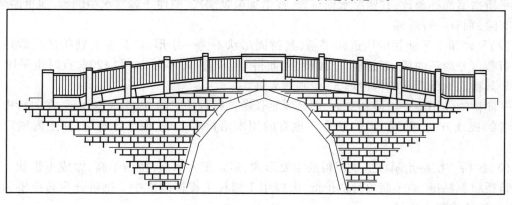

图3.29　小桥立面图

任务分析

　　园桥的位置和体型要和景观相协调。大水面架桥，又位于主要建筑附近的，宜宏伟壮丽，重视桥的体型和细部的表现；小水面架桥，则宜轻盈质朴，简化其体型和细部。水面宽广或水势湍急者，桥宜较高并加栏杆；水面狭窄或水流平缓者，桥宜低并可不设栏杆。水陆高差相近处，平桥贴水，过桥有凌波信步亲切之感；沟壑断崖上危桥高架，能显示山势的险峻。水体清澈明净，桥的轮廓需考虑倒影；地形平坦，桥的轮廓宜有起伏，以增加景观的变化。此外，还要考虑人、车和水上交通的要求。

　　要想成功完成园桥工程施工，就要明确园桥的不同类型，了解园桥所处环境及桥址的位置，掌握园桥的结构形式，正确进行园桥工程施工。具体应解决好以下几个问题：

①正确认识园桥工程施工图,准确把握设计人员的设计意图。

②能够利用园桥的知识编制切实可行的园桥工程施工组织方案。

③能够根据园桥工程的特点,进行有效的施工现场管理、指导工作。

④做好园桥工程的成品修整和保护工作。

⑤做好园桥工程竣工验收的准备工作。

 任务咨询

一、园桥的类型

园林中的桥,可以联系风景点的水陆交通,组织游览线路,转换观赏视线,点缀水景,增加水面层次,兼有交通和艺术欣赏的双重作用。

(1)平桥　平桥有木质桥、石质桥、钢筋混凝土桥等。其特点是桥面平整,为一字形,结构简单,桥身不设栏杆或只做矮护栏,桥主体结构是木梁、石梁、钢筋混凝土直梁。

平桥造型简朴雅致,其紧贴水面设置,或增加风景层次,或便于观赏水中倒影,池里游鱼,或平中有险,别有一番乐趣。

(2)平曲桥　平曲桥的构造同平桥,其桥面形状不为一字形,而是左右转折的折线形。根据转折数可分为三曲桥、五曲桥、七曲桥、九曲桥等。转折角多为90°和120°,有时也采用150°转角。其桥面为低而平的构造形式,景观效果好。

平曲桥的作用不在于便利交通,而是要延长游览行程的时间,以扩大空间感,在曲折中变换游览者的视线方向,做到"步移景异";也有的用来陪衬水上亭、榭等建筑物,如上海城隍庙九曲桥。

(3)拱桥　拱桥是园林造景用桥的主要形式,多置于大水面,桥面抬高,做成玉带状。其特点为筑桥材料易得、施工简单且造价低,多应用于园林工程造园之中。拱桥分为石拱桥和砖拱桥,也有钢筋混凝土拱桥。

(4)亭桥与廊桥　在桥面较高的平桥或拱桥上建造亭、廊的桥,称为亭桥或廊桥。其可供游人遮阳避雨,又可增加桥的形体变化。亭桥如杭州西湖三潭印月,廊桥如苏州拙政园"小飞虹"。

(5)栈桥与栈道　栈桥与栈道没有本质上的区别,架设长桥作为道路是它们的基本特点。栈桥多独立设置在水面或地面上,而栈道则更多地依傍于山壁或岸崖处。

(6)吊桥　吊桥是利用钢索、铁索为结构材料,把桥面悬吊在水面上的一种园桥形式。其主要用于风景区河面或山沟上。

(7)汀步　汀步是没有桥面只有桥墩的特殊造型的桥,即特殊的路。它是采用线状排列的块石、混凝土墩或预制汀步构件布置在浅水区域、沼泽区等形成的步行通道。

二、园桥的位置选择

桥位选址与景区总体规划、园路系统、水面的分隔或聚合、水体面积大小密切相关。

在大水面上建桥,最好采用曲桥、廊桥、栈桥等比较长的园桥,桥址应选在水面相对狭窄的地方。当桥下不通游船时,桥面可设计低平一些,使人更接近水面;桥下需要通过游船时,则可把部分桥面抬高,做成拱桥样式。另外,在大水面沿边与其他水道相交接的水口处,设置拱桥或

其他园桥,可以增添岸边景色。

庭院水池或面积较小的人工湖,适宜布置体量较小、造型简洁的园桥。若是用桥来分隔水面,则小曲桥、拱桥、汀步等都可选用。

在园路与河流、溪流交接处,桥址应选在两岸之间水面最窄处或靠近较窄的地方。跨越带状水体的园桥,造型可以比较简单,有时甚至只搭上一个混凝土平板,就可作为小桥,但是桥虽简单,其造型还是应有所讲究,要做得小巧别致,富于情趣。

在园林内的水生及沼泽植物景区(如湿地公园),可采用栈桥形式,将人们引入沼泽地游览观景。

三、园桥的结构形式

园桥的结构形式随其主要建筑材料而有所不同,如钢筋混凝土桥与木桥的结构常用板梁柱式,石桥常用拱券式或悬臂梁式,铁桥常采用桁架式,吊桥常用悬索式。

(1)板梁柱式 它以桥柱或桥墩支承桥体重量,以直梁柱简支梁方式两端搭在桥柱上,梁上铺设桥板作桥面。在桥孔跨度不太大的情况下,也可不用桥梁,直接将桥板两端搭在桥墩上,铺成桥面。桥梁、桥板一般用钢筋混凝土预制或混凝土现浇。如果跨度较小,也可用石梁或石板。

(2)悬臂梁式 桥梁从桥孔两端向中间悬挑伸出,在悬挑的梁头再盖上短梁或桥板,连成完整的桥孔。这种方式可以增大桥孔的跨度,以方便桥下行船。石桥和钢筋混凝土桥都可以采用悬臂梁式结构。

(3)拱券式 桥由砖、石材料拱券而成,桥体重量通过圆拱传递到桥墩。单孔桥的桥面一般也是拱形,所以它基本上都属于拱桥。三孔以上的拱券式桥,其桥面多数做成平整的路面形式,但也有把桥顶做成半径很大的微拱形桥面。

(4)桁架式 它用铁制桁架作为桥体。桥体杆件多为受拉或受压的轴力构件,这种杆件取代了弯矩产生的条件,使构件的受力特性得到充分发挥。杆件的结点多为铰接。

(5)悬索式 它是一般索桥的结构形式。以粗长悬索固定在桥的两头,底面有若干根钢索排成一个平面,其上铺设桥板作为桥面;两侧各有一至数根钢索从上到下竖向排列,并由许多下垂的钢绳相互串联在一起,下垂钢绳的下端,则吊起桥板。

任务实施

一、钢筋混凝土小桥施工

(1)木桩基础 根据施工设计图要求放样,划出小桥桩基区域。将区域内土挖深到桩顶设计标高下50~60 cm,填入10 cm厚填塘渣,形成一个可放样施工的作业平台。在作业平台上再放样划出桩位图,然后开始木桩的打桩施工,桩顶控制到设计标高。

要求桩位偏差必须控制在小于等于$D/6 \sim D/4$范围内,桩的垂直度允差1%。

(2)毛石嵌桩 桩区外边抛直径不大于50 cm毛石,桩间抛直径不大于40 cm毛石,对称均衡分层抛,每层先抛中间,后抛外侧,使桩成组并保持正确位置,另外一边抛毛石,一边适当填入塘渣,使桩顶区嵌石密实。这样分层抛毛石到桩顶标高,然后在此基础上可以做 10 cm 厚混凝土垫层。

(3)承台施工

①垫层施工:施工前先破碎桩头至设计标高,并外用破碎混凝土;垫层结构采用 10 cm 厚碎石垫层;垫层混凝土尺寸每边比承台尺寸加宽 10 cm;碎石垫层表面用平板振捣密实。

②承台钢筋:选用 16 mm 以上的钢筋,连接均用焊接;钢筋绑扎先绑底部的钢筋,然后再绑扎侧面钢筋及顶部钢筋。

③承台模板:安装时,确保模板接缝紧密,并用封口胶纸将缝隙封贴,防止漏浆。

④承台混凝土:承台混凝土可采用 C20 混凝土浇筑。由于承台混凝土体积大,易产生由各类不利因素引发的裂缝。因此,施工时确保严格控制温度及水灰比,振捣密实,养护及时,以保证混凝土质量。

⑤基坑回填:清除淤泥、杂物,坑内积水抽干;分层夹土进行回填,每层 30 ~ 40 cm,并夯实,确保密实度≥85%。

(4)桥台施工

实施施工应考虑如下问题:

①选择较规则平整、规格为 300 mm × 400 mm × 200 mm 的梅雨石经过加工凿平后,作为镶面块石。

②砌筑砂浆采用 M10 水泥砂浆。

③镶面石砌筑采用三顺一丁,做到横平竖直,砂浆饱满,叠砌得当。

④墙身浆砌块石采取分层砌筑时必须错开,交接处咬扣紧密,同一行内不能有贯通的直缝。

⑤砌筑时每隔 50 ~ 100 cm 必须找平一次,作为一水平面。做到各水平层内垂直缝错开,错开距离不得小于 8 cm,各砌块内的垂直缝错开 5 cm,灰缝宽度最大 2 cm,不得有干缝及瞎缝现象。

⑥在挡墙砌筑时,泄水孔与沉降缝必须同时施工,位置及质量必须符合设计要求。

(5)板梁安装　对于单跨小桥,考虑施工进度起见,直接采用吊机安装;对于连续 3 跨以上(包括 3 跨)的桥梁,考虑采用简易架梁机安装。

(6)铺装桥面　采用水泥混凝土铺装 6 ~ 8 cm,混凝土强度不低于行车道板混凝土强度,水泥混凝土铺装表面应坚实、平整、无裂纹,并有足够的粗糙度。

(7)栏杆安装　栏杆的安装自一端柱开始,向另一端顺序安装。安装高度为 1.0 ~ 1.2 m。杆间距为 1.6 ~ 2.7 m。栏杆的垂直度用自制的"双十字"靠尺控制。

二、栈道施工

(1)定点放线　根据给定的坐标点和高程控制点进行工程定位,建立轴线控制网。场地经初平后,按施工图纸测设放线,撒好基槽灰线。

(2)基槽开挖　沿灰线直边切出槽边的轮廓线,然后自上而下分层开挖。栈道基础土方量较小,采用人工开挖,挖至槽底标高后,由两端轴线引桩拉通线,检查距槽边尺寸,然后修槽、清底。将基础回填所用土方量置于基坑周边,以备回填。基坑开挖时应用一台水准仪进行标高的监控跟踪。

雨季开挖必须搞好坑内排水和地面截水工作。简易截水方法是利用挖出之土沿基坑四周或迎水面筑高 500 ~ 800 mm 土堤截水,同时将地面水通过场地排水沟排泄。

(3)碎石垫层　用于基层填筑的碎石,要求大小适中,无风化现象,以确保基层的强度。石块之间要求密实,无松动。并预先控制好标高、坡向、厚度。垫层满足设计要求,碎石摊铺应均

匀、平整。

（4）钢筋绑扎　钢筋在钢筋作业场内加工制作,现场绑扎。现场绑扎时应注意钢筋摆放顺序,钢筋接头相互错开,同一截面处钢筋接头数量应符合规范要求,按图纸施工。

木栈道基础较简单,从基础底板开始,钢筋可一次性加工绑扎到位,然后浇筑基础混凝土。

（5）浇筑混凝土　支模前将基础表面杂物全部清理干净。钢筋绑扎完以后,模板上口宽度进行校正,并用木撑进行定位,用铁钉临时固定。模板支好后检查模板内尺寸及高程,达到设计标高后方可浇筑混凝土。

采用流态混凝土。混凝土每30 cm厚振捣一次,振捣以插入式振捣器为主,要求快插慢拔,既不能漏振也不能过振。混凝土须连续浇筑,以保证结构整体性。

（6）钢梁安装　木栈道采用100×70工字钢通过16 # 膨胀螺钉与基础连接。

（7）木构件安装　100×70工字钢上每420 mm布置一道50×50木龙骨,木龙骨两侧通过60×30"L"型镀锌钢及镀锌十字螺丝与工字钢固定夹紧。140×25防腐木地板与木龙骨通过ϕ5下沉式十字平头镀锌钢螺钉牢固。

任务考核

一、钢筋混凝土小桥施工

序　号	任务考核	考核项目	考核要点	分　值	得　分
1	过程考核	木桩基础	桩平面位置及标高正确,桩位偏差符合要求	10	
2		毛石嵌桩	毛石嵌桩及混凝土垫层符合要求	10	
3		承台施工	碎石垫层密实,钢筋绑扎正确,承台混凝土及基坑回填符合要求	15	
4		桥台施工	桥台施工方法正确,符合设计要求	15	
5		板梁安装	采用吊装或简易架梁机,安装方法正确	15	
6		铺装桥面	水泥混凝土铺装符合设计要求	15	
7		栏杆安装	栏杆安装高度与间距符合要求	10	
8	结果考核	桥体外观	钢筋混凝土小桥外观达到设计要求,并具有使用功能	10	

二、栈道施工

序　号	任务考核	考核项目	考核要点	分　值	得　分
1		定点放线	放线自检合格,精度符合要求	10	
2		基槽开挖	基层分层开挖标高符合要求,截水方法正确	10	
3		碎石垫层	碎石摊铺均匀、平整,满足设计要求	10	
4	过程考核	钢筋绑扎	钢筋绑扎方法正确,接头数量符合规范要求	10	
5		浇筑混凝土	模板支撑方法正确,混凝土浇筑符合要求	15	
6		钢梁安装	材料选择正确,工字钢安装方法正确	15	
7		木构件安装	木龙骨及木板安装符合设计要求	20	
8	结果考核	栈道外观	栈道外观达到设计要求,并能使用	10	

 **巩固训练**

在某大学游园,选择适当位置建造一处木栈道,要求如下:柱与横梁采用方木;方木柱与方木梁之间采用榫接;混凝土做基础垫层。让学生参加木栈道的全部施工过程并完成任务。

一、材料及用具

木栈道施工图、经纬仪、水准仪、水准尺、方木柱、方木梁、木板、碎石、水泥、中砂、防腐剂、木工锯、手锤、斧头、镐、铁锹、钢卷尺等。

二、组织实施

①将学生分成 5 个小组,以小组为单位进行木栈道施工;

②按下列施工步骤完成施工任务:

定位放线→基槽开挖→混凝土基础(木柱安装)→木梁安装→木板安装。

三、训练成果

①每人交一份训练报告,并参照上述任务考核进行评分;

②根据木栈道设计要求,完成施工任务。

拓展提高

拱桥中拱圈施工技术

拱圈是拱桥的主要承重结构,是整个拱桥施工的关键环节,施工中必须予以重视。拱圈施工方法有两种:一种为有支架施工方法,另一种为无支架施工方法。

一、拱架搭设

①拱架采用钢管脚手架满布式搭设于排架之上(排架采用6 m长,间距为1 000 mm×1 000 mm的松木桩打设而成),立杆间距为600 mm×800 mm,步距根据桥拱实际尺寸灵活布置,但不得少于两步。

②为使拱架具有准确的外形和外部尺寸,在拱架搭设前,先在桥台上放出拱架大样,根据大样制作加工杆件,待杆件加工完毕后,再进行试拼,然后在桥孔中安装。

二、拱圈砌筑(或浇筑)

修建拱圈时,为保证整个施工过程中拱架受力均匀,变形最小,必须选择适当的砌筑方法和顺序。一般根据跨径大小、构造形式等分别采用不同繁简程度的施工方法。

通常跨径在10 m以下的拱圈,可按拱的全宽和全厚,由两侧拱脚同时对称地向拱顶砌筑,但应争取尽快的速度,使在拱顶合拢时,拱脚处的混凝土未初凝或石拱桥拱石砌缝中的砂浆尚未凝结。跨径为10~15 m的拱圈,最好在拱脚预留空缝,由拱脚向拱顶按全宽、全厚进行砌筑(浇筑混凝土)。待拱圈砌浆达到设计强度70%后(或混凝土达到设计强度),再将拱脚预留空缝用砂浆(或混凝土)填塞。

三、拱架的卸落

拱圈砌筑(或现浇混凝土)完毕,待达到一定强度后即可拆除拱架。如果施工情况正常,在拱圈合拢后,拱架应保留的最短时间与跨径大小、施工期间的气温、养护的方式等因素有关。对于石拱桥,一般当跨径在20 m以内时为20昼夜;跨径大于20 m时为30昼夜。对于混凝土拱桥,按设计强度要求,视混凝土试压强度的具体情况确定。因施工要求必须提早拆除拱架时,应适当提高砂浆(或混凝土)标号或采取其他措施。

四、拱上建筑施工

拱上建筑的施工,应在拱圈合拢,混凝土或砂浆达到设计强度30%后进行。对于石拱桥,一般不少于合拢后三昼夜。

拱上建筑的施工,应避免使主拱圈产生过大的不均匀变形。实腹式拱上建筑,应由拱脚向拱顶对称地砌筑。当侧墙砌筑好以后,再填筑拱腹填料及修建桥面结构等。空腹式拱桥一般是在腹孔墩砌完后就卸落拱架,然后再对称均衡地砌筑腹拱圈,以免由于主拱圈的不均匀下沉而使腹拱圈开裂。

五、拱桥施工中注意事项

(1)保证桥台的施工质量 拱桥是一种有推力的结构。桥台的质量对整个拱桥的安全影响很大,对于地质条件较差的拱桥墩台更应注意。施工中也要注意及时进行台后填土并分层夯实。拱桥造好后,若台后无填土,土压力起不到作用,是十分危险的。当拱桥的桥台后设有挡土墙时,需注意挡土墙的基础不要落在桥台上,否则将会引起挡土墙的不均匀沉降,造成在桥台与挡土墙接缝处的上端拉开。

(2)拱桥必须对称均衡施工　拱桥的各阶段施工均注意对称均衡施工,以免拱轴线发生不正常变形,导致安全和质量事故。不但在砌筑时要对称均衡,卸落拱架时也要对称均衡。

任务5　园亭工程施工

> 知识点:了解园亭施工的基础知识,掌握园亭施工的工艺流程和验收标准。
> 能力点:能根据施工图进行园亭的施工、管理与验收。

 任务描述

园亭是供游人休息和观景的园林建筑。园亭的特点是周围开敞,在造型上相对地小而集中,因此,亭常与山、水、绿化结合起来组景,并作为园林中"点景"的一种手段。在造型上,要结合具体地形、自然景观和传统设计并以其特有的娇美轻巧、玲珑剔透形象与周围的建筑、绿化、水景等结合而构成园林一景。

某景区为表现欧式建筑风格及满足游人休闲、乘凉的需要,拟建一处园亭,施工图如图3.30所示。根据园亭的结构设计要求,正确进行园亭施工。

认识园亭的不同类型,能够说出园亭的施工要点,掌握园亭的一般构造,正确进行园亭工程施工。

任务分析

园亭的构造大致可分为亭顶、亭身、亭基三部分。体量宁小勿大,形制也较细巧,以竹、木、石、砖瓦等地方性传统材料均可修建。现在更多的是用钢筋混凝土或兼以轻钢、铝合金、玻璃钢、镜面玻璃、充气塑料等新型材料组建而成。其施工步骤为:定点放线→基础施工→柱子浇筑→地坪施工→柱子装饰→亭顶施工。具体应解决好以下几个问题:

①正确认识园亭工程施工图,准确把握设计人员的设计意图。

②能够利用园亭施工的知识编制切实可行的园亭工程施工组织方案。

③能够根据园亭工程的特点,进行有效的施工现场管理、指导工作。

④做好园亭工程的成品修整和保护工作。

⑤做好园亭工程竣工验收的准备工作。

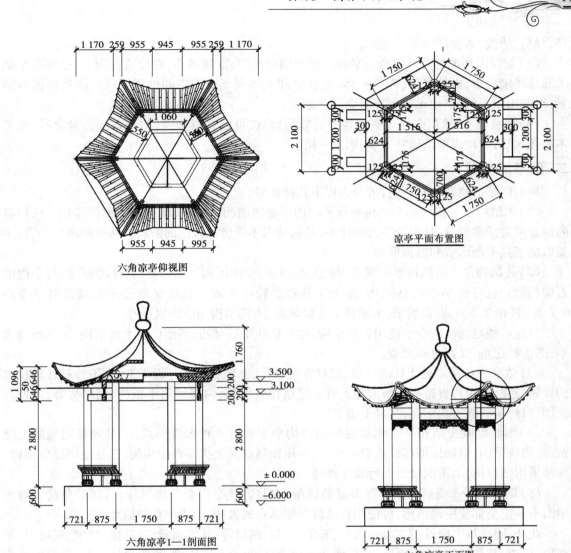

六角凉亭仰视图

凉亭平面布置图

六角凉亭1—1剖面图

六角凉亭正面图

图3.30 园亭施工图(剖面图)

任务咨询

一、园亭的特点

园亭是供游人休息、观景或构成景观的开敞或半开敞的小型园林建筑。现代园林中的园亭式样更加抽象化,亭顶成圆盘式、菌蕈式或其他抽象化的建筑,多采用对比色彩,装饰趣味多于实用价值。

(1)兼有实用和观赏价值 园亭既作点缀景观之需,又是供游人驻足休息之处,可防日晒、雨淋,消暑纳凉,畅览园林景色。

(2)造型优美,形象生动 现代新型园亭千姿百态,在传统亭的基础上,增加时代气息,优美、轻巧、活泼、多姿是园亭的特点。

（3）与周围环境的巧妙结合　亭身一般为四面灵空,空间通透,在建筑空间上,亭能完全融入园林环境之中,内外交融,浑然一体,它在空间上体现了有限空间的无限性。能集纳园林诸景,聚散山川云气,产生无中生有的空间景象。

（4）在装饰上,繁简多样　亭在装饰上繁简皆宜,可以精雕细琢,构成花团锦簇之亭;也可不施任何装饰,构成简洁质朴之亭,别具一格。

二、园亭的类型

根据园亭的建造材料不同,可分为以下几种类型。

（1）木结构亭　传统的木结构亭承重结构不是砖墙而是木柱,墙只起到围护作用。所以亭的形态可灵活多变,而且由于亭的形体小,其构造可不受传统做法的限制。从亭的造型上看,主要取决于其平面形状和屋顶形式。

（2）砖结构亭　砖结构亭一般是用砖发券砌成,支撑屋面。如碑亭,其体型厚重,与亭内的石碑相称。也有的小亭略显轻巧,是由于其跨度较小所致。北京北海公园团城玉翁亭亭高6.7 m,柱距2.3 m,四面坡顶,木檐椽上覆琉璃瓦,上部结构用砖砌锅盔券。

另有一些纪念性的亭子使用石材结构,也有梁柱用石材的,其他仍用木质结构,如苏州沧浪亭,既古朴庄重,又富自然之趣。

（3）竹亭　竹亭多见于江南一带,取材方便,形式上轻巧自然。近年来,由于竹材处理技术的发展与完善,用竹材造亭有所增加。竹亭建造比较简易,内部可用木结构、钢结构等,而外表选用竹材,使其既美观牢固,又易于施工。

（4）钢筋混凝土结构亭　钢筋混凝土结构亭主要有3种表现形式:一是现场用混凝土浇筑,结构较坚固,但制作细部较浪费模具;二是用预制混凝土构件焊接装配;三是使用轻型结构,顶部采用钢板网,上覆混凝土进行表面处理。

（5）钢结构亭　钢结构亭可有多变的造型,在北方建亭需要考虑风压、雪压的负荷。对于屋面不一定全部使用钢结构,可使用其他材料相结合的做法,形成丰富的造型。

此外,园亭从平面看,有三角、四角、五角、六角、圆形等;从亭顶看,有平顶、笠顶、四坡顶、半球顶、伞顶、蘑菇式等;从立面看,有单檐和重檐之分,极少有三重檐;亭除单体式外,也有组合式以及与廊架、景墙相结合的形式等。

三、园亭的构造

园亭一般小而集中,向上独立而完整,由地基、亭柱和亭顶三部分组成,另外还有附设物。

（1）地基　基础采用独立柱基或板式柱基的构造形式,较多地采用钢筋混凝土结构方法。基础的埋置深度不应小于500 mm。亭子的地上部分负荷重者,需加钢筋、地梁;地上部分负荷较轻者,如用竹柱、木柱盖以稻草的,可将亭柱部分掘穴以混凝土作基础即可。

（2）亭柱　亭柱一般为几根承重立柱,形成比较空灵的亭内空间。柱的断面多为圆形或矩形,也有多角形,其断面尺寸一般为$\phi(250 \sim 350)$ mm 或 250 mm × 250 mm ~ 370 mm × 370 mm,具体数值应根据亭子的高度与所用结构材料而定。亭柱的结构材料有水泥、石块、砖、树干、木条、竹竿等。

（3）亭顶　亭子的顶部梁架可用木料做成,也有用钢筋混凝土或金属铁架的。亭顶一般可分为平顶和攒尖顶,形状有方形、圆形、多角形、梅花形和不规则形等,顶盖材料可选用瓦片、稻草、茅草、树皮、木板、竹片、柏油纸、石棉瓦、塑胶片、铝片、洋铁皮等。

（4）附设物　为了美观与适用，往往在园亭旁边或内部设置桌椅、栏杆、盆钵、花坛等附设物，但设置不必多，以适量为原则，也可在亭的梁柱上采用各种雕刻装饰。

四、园亭位置的选择

（1）山地建亭　适宜远眺的地形，尤其在山巅、山脊上，其眺览的范围大、方向多，同时也为游人登山中的休息提供一个坐坐看看的环境。一般选在山巅、山腰台地、山坡侧旁、山洞洞口和山谷溪涧等处。

（2）临水建亭　水面设亭，宜尽量贴近水面，宜低不宜高，宜突出于水中，三面或四面为水面所环绕。凌驾于水面的亭常位于小岛、半岛或水中石台之上，以堤、桥与岸相连，岛上置亭可形成水面之上的空间环境，别有情趣。一般选在临水岸边、水边石矶、岛上和泉、瀑一侧。

（3）平地建亭　一般位于道路的交叉口，路旁的林荫之间，有时为一片花木山石所环绕，形成一个小的私密性空间气氛的环境。通常选在草坪上、广场上、台阶之上、花间林下，以及园路的中间、一侧、转折和岔路口处。

任务实施

一、定点放线

根据园亭设计要求和地面坐标的对应关系，用经纬仪把园亭的平面位置和边线测放到地面上，并用白灰做好标记。

二、基础施工

（1）素土夯实　在放线外边缘宽出 20 cm 左右，采用机械开挖基槽（预留 10～20 cm 余土用人工挖掘）。当挖土达到设计标高后，用打夯机进行素土夯实，达到设计要求的密实度。

（2）碎石回填　用自卸汽车运 150 mm 厚碎石，再人工回填平整。摊铺碎石时应无明显离析现象，或采用细集料做嵌缝处理。经过平整和整修后，达到要求的密实度。

（3）素混凝土垫层

①混凝土的下料口距离所浇筑的混凝土表面不得超过 2 m。

②混凝土浇筑应分层连续进行，一般分层厚度为振捣器作用部分长度的 1.25 倍，最大不超过 50 cm。

③浇筑混凝土时，应经常注意观察模板有无走动情况。当发现有变形、位移时，应立即停止浇筑，及时处理后再浇筑。

④用 C15 素混凝土做垫层。

（4）钢筋混凝土独立基础

①垫层达到一定强度后，在其上放线、支模、铺放钢筋网片。

②次下部垂直钢筋应绑扎牢，并注意将钢筋弯钩朝上，连接柱的插筋。

③下端要用 90°弯钩与基础钢筋绑扎牢固，按轴线位置校核后用方木架呈井字形，将插筋固定在基础外模板上。

④底部钢筋网片应用与混凝土保护层同厚度的水泥砂浆垫塞,以保证位置正确。

⑤在浇筑混凝土前,模板和钢筋上的垃圾、泥土及油污等杂物,应清除干净,模板应浇水加以湿润。

⑥浇筑现浇柱下基础时,应特别注意柱子插筋位置的正确,防止造成位移与倾斜。在浇筑开始时,先满铺一层 5～10 cm 厚的混凝土,并捣实,使柱子插筋下段和钢筋片的位置基本固定,然后再对称浇筑。

⑦用 C20 钢筋混凝土做基础。

三、柱子浇筑

混凝土配比应符合国家现行标准《普通混凝土配合比设计规程》JGJ55 的有关规定。用 C25 钢筋混凝土做柱子,规格一般是下为 460 mm×460 mm,上为 300 mm×300 mm。安装模板浇筑,浇筑在所需形状的模板内进行,经捣实、养护、硬结成亭的柱子。

四、地坪施工

主要施工过程如下:

①素土夯实;

②150 mm 厚碎石垫层;

③120 mm 厚 C15 混凝土做垫层;

④30 mm 厚樱花红花岗岩铺面。

五、柱子装饰

将浇筑好的混凝土柱身清理干净后,用 20 mm 厚的 1:2 水泥砂浆找平,5 mm 银白色真石漆装饰。

六、亭顶安装

亭子的顶部采用扁铁花顶(白色)成品定制,其安装应符合工程施工规范要求。顶部防腐处理后面刷咖啡色油漆做装饰。

任务考核

序　号	任务考核	考核项目	考核要点	分　值	得　分
1	过程考核	定点放线	园亭平面位置及边线符合要求	10	
2		基础施工	素土夯实符合要求,垫层及钢筋绑扎与基础浇筑正确	20	
3		柱子浇筑	混凝土配比及柱子规格符合要求,浇筑方法正确	15	

续表

序　号	任务考核	考核项目	考核要点	分　值	得　分
4		地坪施工	地坪施工符合工艺流程,方法正确	15	
5	过程考核	柱子装饰	柱子装饰符合设计要求,方法正确	10	
6		亭顶安装	安装符合工程规范,刷漆符合要求	20	
7	结果考核	园亭外观	园亭外观达到设计要求,具有使用功能	10	

巩固训练

在某大学校园,选择适当位置建造一处凉亭,要求如下:采有菠萝阁成品防腐木,外刷油漆。所有木结构采用榫接,并用环氧树脂黏结,木板与木板间的缝隙用密封胶填实。让学生参加凉亭的全部施工过程并完成任务。

一、材料及用具

凉亭施工图、经纬仪、水准仪、水准尺、防腐木、花岗岩板材、碎石、水泥、中砂、手锤、斧头、镐、铁锹、钢卷尺等。

二、组织实施

①将学生分成5个小组,以小组为单位进行凉亭施工;
②按下列施工步骤完成施工任务:
定点放线→基础施工→木柱施工→地坪施工→亭顶安装。

三、训练成果

①每人交一份训练报告,并参照上述任务考核进行评分;
②根据凉亭构造设计要求,完成施工。

拓展提高

中国四大名亭欣赏

亭是一种中国传统建筑,多建于路旁,供行人休息、乘凉或观景用。亭子不仅是供人憩息的场所,又是园林中重要的点景建筑,布置合理,全园俱活,不得体则感到凌乱。在山顶、水涯、湖心、松荫、竹丛、花间都是布置园林建筑的合适地点。在这些地方筑亭,一般都能构成园林空间中美好的景观艺术效果。著名的四大名亭是醉翁亭、陶然亭、爱晚亭、湖心亭。

一、安徽滁县醉翁亭

坐落在安徽滁州市西南琅琊山麓,是安徽省著名古迹之一,宋代大散文家欧阳修的传世之作《醉翁亭记》中写的就是此亭。醉翁亭小巧独特,具有江南亭台特色。它紧靠峻峭的山壁,飞檐凌空挑出。醉翁亭一带的建筑,布局紧凑别致,具有江南园林特色。总面积虽不到 1 000 m²,却有九处互不雷同的景致。醉翁亭、宝宋斋、冯公祠、古梅亭、影香亭、意在亭、怡亭、古梅台、览余台风格各异,人称"醉翁九景"。醉翁亭前有"让泉",终年水声潺潺,清澈见底。

二、北京陶然亭

陶然亭是清代名亭,取白居易诗"更待菊黄家酿熟,与君一醉一陶然"句中的"陶然"二字为亭命名。陶然亭公园以及陶然亭地区名称就是以此得名的。这座小亭颇受文人墨客的青睐,被誉为"周侯藉卉之所,右军修禊之地",更被全国各地来京的文人视为必游之地。全园总面积 59 ha(1 ha = 1 000 m²),其中水面 17 ha。1952 年建园。它是中华人民共和国成立后,首都北京最早兴建的一座现代园林。其地为燕京名胜,素有"都门胜地"之誉,年代久远,史迹斑驳。闻名遐迩的陶然亭、慈悲庵就坐落在这里。秀丽的园林风光、丰富的文化内涵、光辉的革命史迹,使她成为旅游观光胜地。园内林木葱茏,花草繁茂,楼阁参差,亭台掩映,景色宜人。

醉翁亭

陶然亭

三、湖南长沙爱晚亭

爱晚亭,位于湖南省岳麓山下清风峡中,亭坐西向东,三面环山。始建于清乾隆五十七年(1792 年),原名"红叶亭",又名"爱枫亭"。后经清代诗人袁枚建议,湖广总督毕沅据唐代诗人杜牧《山行》而改名为爱晚亭,取"停车坐爱枫林晚,霜叶红于二月花"之诗意。该亭八柱重檐,顶部覆盖绿色琉璃瓦,攒尖宝顶,内柱为红色木柱,外柱为花岗石方柱,天花彩绘藻井,蔚为壮观。亭内立碑,上刻毛泽东手书《沁园春·长沙》诗句,笔走龙蛇,雄浑自如,更使古亭流光溢彩。该亭三面环山,东向开阔,有平纵横十余丈,紫翠菁葱,流泉不断。亭前有池塘,桃柳成行。四周皆枫林,深秋时红叶满山。亭前石柱刻对联:"山径晚红舒,五百夭桃新种得;峡云深翠滴,一双驯鹤待笼来。"爱晚亭在我国亭台建筑中,影响甚大,堪称亭台之中的经典建筑。

四、杭州湖心亭

湖心亭,在杭州西湖中,初名"振鹭亭",又称"清喜阁"。始建于明嘉靖三十一年(1552

年），明万历后才改名"湖心亭"。在湖心亭极目四眺，湖光皆收眼底，群山如列翠屏，在西湖十八景中称为"湖心平眺"。清帝乾隆在亭上题过匾额"静观万类"，以及楹联"波涌湖光远，山催水色深"。亭为楼式建筑，四面环水，登楼四望，不仅湖光荡漾，而且四面群山如屏风林立。亭的西面为西湖的南高峰和北高峰，景色十分壮观。昔人有诗云："百遍清游未拟还，孤亭好在水云间。停阑四面空明里，一面城头三面山。"环岛皆水，环水皆山，置身湖心亭，确有身处"世外桃源"之感。

爱晚亭　　　　　　　　　　　　　　　湖心亭

任务6　花坛砌筑工程施工

> 知识点：了解花坛砌筑施工的基础知识，掌握花坛砌筑施工的工艺流程和验收标准。
> 能力点：能根据施工图进行花坛砌筑工程的施工、管理与验收。

 **任务描述**

　　花坛的体量、大小也应与花坛设置的广场、出入口及周围建筑的高低成比例，一般不应超过广场面积的1/3，不小于1/5。出入口设置花坛以既美观又不妨碍游人路线为原则，在高度上不可遮住出入口视线。花坛的外部轮廓也应与建筑物边线、相邻的路边和广场的形状协调一致。色彩应与所在环境有所区别，既起到醒目和装饰作用，又与环境协调，融于环境之中，形成整体美。

　　在某大型公园，拟在广场上和公园入口处各建造一处花坛。要求广场上建造砖砌结构的花坛（图3.31），而在公园入口处建造大象造型的立体花坛。根据两处花坛的结构设计要求，正确进行花坛砌筑工程施工。

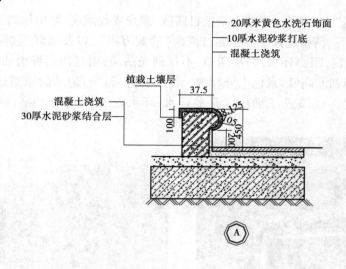

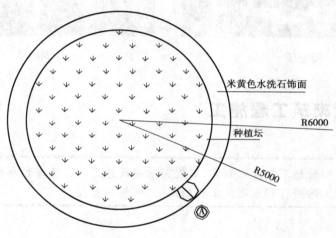

圆形花坛平面

图 3.31 花坛施工图

任务分析

要想成功完成花坛砌筑工程,就要掌握花坛的布置方式、不同砌体结构花坛的特点,运用建造花坛的材料,正确进行花坛工程施工。具体应解决好以下几个问题:

①正确认识花坛砌筑工程施工图,准确把握设计人员的设计意图。

②能够利用花坛砌筑的知识编制切实可行的花坛砌筑工程施工组织方案。

③能够根据花坛砌筑工程的特点,进行有效的施工现场管理、指导工作。

④做好花坛砌筑工程的成品修整和保护工作。

⑤做好花坛砌筑工程竣工验收的准备工作。

任务咨询

一、花坛的分类

中国古典园林中的花坛是指"边缘用砖石砌成的种植花卉的土台子"。随着时代的发展，花坛的形式也在变化和拓宽，有的花坛不只是种植花卉，而是以种植不同的灌木和乔木为主，以种树为主的，供观赏者，称为树池。花坛作为硬质景观和软质景观的结合体，具有很强的装饰性，分类方法有多种。

1）按花材分类

（1）盛花花坛（花丛花坛）

（2）模纹花坛

①毛毡花坛。

②浮雕花坛。

③彩结花坛。

2）按空间位置分类

（1）平面花坛

（2）斜面花坛

（3）立体花坛（包括造型花坛、标牌花坛等）

3）按花坛组合分类

（1）独立花坛（单体花坛）　见图3.32。

（2）组合花坛（花坛群）　见图3.33。

图3.32　独立花坛的形式

二、花坛的布置位置

花坛一般设在道路的交叉口上、公共建筑的正前方，或园林绿地的入口处，或广场的中央，即游人视线交汇处，构成视觉中心，几种布置方式如图3.34所示。花坛的平、立面造型应根据所在园林空间环境特点、尺度大小、拟栽花木生长习性及观赏特点而定。

树池一般设在道路两侧和道路的分车带上、广场上、建筑前或与花坛结合布置。

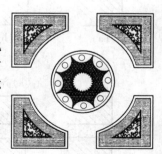

图3.33　组合花坛

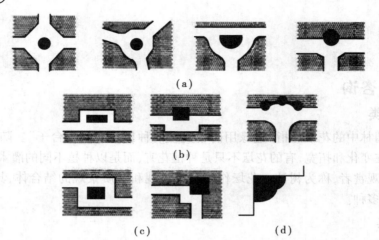

图 3.34　花坛的几种布置位置
(a)位于道路交叉口;(b)位于道路一侧;(c)道路转折处;(d)位于建筑一角

三、花坛建造所需材料

(一)花坛砌筑材料

(1)普通砖

(2)石材

(3)砂浆

(4)混凝土

(二)花坛装饰材料

1)砌体材料

花坛砌体材料主要是砖、石块等,通过选择砖、石块的颜色、质感及砌块的组合与勾缝的变化,形成美的外观,如图 3.35、图 3.36 所示。

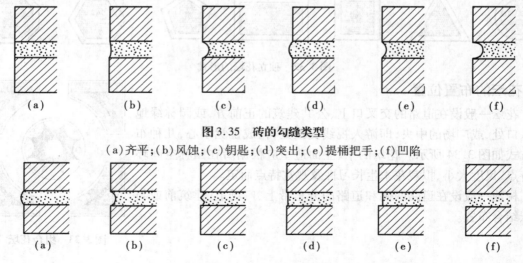

图 3.35　砖的勾缝类型
(a)齐平;(b)风蚀;(c)钥匙;(d)突出;(e)提桶把手;(f)凹陷

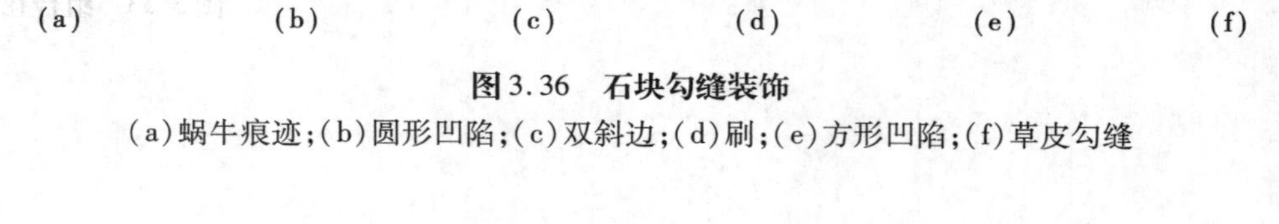

图 3.36　石块勾缝装饰
(a)蜗牛痕迹;(b)圆形凹陷;(c)双斜边;(d)刷;(e)方形凹陷;(f)草皮勾缝

（1）砖的勾缝类型

①齐平：齐平是一种平淡的装饰缝，雨水直接流经墙面，适用于露天的情况。通常用泥刀将多余的砂浆去掉，并用木条或麻布打光。

②风蚀：风蚀的坡形剖面有利于排水。其上方 2 ~ 3 mm 的凹陷在每一砖行产生阴影线。有时将垂直勾缝抹平以突出水平线。

③钥匙：钥匙是用窄小的弧线工具压印而成更深的装饰缝。其阴影线更加美观，但对于露天的场所不适用。

④突出：突出是将砂浆抹在砖的表面。它将起到很好的保护作用，并伴随着日晒雨淋而形成迷人的乡村式外观。可以选择与砖块的颜色相匹配的砂浆，或用麻布打光。

⑤提桶把手：提桶把手的剖面图为曲线形，它利用圆形工具获得，该工具是镀锌桶的把手。提桶把手适度地强调了每块砖的形状，而且能防日晒雨淋。

⑥凹陷：凹陷是利用特制的"凹陷"工具，将砖块间的砂浆方方正正地按进去，强烈的阴影线夸张地突出了砖线。本方法只适用于非露天的场地。

（2）石块勾缝装饰

①蜗牛痕迹：蜗牛痕迹使线条纵横交错，使人觉得每一块石头都与相邻的石头相配。当砂浆还是湿的时候，利用工具或小泥刀沿勾缝方向划平行线，使砂浆砌合变得更光滑、完整。

②圆形凹陷：利用湿的弯曲的管子或塑料水管，在湿砂浆上按入一定深度。这使得每块石头之间形成强烈的阴影线。

③双斜边：利用带尖的泥刀加工砂浆，产生一种类似鸟嘴的效果。本方法需要专业人员去完成，以求达到美观的效果。

④刷："刷"是在砂浆完全凝固之前，用坚硬的铁刷将多余的砂浆刷掉而呈现出的外观效果。

⑤方形凹陷：如果是正方形或长方形的石块，最好使用方形凹陷。方形凹陷需要用专用工具处理。

⑥草皮勾缝：利用泥土或草皮取代砂浆，本方法只有在石园或植有绿篱的清水石墙上才适用。要使勾缝中的泥土与墙的泥土相连以保证植物根系的水分供应。

2）贴面材料

3）装饰抹灰

4）其他材料

随着装饰材料及生产工艺的发展，一些新材料应用于花坛及树池的砌体围合之中，充当矮栏，表现很强的装饰效果，如金属材料、加工木料、塑料制品等。

四、花坛砌体结构

（1）砖砌体结构花坛　如图 3.37（a）所示。

（2）钢筋混凝土与砖砌体结构花坛　如图 3.37（b）所示。

（3）钢筋混凝土砌体结构花坛　如图 3.37（c）所示。

（4）石材砌体结构花坛　如图 3.37（d）所示。

（5）混凝土砌体结构花坛　如图 3.37（e）所示。

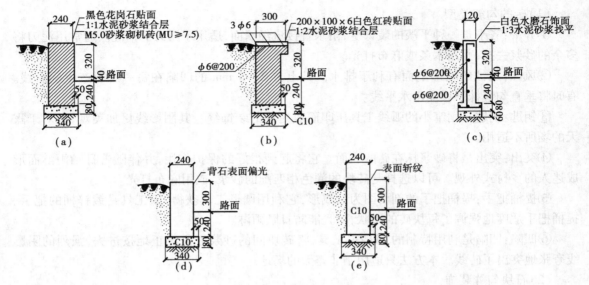

图 3.37　花坛砌体结构

任务实施

一、砖砌花坛施工

（1）定点放线　根据花坛设计要求,将圆形花坛砌体图形放线到地面上,具体操作方法如下:

①在地面上找出花坛中心点,并打桩定点;

②以桩点为圆心以 R 为半径划出两个同心圆,用白灰在地面上做好标记。

（2）基础处理

①放线完成后,按照已有的花坛边缘线开挖基槽。

②基槽开挖宽度应比墙体基础宽 100 mm 左右,深度根据设计而定,一般在 120 mm。

③槽底要平整,素土夯实。

④根据设计尺寸,确定花坛的边线及标高,并打设龙门桩。在混凝土基础边外,放置施工挡板,在挡板上划出标高线,采用 C10 混凝土作基础,厚 80 cm。

（3）砌筑施工

①砌筑前,应对花坛位置尺寸及标高进行复核,并在混凝土基础上弹出其中心线及水平线。

②对砖进行浇水湿润,其含水率一般控制在 10% ~15%。

③对基层砂灰、杂物进行清理并浇水湿润。

④用 M5.0 混合砂浆,MU≥7.5 标准砖砌筑,高为 560 mm。选用"一顺一丁"砌法,即一层顺砖与一层丁砖相互间隔砌成。要求砂浆饱满,上下错缝,内外搭接,灰缝均匀。

⑤墙砌筑好之后,回填土将基础埋上,并夯实。

（4）花坛装饰

①用水泥和粗砂配 1∶2.5 的水泥砂浆对墙体抹面，抹平即可，不要抹光。

②最后，根据设计要求，用 20 mm 厚米黄色水刷石饰面。

（5）种植床整理

当花坛装饰完成后，对种植床进行整理。在种植床中，填入较肥沃的田园土，有条件的再填入一层肥效较长的有机肥作为基肥，然后进行翻土作业，一面翻土，一面挑选、清除土中杂物。把表层土整细、耙平，以备植物图案放线，栽种花卉植物。

二、五色草立体花坛施工

（1）分析设计图案

①五色草立体花坛是利用不同种类的五色草，配置草花、灌木，建造立体景物或组成文字，美观高雅，富有诗情画意。

②本立体（造型）花坛，以五色草为主体，其他花木作配材，动物造型为大象，图案设计简洁大方。

（2）骨架制作　制作之前，要根据所设计的大象立体形象，用泥或石膏、木材等按比例制作模型。骨架也叫架林，是动物造型的支撑体，一般情况要按大象的形象，设计出大小宽窄和高度相宜的骨架。骨架用工字钢、角钢、钢筋焊接制作，也可用木材、竹材或砖石等材料制作。骨架结构要坚固，按预计的承重力选择用料，绝对避免用材不合理出现变形或倒塌。骨架表面焊上细钢筋，每根长 8～10 cm，骨架中间必须要加固立柱，起支撑和承重作用（图 3.38）。

（a）　　　　　　　　　　　　　　　（b）

图 3.38　骨架制作与安装

（3）骨架安装　注意骨架各边的尺寸，要小于原设计 8～10 cm，用于在骨架上铺网、缠草、抹泥、栽草等。整个大象形体下面要求有十字铁作基础，灌筑于地下深约 1 m，以防止倾斜。

（4）搭荫棚、缠草把　为防止泥浆暴晒而干裂，在缠草之前必须先立支架，搭上荫棚，同时也可避免雨水冲刷，然后再往骨架上缠绕带泥草绳。东北地区用谷草、稻草蘸上肥沃而有黏着力稀泥，拧成 5～10 cm 粗的草辫子，当地叫拉和辫子。工作时由下而上编缠，厚度为 5～10 cm。如果所造的景物较小较精细，草辫宜随之变细。拉和辫子所用的材料，必须是新草，因新草拉力大，可延长腐烂时间。在缠草辫子过程中，中间空隙要用土填实，以解决五色草吸收水分和养分（图 3.39）。

(a)   (b)

图 3.39   缠草把

(5)栽五色草   栽草本着先上后下,先左后右,先放线栽出轮廓,然后再顺序栽植。栽植要细心,选草适当,密度适宜,并要均匀地划分株行。栽植时一般用稍尖的木棒挖栽植穴,栽后要按实。栽时注意苗和体床面呈锐角,一般45°~60°锐角栽植,小苗斜向上生长,着光好,根系也可自然向下,抗旱性好,浇水时不易被冲掉(图3.40)。

(6)养护管理   五色草立体花坛的养护工作对于保持花坛的造型效果有着重要的作用,要求比较细致,而且要坚持经常养护管理,主要有浇水、拔除杂草和修剪(图3.41)。

(a)   (b)

图 3.40   栽五色草

①水分管理:由于土层薄,含水少,小苗生长慢,栽后一周内每天喷水两次,保持土壤潮湿,待小苗长根与土壤密接后,可适当减少浇水量。

②定型修剪:五色草立体花坛栽后半个月就要进行修剪,在7—8月份生长旺季时,最好每半个月修剪一次。修剪时要根据花坛纹样剪得凸凹有致,线条要保持平直,以突出观赏效果。纹样两侧要剪成坡面,这样可形成浮雕效果,另外在修剪时,可同时进行除杂和补苗工作。补苗时一定要按原要求,缺什么苗补什么苗,以便保护设计效果。

③病虫害控制:五色草易受地老虎危害,可在栽植前用3%呋喃丹颗粒剂防治,每平方米用

(a)　　　　　　　　　　　　　　　　　(b)

图3.41　养护管理

药量为3~5 g。用药量不宜过多,施药过多不仅浪费,还影响花草的根部发育。生长季节,天旱时易发生红蜘蛛、蚜虫等,可用乐果1 500倍液喷洒防治。

任务考核

一、砖砌花坛施工

序　号	任务考核	考核项目	考核要点	分　值	得　分
1	过程考核	定点放线	放线方法正确,精度符合要求	15	
2		基础处理	基槽素土夯实,采用C10混凝土作基础达到厚度要求	15	
3		砌筑施工	使用标准砖,砌筑方法正确,上下错缝,灰缝均匀,回填土夯实	20	
4		花坛装饰	花坛墙体装饰符合设计要求	20	
5	结果考核	种植床整理	床土耕翻到位,表土整平、耙细,植床中间稍高,四周稍低	15	
6		花坛外观	花坛外观达到设计要求,并能栽植花卉	15	

二、五色草立体花坛施工

序 号	任务考核	考核项目	考核要点	分 值	得 分
1	过程考核	骨架制作	骨架材料选择及加工方法正确,细钢筋密度符合要求,焊接方法正确	20	
2		骨架安装	十字铁作基础正确,浇灌深度符合要求	10	
3		缠草把	立架搭荫棚,拉和辫子正确,厚度适宜,中间空隙填土压实	20	
4	结果考核	栽五色草	选草适当,栽植方法及顺序正确,操作细心,密度适宜	20	
5		养护管理	浇水、定型修剪及时,病虫害控制到位	20	
6		造型效果	大象造型达到设计要求,美观大方	10	

 巩固训练

在某大学校园,将于道路的一侧砌筑一矩形花坛,其花坛结构参照图 3.37(a)。要求如下:基槽素土夯实,30~50 mm 粗砂作垫层,标准砖砌筑墙体,勾缝装饰,花岗石压顶处理。让学生参加砖砌花坛的全部施工过程并完成任务。

一、材料及用具

花坛施工图、砖、水泥、中砂、花岗石、经纬仪、夯、手锤、镐、铁锹、木抹子、皮尺、水平尺、钢卷尺等。

二、组织实施

①将学生分成 4 个小组,以小组为单位进行花坛施工;

②按下列施工步骤完成施工任务:

定点放线→基础处理(砖砌)→砌筑施工→压顶处理→花坛装饰(勾灰缝)。

三、训练成果

①每人交一份训练报告,并参照上述任务考核进行评分;

②根据砖砌花坛结构设计要求,完成施工。

拓展提高

园　椅

一、园椅的分类

园椅是指高出地面、供人们休息、眺望远景的装饰小品设施。其种类极多,形状各异,可从材料与外形两个方面进行分类。

(1)材料分类　有人工材料与自然材料两类,其中人工材料包括金属类、陶瓷品、塑胶品、水泥类、砖材类,自然材料包括土石和木材两类。

(2)外形分类　有椅形、凳形、鼓形、不定形、兼用形,见表3.3。

表3.3　园椅分类及使用材料一览表

分　类			说　明
材料	人工材料	金属类	一般铁制品较多,如铁筋、方铁管、铁管。质感甚重应用隔条透空做法
		陶瓷品	黏土制造,可加火烧成各式造型美观、色彩鲜艳之陶瓷制园椅
		塑胶品	冷胶、玻璃纤维、塑钢等
		水泥类	混凝土制造
		砖材类	砖块堆砌成
	自然材料	土石	土堤椅、原石、石板、石片等。尚有大理石可表现人工整齐美观
		木材	原木、木板、竹藤等,此类材质椅亲和力高,如藤制椅塑造方便,材质清爽凉块
外形		椅形	后有靠背、两侧有扶手者
		凳形	四面无依靠者
		鼓形	下面没有凳脚,形状规则
		不定形	形状没有一定,如天然石块及树根
		兼用形	利用池边缘、花坛边缘及台阶、雕塑石、玩具或其他设施兼作园椅之用

二、园椅配置应考虑的问题

①园椅避免设在阴湿地、陡坡地、强风吹袭场所等条件不良或影响人出入的地方。

②园椅在路的两侧设置时,宜交错布置,切忌正面相对;在路的尽头设置时,应在尽头开辟出一小场地,将园椅布置在场地周边。

③园椅在园路拐弯处设置时,应开辟出一小空间;在规则式广场设置时,宜布置在周边。

④园椅应尽量安排在落叶阔叶树下,这样夏季可乘凉,冬季树落叶后又可晒太阳。

三、园椅的安装工序

(1)确定安置位置　根据设计和场地周围地面标高,确定园椅合适的安置位置。

（2）浇筑混凝土预埋件　　按园椅设计要求规格，将挖掘坑底部夯实后，现浇混凝土预埋件。

（3）安装与固定　　待混凝土预埋件完全凝固即可安置园椅，并进行地面铺装。

学习小结

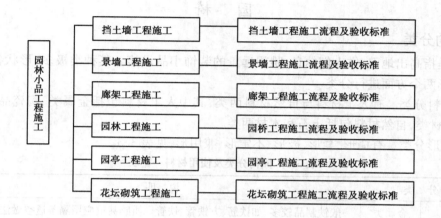

目标检测

一、复习题

（1）景墙的类型及施工要点？

（2）挡土墙的施工技术要点有哪些？

（3）廊架的特点与施工技术？

（4）花坛的种类和施工技术？

（5）景亭的种类及施工技术？

（6）园桥的施工技术？

二、思考题

（1）如何将多种园林建筑小品有机地结合在一起？

（2）园林小品在园林景观中的作用是什么？

三、实训题

园林建筑小品施工设计实训

（1）实训目的　　掌握园林建筑小品施工图的绘制方法；明确园林建筑常用材质。

（2）实训方法　　学生以小组为单位，进行场地实测、施工图设计、备料和放线施工。

（3）实训步骤

①绘制景亭的建筑施工图；

②绘制当地常见园林小品建筑施工图。

项目 4 园林水景工程施工

【项目目标】

- 掌握人工湖工程施工流程及施工方法;
- 掌握水池工程施工流程及施工方法;
- 掌握溪涧工程施工流程及施工方法;
- 掌握瀑布工程施工流程及施工方法;
- 掌握喷泉工程施工流程及施工方法;
- 掌握驳岸工程施工流程及施工方法。

【项目说明】

水是园林中的灵魂,有了水才能使园林产生很多生气勃勃的景观。"仁者乐山,智者乐水",寄情山水的审美理想和艺术哲理深深地影响着中国园林。水是园林空间艺术创作的一个重要园林要素,由于水具有流动性和可塑性,因此园林中对水的设计实际上是对盛水容器的设计。

水池、溪涧、河湖、瀑布、喷泉等都是园林中常见的水景设计形式,它们静中有动,寂中有声,以少胜多渲染着园林气氛。本项目共分 6 个任务来完成:人工湖工程施工;水池工程施工;溪涧工程施工;瀑布工程施工;喷泉工程施工;驳岸工程施工。

任务 1　人工湖工程施工

知识点:了解人工湖工程的基础知识,掌握人工湖工程施工的工艺流程和验收标准。

能力点:能根据施工图进行人工湖工程施工、管理与验收。

任务描述

人工湖是人工依地势就低挖掘而成的水域,沿岸因境设景,自然天成图画,园林中常利用湖体来营造水景,应充分体现湖的水光特色。在人工湖设计中首先要注意湖岸线的水滨设计,注意湖岸线的"线形艺术",以自然曲线为主,讲究自然流畅,开合相映;其次要注意湖体水位设计,选择合适的排水设施,如水闸、溢流孔(槽)、排水孔等;最后要注意人工湖的基址选择,应选择壤土、土质细密、土层厚实之地,不宜选择过于黏质或渗透性大的土质为湖址。如果渗透力较大,必须采取工程措施设置防漏层。

某景区为满足景观需要,拟建一处人工湖,此项工程,首先要根据图纸要求进行人工湖的湖底施工,施工过程中注意人工湖的防渗处理;要严格按照图纸的要求选择材料,在景石摆放的过程中应注意园林美学知识的应用。按照图纸要求布置进水口、排水口和溢水口,并注意水口的隐藏。希望通过学习后能掌握人工湖工程的施工流程、施工方法、施工工艺及注意事项。

任务分析

要想成功完成人工湖工程施工,就要正确分析影响人工湖施工的因素,做好人工湖施工的前准备工作,根据人工湖的特点,学会并指导人工湖工程施工。其施工步骤为:定点放线、挖槽、湖底施工、湖岸施工、收尾、试水。具体应解决好以下几个问题:

①正确认识人工湖工程施工图,准确把握设计人员的设计意图。

②能够利用人工湖工程的知识编制切实可行的人工湖工程施工组织方案。

③能够根据人工湖工程的特点,进行有效的施工现场管理、指导工作。

④做好人工湖工程的成品修整和保护工作。

⑤做好人工湖工程竣工验收的准备工作。

任务咨询

湖属于静态水体,有天然湖和人工湖之分。前者是自然的水域景观,如著名的南京玄武湖、杭州西湖、扬州的瘦西湖、武汉的东湖、广东星湖等。人工湖则是人工依地势就低挖掘而成的水域,沿岸因境设景,自然天成,如深圳仙湖、苏州金鸡湖和一些现代公园的人工大水面。湖的特点是水面宽阔而平静,具有平远开朗之感。此外,湖往往有一定的水深以利于水产养殖。湖岸线自然流畅,可以是人工驳岸或自然式护坡,并结合其他景观建设。同时,根据造景需要,还常在湖中利用人工堆土成小岛,用来划分水域空间,使水景层次更为丰富。

一、人工湖的分类

1)按结构分类

(1)简易湖　简易湖指由人工挖掘的,池底、池壁只经过简单夯实加固的自然式湖体,这种湖一般建设在地下水位较低之处(图4.1)。在施工过程中,根据图纸要求进行定点放线,按图纸的要求进行开挖,当水池的基本轮廓挖掘完成后进行池底和池壁的处理。池底施工通常采取素土夯实或3:7灰土夯实的方法防渗,若当地土质条件为黏土,则防渗效果更为理想;湖壁的施工也采取素土夯实的办法(一般采用植物作为护坡材料),根据图纸要求的湖壁坡度进行分层夯实加固;最后根据图纸要求做好进水口、排水口和溢水口的施工。这种简易湖虽施工简便,冻胀对它的破坏较小,但池壁不够坚固,经过波浪的反复冲刷易发生局部坍塌,池底虽做夯实处理但仍会有少量水渗漏,所以要经常补水。

图4.1　简易湖

(2)硬质驳岸湖　驳岸指在园林水体边缘与陆地交界处,为稳定岸壁,保护湖岸不被冲刷或水淹所设置的构筑物。硬质驳岸湖指驳岸由石材砌筑而成的湖,中国古典园林中的水池多为石砌驳岸湖,如图4.2所示。石砌驳岸湖的施工是先根据图纸挖出水池轮廓,再根据图纸要求制作池底,一般为素土夯实或3:7灰土夯实。驳岸采用石材砌筑,在常水位及以上部分采用自然山石材料加以装饰,来创造自然的野趣。在施工过程中要注意驳岸的墙身位置尽量不透水,施工时在墙体石缝间灌入水泥砂浆,并用水泥勾缝。但要注意,露在常水位以上的自然山石不要勾缝,以免破坏自然效果。

图4.2　某学院硬质驳岸湖

（3）混凝土湖　混凝土湖指人工湖的湖底和湖壁均由水泥浇筑,这种水池一般较小,多以规则形式出现。

2）按人工湖平面形状分类

在园林造景中建造人工湖,最重要的是做好水体平面形状的设计,人工湖的平面形状直接影响水景形象表现及其景观效果。根据曲线岸边的不同围合情况,水面可设计为多种形状,如肾形、葫芦形、兽皮形、钥匙形、菜刀形、聚合形等(图4.3)。设计这类水体形状应注意的是:水面形状宜大致与所在地块的形状保持一致,仅在具体的岸线处理给予曲折变化。设计成的水面要尽量减少对称、整齐的因素。

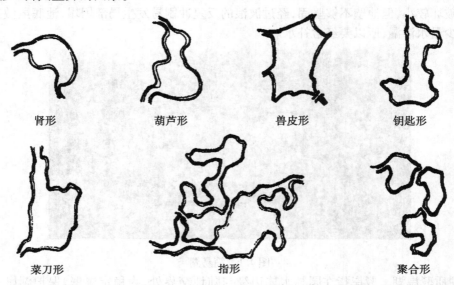

肾形　　　　葫芦形　　　　兽皮形　　　　钥匙形

菜刀形　　　　　　　指形　　　　　　　聚合形

图4.3　自然式人工湖平面示例

二、人工湖的布置要点

根据园林的现有水体或利用低地,挖土成湖,要充分体现湖的水光特色。

①要注意湖岸线的水滨设计,注意湖岸线的"线形艺术",以自然曲线为主,讲究自然流畅,开合相映。

②要注意湖体水位设计,选择合适的排水设施,如水闸、溢流孔(槽)、排水孔等,最好能够有一定的汇水面,或人工创造汇水面,通过自然降水(雨、雪)的汇入补充湖水。

③要注意人工湖的基址选择,应选择壤土、土质细密、土层厚实之地,不宜选择过于黏质或渗透性大的土质为湖址。如果渗透力较大,必须采取工程措施设置防漏层。

三、湖的工程设计

（1）水源选择

①蓄积天然降水(雨水或雪水);

②引天然河湖水;

③池塘本身的底部有泉;

④打井取水;

⑤引入城市用水。

以上①,②为园林中最为理想的水源,通过引入自然湖、河水或汇集的天然降水补充园林景观用水和植物养护用水,既节约资源,也节约能量。选择水源时应根据用水的需要考虑地质、卫生、经济上的要求,并充分考虑节约用水。

(2)人工湖基址对土壤的要求　人工湖平面设计完成后,要对拟挖湖所及的区域进行土壤探测,为施工技术设计做准备。

①黏土、砂质黏土、壤土,土质细密、土层深厚或渗透力小的黏土夹层是最适合挖湖的土壤类型。

②以砾石为主,黏土夹层结构密实的地段,也适宜挖湖。

③砂土、卵石等容易漏水,应尽量避免在其上挖湖。如漏水不严重,要探明下面透水层的位置深浅,采用相应的截水墙或用人工铺垫隔水层等工程措施。

④基土为淤泥或草煤层等松软层,须全部挖出。

⑤湖岸立基的土壤必须坚实。黏土虽透水性小,但在湖水到达低水位时,容易开裂,湿时又会形成松软的土层、泥浆,故单纯黏土不能作为湖的驳岸。为实际测量漏水情况,在挖湖前对拟挖湖的基础需要进行钻探,要求钻孔之间的最大距离不得超过100 m,待土质情况探明后,再决定这一区域是否适合挖湖,或施工时应采取的工程措施。

(3)水面蒸发量的测定和估算　对于较大的人工湖,湖面的蒸发量是非常大的,为了合理设计人工湖的补水量,测定湖面水分蒸发量是很有必要的。目前,我国主要采用置 E-601 型蒸发器测定水面的蒸发量,但其测得的数值比水体实际的蒸发量大,因此须采用折减系数,年平均蒸发折减系数一般取 0.75 ~ 0.85。水量损失主要是由于风吹、蒸发、溢流、排污和渗漏等原因造成的损失。一般按循环水流量或水池容积的百分数计算(表4.1)。

表4.1　水体水量损失

水景形式	风吹损失占循环水流量的百分比/%	蒸发损失占循环水流量的百分比/%	溢流、排污损失以每天排污量占水池容积的百分比/%
喷泉	0.5 ~ 1.5	0.4 ~ 0.6	3 ~ 5
水膜、水塔、孔流	1.5 ~ 3.5	0.6 ~ 0.8	3 ~ 5
瀑布、水幕、跌水、静池	0.3 ~ 1.2	0.2	2 ~ 4

(4)人工湖渗漏损失　人工湖水体渗透损失非常复杂,对于园林水体,可参考表4.2所列进行估算。

表4.2　水体渗透损失

渗漏损失	全年水量损失(占水体体积的百分比)/%
良好	5 ~ 10
中等	10 ~ 20
不好	20 ~ 40

根据湖面蒸发水的总量及渗漏水的总量可计算出湖水体积的总减少量,依此可计算最低水位;结合雨季进入湖中雨水的总量,可计算出最高水位;结合湖中给水量,可计算出常水位,这些

都是进行人工期的驳岸设计必不可少的数据。

任务实施

一、施工前的准备工作

在施工前要做好详细的现场勘察,对施工范围内地上及地下的障碍物进行确认和记录,并确认处理方法。对现场的土质情况进行勘察,若池底做简易防水施工,需检验基址土质的渗水情况和地下水位的高低情况,以验证图纸中池底结构是否合理,结合实际情况制订施工计划。

(1)图纸准备 认真核对所有资料,仔细分析设计图纸,并按设计图纸确定土方量。

(2)勘察现场 根据工程图纸针对施工项目的现场条件进行全面考察,包括经济、地理、地质、气候、法律环境等情况,对工程建设项目一般应至少了解以下内容:

①施工现场是否达到规划设计材料的条件;

②施工的地理位置和地形、地貌;

③施工现场的地址、土质、地下水位、水文等情况;

④施工现场的气候条件,如气温、湿度、风力等;

⑤现场的环境,如交通、供水、供电、污水排放等;

⑥临时用地、临时设施搭建等,即工程施工过程中临时使用的工棚、堆放材料的库房以及这些设施所占地方等。

(3)考察基址渗漏状况 部分湖底的渗透性特别小,好的湖底全年水量损失占水体体积5%~10%,因此不需特别的湖底处理,适当夯实即可;一般湖底10%~20%;较差的湖底20%~40%,以此制订施工方法及工程措施。

(4)做好排水处理 湖体施工时排水尤为重要。如水位过高,施工时可用多台水泵排水,也可通过梯级排水沟排水,由于水位过高,为避免湖底受地下水的挤压而被抬高,必须特别注意地下水的排放。通常用15 cm厚的碎石层铺设整个湖底,上面再铺5~7 cm厚沙子就足够了。如果这种方法还无法解决,则必须在湖底开挖环状排水沟,并在排水沟底部铺设带孔聚氯乙烯(PVC)波纹管,四周用碎石填塞(图4.4),会取得较好的排水效果。

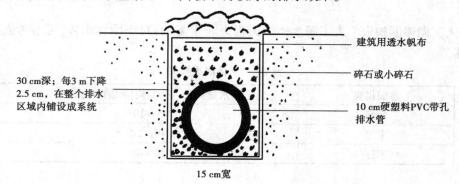

图 4.4 PVC 排水管铺设

通常基址条件较好的湖底不做特殊处理,适当夯实即可。但渗漏性较严重的必须采取工程手段。常见的措施有灰土层湖底、塑料薄膜湖底和混凝土湖底等做法。

二、基础放样及开槽

（1）基础放样　严格依据施工图纸要求进行放线,由于该人工水湖为自然式形状,所以放线时可根据图纸中所绘制的方格网进行放线。这种放线方法适用于不规则图形的放线。水平放线时,利用经纬仪和钢尺,在施工场地内把施工图的方格网测设到实地,打桩时,先沿湖池外缘 15～30 cm 打一圈木桩,第一根桩为基准桩,其他桩皆以此为准。基准桩即是湖体的池缘高度,打桩时要注意保护好标志桩、基准桩。

然后,将图上水池驳岸线与方格网的各个交点的位置准确地测设在现场的方格网上,并用平滑的石灰线连接各交点。桩打好后并预先准备好开挖方向及土方堆积方法。在撒石灰线的过程中,可根据自然曲线的要求进行简单调整,以达到自然、美观的效果。所放出的平滑曲线即为水池基础的施工范围。竖向放线时,根据图纸要求,利用水准仪进行竖向放线,对测设好的标高点进行打桩,并在桩上做好标高的标记。

（2）开槽　本任务中的人工湖开槽可以采取人工开槽与机械开槽相结合的方法。在开槽的过程中,注意操作范围应向外增加一定宽度的工作面,先由机械进行粗糙施工,以便快速完成绝大多数的土方挖掘任务;然后由人工对基槽内机械不便施工的位置进行挖掘,对自然式驳岸线进行细致的雕琢,并对较陡的边坡进行加固;最后对基槽底部进行平整。在机械施工过程中注意桩点的保护,以便于后期施工。所挖出的表土可先堆放在基槽外围,以便施工结束后的回填或用于种植植物。利用机械将基槽夯实坚固密实后,利用水准仪对基槽进行标高校对（校对的精确度取决于所选择的校对点的多少）。若基槽标高低于设计标高时,应用原土回填并夯实。开槽过程中如有地下水渗出,应及时排除。

三、湖底施工

湖底做法应因地制宜。大面积湖底适宜于灰土做法;较小的湖底可以用混凝土做法;铺塑料薄膜适合湖底渗漏中等的情况。图4.5所示是几种常见的湖底施工方法。

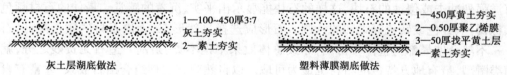

灰土层湖底做法 　　　1—100～450厚3:7灰土夯实　2—素土夯实

塑料薄膜湖底做法 　　　1—450厚黄土夯实　2—0.50厚聚乙烯膜　3—50厚找平黄土层　4—素土夯实

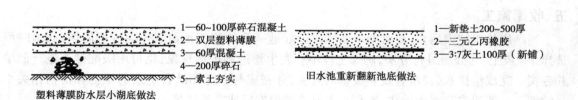

塑料薄膜防水层小湖底做法 　　　1—60～100厚碎石混凝土　2—双层塑料薄膜　3—60厚混凝土　4—200厚碎石　5—素土夯实

旧水池重新翻新池底做法 　　　1—新垫土200～500厚　2—三元乙丙橡胶　3—3:7灰土100厚（新铺）

图4.5　几种简易湖底的做法

本任务的水池池底做法为素土夯实加 500 mm 厚3:7灰土（石灰和土按体积比为3:7的比例混合。若使用黏性土配制时,灰土强度比砂性土所配制的灰土强度高出 1～2 倍）分层夯实。石灰和土在使用前必须过筛,土的粒径不得大于 15 mm,灰的粒径不得大于 5 mm。把石灰和土搅拌均匀,并控制加水量,以保证灰土的最佳使用效果。将拌好的灰土均匀倒入槽内指定的地点,但不得将灰土顺槽帮流入槽内,若用人工夯筑灰土时,每层填入的灰土约 25 cm 厚,夯实后灰土约为 15 cm 厚。采用蛙式夯实机进行夯实时,每层填入的灰土厚 20 ~ 25 cm。夯实是保证灰土基础质量的关键,打夯的遍数以使灰土的密实度达到规范所规定的数值为准,并确保表面无松散、起皮现象。在夯实过程中可适当洒水,以提高夯实的质量。夯打完后及时加以覆盖,防止日晒雨淋。

四、湖岸施工

本任务中湖岸的做法为混凝土墙体加湖石装饰。

(1)垫层施工　做法是在素土夯实的基础上,加 100 mm 厚碎石垫层。碎石材料宜质地坚硬、强度均匀,最大粒径不得大于垫层厚度的 2/3。碎石应级配均匀,在填筑前应作级配试验,以保证符合技术要求。碎石垫层应分层铺筑,每层厚度一般为 15 ~ 20 cm,不宜超过 30 cm,并用木桩控制每层的厚度及垫层的标高。碎石铺设时应处于同一标高上,当池底深度不同时,应将基土面挖成踏步或斜坡形,搭接处应注意压实,施工顺序为先浅后深。若填筑时发现局部碎石级配不均,应将其挖出,并用符合级配要求的碎石回填。碎石垫层夯实前应适当洒水,使碎石的含水量保持在 8% ~ 12%,相邻的夯实位置应有一定的搭接,夯实次数应不少于 3 遍。在最后一遍夯实前应拉线找平,以便夯实后达到设计标高。

(2)混凝土墙体施工　本任务中湖岸的基础和墙体为 C15 混凝土整体浇筑。混凝土保证搅拌均匀,若在加有添加剂的条件下施工时(粉末状添加剂同水泥一并加入,液体状添加剂与水同时加入),应延长搅拌时间。在浇筑前,应清除模板和钢筋上的杂物、污垢,将搅拌好的混凝土浇入事先做好的模具内,每浇筑一层混凝土都应及时均匀振捣。混凝土振捣采用赶浆法,以保证上下层混凝土接茬部位结合良好,并防止漏振,确保混凝土密实。振捣上一层时应插入下层约 50 mm,以消除两层之间的接茬。振捣棒移动的间距,应能保证振动器的有效覆盖范围,以振实振动部位的周边。浇筑结束后注意混凝土墙体的覆盖及浇水养护。

(3)湖石安装施工　在本任务中,石材应选择未经切割过,并显示出风化痕迹的石块,或被河流、海洋强烈冲击或侵蚀的石块,这样的石块能显示出平实、沉着的感觉。最佳的石材颜色是蓝绿色、棕褐色、红色或紫色等柔和的色调。石形应选择自然形态,无论石材的质量高低,石种必须统一,不然会使局部与整体不协调,导致总体效果不伦不类、杂乱。造石无贵贱之分,就地取材,随类赋型,最有地方特色的石材也最为可取。以自然观察之理组合山石成景,才富有自然活力。施工时必须从整体出发,这样才能使石材与环境相融洽,形成自然的和谐美。

五、收尾施工

当湖岸施工结束后,需要对湖岸墙体靠近陆地一侧的施工预留工作面进行回填,回填时可选择 3:7 灰土,并分层进行夯实,确保土体不会发生渗透和坍塌现象;也可用级配砂石进行回填并夯实。完成给排水、溢水管线和设备的安装,并完成与水池相结合造景的植物和植物相关小品的施工。若池内有水生植物,需在水中放置种植器皿或在池底填入一定厚度的种植土。

六、试水

根据设计要求,对水池的给排水设备进行检验,查看其是否通畅,设备运转是否正常。检查人工湖的防水效果是否达到设计要求,有无渗水现象的发生。

任务考核

序号	任务考核	考核项目	考核要点	分值	得分
1	过程考核	施工图识读	掌握图纸表达内容	15	
2		湖底的施工	能按照湖底施工的工艺流程进行施工	15	
3		湖岸的施工	掌握湖岸施工的工艺流程	15	
4		试水	设备运转正常，无渗漏现象	20	
5	结果考核	工程质量	施工规范，工艺正确，能够达到相应工程质量标准	20	
6		湖景观效果	能够实现规划设计方案的景观效果，实用美观	15	

巩固训练

某校园欲建一处人工湖，人工湖湖底为素土夯实、湖岸为砌石湖岸并进行块石护坡，试建造该人工湖。

一、材料及用具

人工湖平面图及人工湖湖底、砌石驳岸施工图、块石护坡施工图、水泥、中砂、毛石、块石、水平仪、钢尺等。

二、组织实施

①将学生分成3个小组，以小组为单位进行人工湖分段施工；

②按下列施工内容完成施工任务：

湖底、驳岸、护坡。

三、训练成果

①每人交一份训练报告，并参照人工湖施工任务考核进行评分；

②根据校园人工湖设计要求，完成人工湖施工。

拓展提高

护坡工程施工

在园林中,自然山地的陡坡、土假山的边坡、园路的边坡和水池岸边的陡坡,有时为顺其自然不做驳岸,而是改用斜坡伸向水中,这就要求能就地取材,采用各种材料做成护坡。护坡主要是防止滑坡,减少水和风浪的冲刷,以保证岸坡的稳定。

一、园林护坡的类型和作用

1)块石护坡(图4.6)

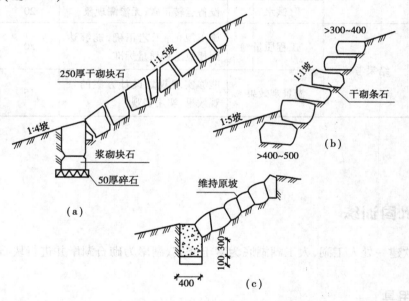

图4.6　块石护坡(单位:mm)

2)园林绿地护坡

(1)草皮护坡　当岸壁坡角在自然安息角以内,地形若在1:20～1:5起伏,这时可以考虑用草皮护坡,即在坡面种植草皮或草丛,利用土中的草根来固土,使土坡能够保持较大的坡度而不滑坡。

(2)花坛式护坡　将园林坡地设计为倾斜的图案、文字类模纹花坛或其他花坛形式,既美化了坡地,又起到了护坡的作用。

(3)石钉护坡　在坡度较大的坡地上,用石钉均匀地钉入坡面,使坡面土壤的密实度增长,抗坍塌的能力也随之增强。

(4)预制框格护坡　一般是用预制的混凝土框格覆盖、固定在陡坡坡面,从而固定、保护了坡面;坡面上仍可种草种树。当坡面很高、坡度很大时,采用这种护坡方式比较好。因此,这种护坡最适于较高的道路边坡、水坝边坡、河堤边坡等的陡坡。

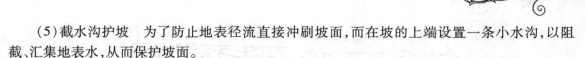

（5）截水沟护坡　为了防止地表径流直接冲刷坡面,而在坡的上端设置一条小水沟,以阻截、汇集地表水,从而保护坡面。

（6）编柳抛石护坡　采用新截取的柳条十字交叉编织。编柳空格内抛填厚 200 ~ 400 mm 的块石,块石下设厚 10 ~ 20 cm 的砾石层以利于排水和减少土壤流失。柳格平面尺寸为 1 m × 1 m 或 0.3 m × 0.3 m,厚度为 30 ~ 50 cm。柳条发芽便成为较坚固的护坡设施。

近年来,随着新型材料的不断应用,用于护坡的成品材料也层出不穷,不论采用哪种形式的护坡,它们最主要的作用基本上都是通过坚固坡面表土的形式,防止或减轻地表径流对坡面的冲刷,使坡地在坡度较大的情况下也不至于坍塌,从而保护了坡地,维持了园林的地形地貌。

二、坡面构造设计与施工

各种护坡工程的坡面构造,实际上是比较简单的。它不像挡土墙那样,要考虑泥土对砌体的侧向压力。护坡设计只需要考虑的是:如何防止陡坡的滑坡和如何减轻水土流失。根据护坡做法的基本特点,下面将各种护坡方式归入植被护坡、框格护坡和截水沟护坡 3 种坡面构造类型,并对其设计方法给予简要的说明。

1）植被护坡的坡面设计与施工

这种护坡的坡面是采用草皮护坡、灌丛护坡或花坛护坡方式所做的坡面,这实际上都是用植被来对坡面进行保护,因此这 3 种护坡的坡面构造基本上是一样的。一般而言,植被护坡的坡面构造从上到下的顺序是:植被层、坡面根系表土层和底土层。各层的构造情况如下:

（1）植被层　植被层主要采用草皮护坡方式的,植被层厚 15 ~ 45 cm;用花坛护坡的,植被层厚 25 ~ 60 cm;用灌木丛护坡,则灌木层厚 45 ~ 180 cm。植被层一般不用乔木做护坡植物,因乔木重心较高,有时可因树倒而使坡面坍塌。在设计中,最好选用须根系的植物,其护坡固土作用比较好。

（2）根系表土层　用草皮护坡与花坛护坡时,坡面保持斜面即可。若坡度太大,达到60°以上时,坡面土壤应先整细并稍稍拍实,然后在表面铺上一层护坡网,最后才撒播草种或栽种草丛、花苗。用灌木护坡,坡面则可先整理成小型阶梯状,以方便栽种树木和积蓄雨水(图 4.7)。为了避免地表径流直接冲刷陡坡坡面,还应在坡顶部顺着等高线布置一条截水沟,以拦截雨水。

竹钉

草坪护坡　　　灌木护坡

图 4.7　植被护坡坡面的两种断面

（3）底土层　坡面的底土一般应拍打结实,但也可不作任何处理。

2）预制框格护坡的坡面设计与施工

预制框格有混凝土、塑料、铁件、金属网等材料制作的,其每一个框格单元的设计形状和规格大小都可以有许多变化。框格一般是预制生产的,在边坡施工时再装配成各种简单的图形。用锚和矮桩固定后,再往框格中填满肥沃壤土,土要填得高于框格,并稍稍拍实,以免下雨时流水渗入框格下面,冲刷走框底泥土,使框格悬空。以下是预制混凝土框格的参考形状及规格尺寸举例,如图 4.8 所示。

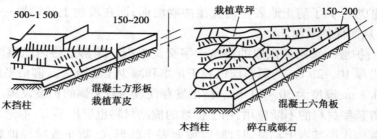

图4.8　预制框格护坡

三、护坡的截水沟设计与施工

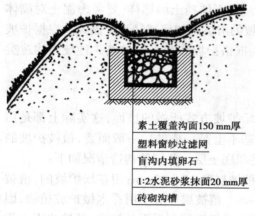

截水沟一般设在坡顶,与等高线平行。沟宽20～45 cm,深20～30 cm,用砖砌成。沟底、沟内壁用1:2水泥砂浆抹面。为了不破坏坡面的美观,可将截水沟设计为盲沟,即在截水沟内填满砾石,砾石层上面覆土种草。从外表看不出坡顶有截水沟,但雨水流到沟边就会下渗,然后从截水沟的两端排出坡外(图4.9)。

园林护坡既是一种土方工程,又是一种绿化工程;在实际的工程建设中,这两方面的工作是紧密联系在一起的。在进行设计之前,应当仔细踏勘坡地现场,核实地形图资料与现状情况,针对不同的矛盾提出不同的工程技术措施。特别是对于坡面绿化工程,要认真调查坡面的朝向、土壤情况、水源供应情

素土覆盖沟面150 mm厚
塑料窗纱过滤网
盲沟内填卵石
1:2水泥砂浆抹面20 mm厚
砖砌沟槽

图4.9　截水沟构造图

况等条件,为科学地选择植物和确定配植方式,以及制订绿化施工方法,做好技术上的准备。

任务2　水池工程施工

> 知识点:了解水池工程的基础知识,掌握水池施工的工艺流程和验收标准。
> 能力点:能根据施工图进行园林水池工程的施工、管理与验收。

任务描述

水池在园林中的用途很广泛,可用作广场中心、道路尽端以及与亭、廊、花架等各种建筑小品组合形成富于变化的各种景观效果。常见的喷水池、观鱼池、海兽池及水生植物种植池等都属于这种水体类型。水池平面形状和规模主要取决于园林总体规划以及详细规划中的观赏与功能要求,水景中水池的形态种类众多,深浅和材料也各不相同。

某校要在教学楼前建一观鱼水池,请按观鱼水池的设计要求完成施工。希望通过学习后能够熟读水池工程施工图纸,掌握水池施工的流程及施工注意事项,掌握水池施工工艺,能够指导

施工人员完成水池工程施工。

任务分析

园林上人工水池从结构上可以分为刚性结构水池、柔性结构水池、临时简易水池 3 种,具体可根据功能的需要适当选用。而此项工程是刚性结构水池,首先根据图纸要求进行水池的池底施工;其次完成池壁施工,施工时要注意防渗施工;然后做好压顶及装饰施工;最后通过试水等检验工程质量。具体应解决好以下几个问题:

①正确认识水池工程施工图,准确把握设计人员的设计意图。

②能够利用水池工程的知识编制切实可行的水池工程施工组织方案。

③能够根据水池的施工特点,进行有效的施工现场管理、指导工作。

④做好水池工程的成品修整和保护工作。

⑤做好水池工程竣工验收的准备工作。

任务咨询

同湖一样,水池也属静态水体,园林中常见的是人工水池,其形式也多种多样。它与人工湖有较大的不同,多取人工水源,并包括池底、池壁、进出水等系列管线设施。一般而言,人工池的面积较小,水较浅,以观赏为主。水池在园林中的用途很广泛,可用于广场中心、道路尽端以及亭、廊、花架等各种建筑小品组合形成富于变化的各种景观效果。

一、水池的分类

(1)刚性结构水池　刚性结构水池也称钢筋混凝土水池(图 4.10、图 4.11),特点是池底池壁均配钢筋,寿命长、防漏性好,适用于大部分水池。

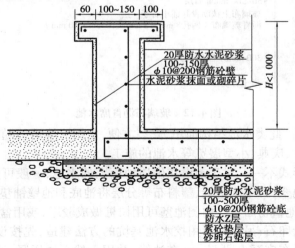

图 4.10　钢性水池(单位:mm)

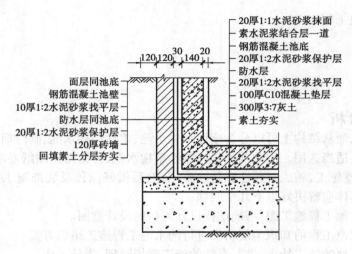

面层同池底
钢筋混凝土池壁
10厚1:2水泥砂浆找平层
防水层同池底
20厚1:2水泥砂浆保护层
120厚砖墙
回填素土分层夯实

20厚1:1水泥砂浆抹面
素水泥浆结合层一道
钢筋混凝土池底
20厚1:2水泥砂浆保护层
防水层
20厚1:2水泥砂浆找平层
100厚C10混凝土垫层
300厚3:7灰土
素土夯实

图4.11　喷泉水池结构(单位:mm)

（2）柔性结构水池　近几年,随着建筑材料的不断革新,出现了各种各样的柔性衬垫薄膜材料,改变了以往只靠加厚混凝土和加粗加密钢筋网防水的做法。例如,北方地区水池的渗透冻害,开始选用柔性不渗水材料做防水层(图4.12)。其特点是寿命长,施工方便且自重轻,不漏水,特别适用于小型水池和屋顶花园水池。目前,在水池工程中常用的柔性材料有玻璃布沥青席、三元乙丙橡胶(EPDM)薄膜、聚氯乙烯(PVC)衬垫薄膜、膨润土防水毯等。

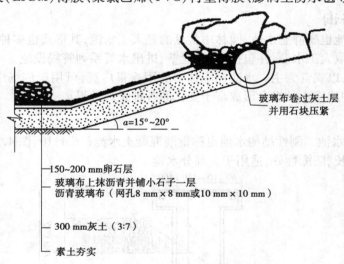

玻璃布卷过灰土层
并用石块压紧

α=15°~20°

150~200 mm卵石层
玻璃布上抹沥青并铺小石子一层
沥青玻璃布（网孔8 mm×8 mm或10 mm×10 mm）

300 mm灰土（3:7）

素土夯实

图4.12　玻璃布沥青席水池

（3）临时简易水池　此类水池结构简单,安装方便,使用完毕后能随时拆除,甚至还能反复利用。一般适用于节日、庆典、小型展览等水池的施工。

临时水池的结构形式不一。对于铺设在硬质地面上的水池,一般可采用角钢焊接、红砖砌筑或用泡沫塑料制成池壁,再用吹塑纸、塑料布等分层将池底和池壁铺垫,并将塑料布反卷包住池壁外侧,用素土或其他重物固定。内侧池壁可用树桩做成驳岸,或用盆花遮挡,池底可视需要再铺设砂石或点缀少量卵石;另一种可用挖水池基坑的方法建造,先按设计要求挖好基坑并夯实,再铺上塑料布,塑料布应至少留15 cm在池缘,并用天然石块压紧,池周按设计要求种上草坪或铺上苔藓,一个临时水池便可完成。

二、水池设计

水池设计包括平面设计、立面设计、剖面结构设计、管线设计等。

（1）平面设计　水池的平面设计显示水池在地面以上的平面位置和尺寸。水池平面可以标注各部分的高程,标注进水口、溢水口、泄水口、喷头、集水坑、种植池等的平面位置以及所取剖面的位置等内容。

（2）立面设计　水池的立面设计反映主要朝向立面的高度及变化,水池的深度一般根据水池的景观要求和功能要求而定。水池池壁顶面与周围的环境要有合适的高程关系,一般以最大限度地满足游人的亲水性要求为原则。池壁顶除了使用天然材料,表现其天然特性外,还可用规整的形式,加工成平顶或挑伸,或中间折拱或曲拱,或向水池一面倾斜等多种形式。

（3）剖面结构设计　水池的剖面设计应从地基至池壁顶注明各层的材料和施工要求。剖面应有足够的代表性。如一个剖面不足以反映时可增加剖面。

（4）管线设计　水池中的基本管线包括给水管、补水管、泄水管、溢水管等(图 4.13)。有时给水与补水管道使用同一根管子。给水管、补水管和泄水管为可控制的管道,以便更有效地控制水的进出。溢水管为自由管道,不加闸阀等控制设备以保证其畅通。对于循环用水的溪流、跌水、瀑布等还包括循环水的管道。对配有喷泉、水下灯光的水池还存在供电系统设计问题。

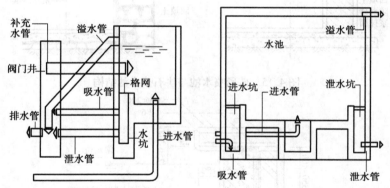

图4.13　水池管线布置示意图

水池设置溢水管,以维持一定的水位和进行表面排污,保持水面清洁。溢水口应设格栅或格网,以防止较大漂浮物堵塞管道。

水池应设泄水口,以便于清扫、检修和防止停用时水质腐败或结冰,池底都应有不小于1%的坡度,坡向泄水口或集水坑。水池一般采用重力泄水,也可利用水泵的吸水口兼作泄水。

三、水池的基本结构

园林中常用的刚性结构水池的基本结构主要由压顶、池壁、池底、防水层、基础、施工缝和变形缝等组成。

（1）压顶　压顶属池壁顶端装饰部位,作用是保护池壁,防止污水泥沙流入池内。下沉式水池压顶至少要高出地面 $5 \sim 10$ cm,且压顶距水池常水位为 $200 \sim 300$ mm。其材料一般采用花岗岩等石材或混凝土,厚 $10 \sim 15$ cm。常见的压顶形式有两种(图 4.14),一种是有沿口的压顶,它可以减少水花向上溅溢,并能使波动的水面快速平静下来,形成镜面倒影;另一种为无沿口的压顶,会使浪花四溅,有强烈的动感。

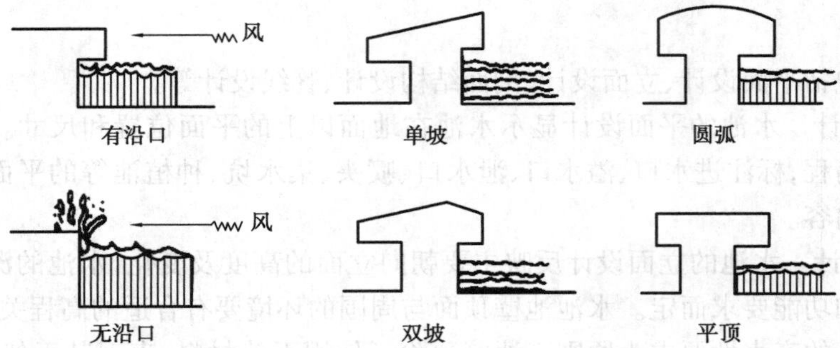

风
有沿口
单坡
圆弧
风
无沿口
双坡
平顶

图 4.14　水池池壁压顶形式

(2)池壁　池壁是水池竖向部分,承受池水的水平压力。一般采用混凝土、钢筋混凝土或砖块(图 4.15、图 4.16)。钢筋混凝土池壁厚度一般不超过 300 mm,常用 150～200 mm,宜配直径 8 mm、12 mm 钢筋,中心距 200 mm,C20 混凝土现浇。同时,为加强防渗效果,混凝土中需加入适量防水粉,一般占混凝土的 3%～5%,过多会降低混凝土的强度。

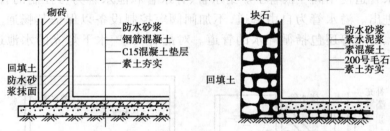

砌砖
防水砂浆
钢筋混凝土
C15混凝土垫层
素土夯实
回填土
防水砂浆抹面
块石
防水砂浆
素水泥浆
素混凝土
200号毛石
素土夯实
回填土

图 4.15　砖砌喷水池与块石喷水池结构

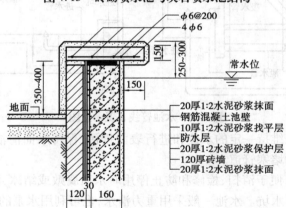

φ6@200
4φ6
150
250~300
常水位
350~400
150
地面
20厚1:2水泥砂浆抹面
钢筋混凝土池壁
10厚1:2水泥砂浆找平层
防水层
20厚1:2水泥砂浆保护层
120厚砖墙
20厚1:2水泥砂浆抹面
30
120
160

图 4.16　钢筋混凝土池壁结构(单位:mm)

(3)池底　池底直接承受水的竖向压力,要求坚固耐久。多用现浇钢筋混凝土池底,厚度应大于 20 cm,如果水池容积大,需配双层双向钢筋网。池底设计需有一个排水坡度,一般不小于 1%,坡向向泄水口(图 4.17)。

(4)防水层　水池工程中,好的防水层是保持水池质量的关键。目前,水池防水材料种类较多,有防水卷材、防水涂料、防水嵌缝油膏等。一般水池用普通防水材料即可,钢筋混凝土水池防水层可以采用抹 5 层防水砂浆做法,层厚 30～40 mm。还可用防水涂料,如沥青、聚氨酯、聚苯酯等。

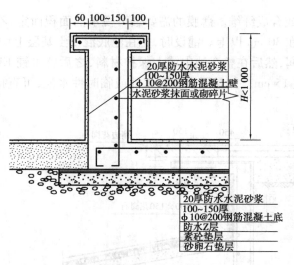

图 4.17　钢筋混凝土水池结构（单位:mm）

（5）基础　基础是水池的承重部分,一般由灰土或砾石三合土组成,要求较高的水池可用级配碎石。一般灰土层厚 15~30 cm,C10 混凝土层厚 10~15 cm。

（6）施工缝　水池池底与池壁混凝土一般分开浇筑,为使池底与池壁紧密连接,池底与池壁连接处的施工缝可设置在基础上方 20 cm 处。施工缝可留成台阶形,也可加金属止水片或遇水膨胀胶带。

（7）变形缝(沉降缝)　长度在 25 m 以上水池要设变形缝,以缓解局部受力。变形缝间距不大于 20 cm,要求从池壁到池底结构完全断开,用止水带或浇灌沥青做防水处理。

四、柔性结构水池施工

近几年,随着新建筑材料的出现,水池的结构出现了柔性结构。实际上水池若是一味靠加厚混凝土和加粗加密钢筋网是无济于事的,这只会导致工程造价的增加,尤其对北方水池的冻害渗漏,不如用柔性不渗水的材料做水池夹层为好。目前在工程实践中使用的有玻璃布沥青席水池、三元乙丙橡胶(EPDM)薄膜水池、再生橡胶薄膜水池、油毛毡防水层(二毡三油)水池等。

（1）玻璃布沥青席水池　这种水池(图 4.12)施工前应先准备好沥青席。方法是以沥青 0 号:3 号 =2:1 调配好,按调配好的沥青 30%、石灰石矿粉 70% 的配比,且分别加热至于 100 ℃,再将矿粉加入沥青锅拌匀,把准备好的玻璃纤维布(孔目 8 mm×8 mm 或者 10 mm×10 mm)放入锅内蘸匀后慢慢拉出,确保黏结在布上的沥青层厚度为 2~3 mm,拉出后立即洒滑石粉,并用机械碾压密实,每块席长 40 m 左右。

施工时,先将水池土基夯实,铺 300 mm 厚3:7灰土保护层,再将沥青席铺在灰土层上,搭接长 5~100 mm,同时用火焰喷灯焊牢,端部用大块石压紧,随即铺小碎石一层。最后在表层散铺150~200 mm 厚卵石一层即可。

（2）三元乙丙橡胶(EPDM)薄膜水池(图 4.18)　EPDM 薄膜类似于丁基橡胶,是一种黑色柔性橡胶膜,厚度为 3~5 mm,能经受温度 -40~80 ℃,扯断强度 >7.35 N/mm²,使用寿命可达50 年,施工方便,自重轻,不漏水,特别适用于大型展览用临时水池和屋顶花园用水池。建造EPDM 薄膜水池,要注意衬垫薄膜与池底之间必须铺设一层保护垫层,材料可以是细砂(厚度 >

5 cm）、废报纸、旧地毯或合成纤维。薄膜的需要量可视水池面积而定,不过要注意薄膜的宽度必须包括池沿,并保持在 30 cm 以上。铺设时,先在池底混凝土基层上均匀地铺一层 5 cm 厚的沙子,并洒水使沙子湿润,然后在整个池中铺上保护材料,之后就可铺 EPDM 衬垫薄膜了,注意薄膜四周至少多出池边 15 cm。如是屋顶花园水池或临时性水池,可直接在池底铺沙子和保护层,再铺 EPDM 即可。

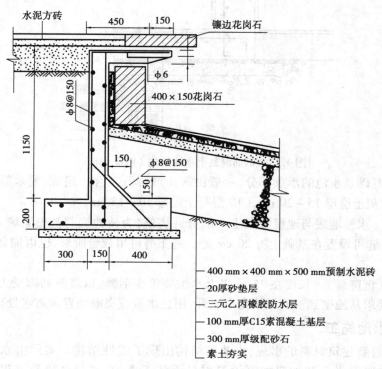

图 4.18　三元乙丙橡胶(EPDM)薄膜水池结构

任务实施

一、施工前的准备工作

（1）资料确认　施工前要认真阅读图纸,熟悉水池设计图的结构和喷泉系统的特点,认真阅读施工说明书的内容,对工程做全面、细致的了解,解决相关疑问。

（2）现场准备工作　在施工前要做好详细的现场勘察,对施工范围内地上及地下的障碍物进行确认和记录,并确认处理方法。

（3）施工人员、工具、材料的准备　对施工人员进行喷泉水池施工基本技能的培训,组织学习与喷泉水池施工相关的技术要求和施工标准。工具准备齐全,选择符合要求的施工材料,并提供样品给甲方或监理人员进行检验,检验合格后按要求的数量进行购买。

二、基础放样及开槽

(1)基础放样 严格依据施工图纸的要求进行放线,由于该工程喷泉水池为规则几何形状,所以采用精度较高的放线方法。平面放线时,在现场找到放线基准点,以便确定水池的准确位置,利用经纬仪和钢卷尺测设平面控制点,测设好的点的位置上要打上木桩做好标记,并用线绳或石灰做好桩之间的连接。平面放线结束,根据图4.15利用水准仪进行竖向放线,放线前先设定水池喷泉周围硬化地面的标高为±0.000,对测设好的标高点进行打桩,并在桩上做好施工标高标记。

(2)开槽 本任务中喷泉水池的基础占地面积较小,可以采取人工开槽的方法进行施工。在开槽的过程中注意操作范围应向外增加30 cm的工作面,以便于施工。挖掘过程中由中间向四周进行,同时注意基槽四周边坡的修整和坡度控制,防止土方的塌落。挖出的表土可先堆放在基槽外围,以便施工结束后的回填。挖槽的深度不宜一次性挖掘至放线深度,当挖至距设计标高还有2~3 cm时即可停止,因为此时槽内土壤已经松动,在夯实的过程中槽底标高还会下降一定的距离。若一次性挖掘到要求的深度会导致夯实后的槽底标高低于设计标高,导致人力和财力的浪费。夯实过程应按从周边向中心的顺序反复进行,夯实至槽内地面无明显震动时方可停止,结束后注意基槽的清理和保护。本任务中有一些给水及循环管线埋置在水池下,所以要进行预埋。施工结束后,应由专门人员对基槽的尺寸、深度和夯实质量进行检验,以保证工程质量。

三、基础施工

施工前先对基槽进行清理。严格按配比的要求将石子、沙子、水泥和水进行混合,并搅拌均匀。填筑时,垫层的占地面积应略大于水池面积,当混凝土浇入后,及时用插入式振捣器进行快插慢拔地搅拌,插点应均匀排列,逐点进行,振捣密实,不得遗漏,防止空隙的出现和气泡的存在。浇筑完成后,注意检查混凝土表面的平整度及是否达到垫层的设计标高。在垫层施工结束后的12 h内,对其加以覆盖和浇水养护,养护期一般不少于7个昼夜。养护期内严禁任何人员踩踏;若发生降雨,应用塑料布覆盖垫层表面,并在基槽边缘挖排水槽以便排除槽内积水。

四、池底及池壁的施工

该任务水池池底及池壁内壁为现浇钢筋混凝土,池壁外壁为砖砌墙体。按图纸要求的尺寸,具体施工如下:

(1)池底施工

①混凝土垫层浇完隔1~2 d(应视施工时的温度而定),在垫层面测量确定底板中心,然后根据设计尺寸进行放线,定出柱基以及底板的边线,画出钢筋布线,依线绑扎钢筋,接着安装柱基和底板外围的模板。

②在绑扎钢筋时,应详细检查钢筋的直径、间距、位置、搭接长度、上下层钢筋的间距、保护层及埋件的位置和数量,看其是否符合设计要求。

③底板应一次连续浇完,不留施工缝。施工间歇时间不得超过混凝土的初凝时间。

④此任务池底与池壁均为现浇混凝土,底板与池壁连接处的施工缝可留在基础上口20 cm处。

(2)池壁施工 此任务水池采用垂直形池壁,垂直形的优点是池水降落之后,不至于在池壁淤积泥土,从而使低等水生植物无从寄生,同时易于保持水面洁净。

做水泥池壁,尤其是矩形钢筋混凝土池壁时,应先做模板以固定之。目前有无撑及有撑支模两种方法。有撑支模为常用的方法,此任务采用有撑支模法。外砖墙砌筑完成后,内模可在钢筋绑扎完毕后一次立好。浇捣混凝土时操作人员可进入模内振捣,并应用串筒将混凝土灌入,分层浇捣。矩形池壁拆模后,应将外露的止水螺栓头割去。池壁施工要点:

①水池施工时所用的水泥标号不宜低于 425 号,水泥品种应优先选用普通硅酸盐水泥,不宜采用火山灰质硅酸盐水泥和粉煤灰硅酸盐水泥。所用石子的最大粒径不宜大于 40 mm,吸水率不大于 1.5%。

②池壁混凝土每立方米水泥用量不少于 320 kg,含砂率宜为 35% ~40%,灰砂比为(1:2) ~(1:2.5),水灰比不大于 0.6。

③固定模板用的铁丝和螺栓不宜直接穿过池壁。当螺栓或套管必须穿过池壁时,应采取止水措施。常见的止水措施有:

a. 螺栓上加焊止水环;

b. 套管上加焊止水环;

c. 螺栓加堵头。

④在池壁混凝土浇筑前,应先将施工缝处的混凝土表面凿毛,清除浮粒和杂物,用水冲洗干净,保持湿润。再铺上一层厚 20 ~25 mm 的水泥砂浆。水泥砂浆所用材料的灰砂比应与混凝土材料的灰砂比相同。

⑤浇筑池壁混凝土时,应连续施工,一次浇筑完毕,不留施工缝。

⑥池壁有密集管群穿过、预埋件或钢筋稠密处浇筑混凝土有困难时,可采用相同抗渗等级的细石混凝土浇筑。

⑦池壁上有预埋大管径的套管或面积较大的金属板时,应在其底部开设浇筑振捣孔,以利排气、浇筑和振捣。

⑧池壁混凝土结合,应立即进行养护,并充分保持湿润,养护时间不得少于 14 昼夜。拆模时池壁表面温度与周围气温的温差不得超过 15 ℃。

(3)工程质量要求

①砖壁砌筑必须做到横圆竖直,灰浆饱满。不得留踏步式或马牙槎。

②钢筋混凝土壁板和壁槽灌缝之前,必须将模板内杂物清除干净,用水将模板湿润。

③池壁模板不论采用无支撑法还是有支撑法,都必须将模板紧固好,防止混凝土浇筑时,模板发生变形。

④为加强水池防水效果,防渗混凝土可掺用素磺酸钙减水剂,掺用减水剂配制的混凝土,耐油、抗渗性好,而且节约水泥。

⑤在底板、池壁上要设有伸缩缝。底板与池壁连接处的施工缝可留在基础上 20 cm 处。施工缝可留成台阶形、凹槽形,加金属止水片或遇水膨胀橡胶带。

⑥水池混凝土强度的好坏,养护是重要的一环。底板浇筑完后,在施工池壁时,应注意养护,保持湿润。池壁混凝土浇筑完后,在气温较高或干燥情况下,过早拆模会引起混凝土收缩产生裂缝。因此,应继续浇水养护,底板、池壁和池壁灌缝的混凝土的养护期应不少于14 d。

五、防水施工

本任务中防水处理的方法是铺设 SBS 防水卷材，这是在水景施工过程中常用的一种防水做法。注意水池的池底和池壁都应进行防水处理。

SBS 防水卷材是采用 SBS 改性沥青浸渍和涂盖胎基，两面涂以弹性体或塑料体沥青涂盖层，上面涂以细砂或覆盖聚乙烯膜所制成的防水卷材，具有良好的防水性能和抗老化性能，并具有高温不流淌，低温不脆裂，施工简便、无污染，使用寿命长的特点。SBS 防水卷材尤其适用于寒冷地区、结构变形频繁地区的防水施工。

任务中铺设 SBS 防水卷材的施工工艺流程如下：

（1）基层清理　施工前对验收合格的混凝土表面进行清理，最好用湿布擦拭干净。

（2）涂刷基层处理剂　在需要做防水的部位，表面满刷一道用汽油稀释的氯丁橡胶沥青胶黏剂，涂刷过程应仔细，不要有遗漏，涂刷过程应由一侧开始，以防止涂刷后的处理剂被施工人员践踏。

（3）铺贴附加层　在水池内的预埋竖管的管根、阴阳角部位加铺一层 SBS 改性沥青防水卷材，按规范及设计要求将卷材裁成相应的形状进行铺贴。

（4）铺贴卷材　铺贴前，将 SBS 改性沥青防水卷材按铺贴长度进行裁剪并卷好备用，操作时将 $\phi 30$ 的管穿入卷材的卷心，卷材端头对齐起铺点，点燃汽油喷灯或专用火焰喷枪加热基层与卷材交接处，喷枪距加热面保持 30 cm 左右的距离，往返喷烤、观察，当卷材的沥青刚刚熔化时，手扶管心两端向前缓缓滚动铺设。要求用力均匀、不窝气，铺设压边宽度应掌握好，长边搭接宽度为 8 cm，短边搭接宽度为 10 cm。铺设过程中尽可能保证熔化的沥青上不粘有灰尘和杂质，以保证粘贴的牢固性。

（5）热熔封边　卷材搭接缝处用喷枪加热，压合至边缘挤出沥青粘牢。卷材末端收头用沥青嵌缝膏嵌固填实。

（6）保护层施工　表面做水泥砂浆或细石混凝土保护层；池壁防水层施工完毕，应及时撒石碴，之后抹水泥砂浆保护层。

六、面层施工

面层施工在混凝土及砖结构的池塘施工中是一道十分重要的工序。它使池面平滑，有利水池使用安全。如果池壁表面粗糙，也不便于池塘处理。本任务池壁为钢筋混凝土结构，施工时应注意以下要点：

①抹灰前将池内壁表面凿毛，不平处铲平，并用水冲洗干净。

②抹灰时可在混凝土墙面上刷一遍薄的纯水泥浆，以增加黏结力。

③应采用 325 号普通水泥配制水泥砂浆，配合比 1∶2 必须称量准确，可掺适量防水粉，拌和要均匀。

④底层灰不宜太厚，一般在 5～10 mm。第二层将墙面找平，厚度为 5～12 mm。第三层面层进行压光，厚度为 2～3 mm。

⑤砖壁与钢筋混凝土底板结合处，要特别注意操作，加强转角抹灰厚度，使呈圆角，防止渗漏。

七、收尾及试水

在收尾施工过程中尤其要注意细节的处理。管线与水池的衔接部位仍有空隙存在，对这些部位需要先进行混凝土填充,然后进行防水施工和面层的处理。

在收尾工程结束后进行试水验收。试水的主要目的是检验结构安全度,检查施工质量。首先在水池内注入一定量的水,并做好水位线的标记,24 h后检查标记线的位置,看水池内的水有无明显减少,以此检验防水施工的质量。在注水的过程中注意观察给、排水管线的接缝处是否有漏水现象,若发现水池有漏水现象,需准确查找漏水部位,并重新进行防水施工。

任务考核

序　号	任务考核	考核项目	考核要点	分　值	得　分
1	过程考核	施工图识读	掌握图纸表达内容	15	
2		池底的施工	能按照池底施工的工艺流程进行施工	15	
3		池壁的施工	掌握池壁施工的工艺流程	15	
4		收尾及试水	各部分是否达到施工要求,水池是否有漏水现象	20	
5	结果考核	工程质量	施工规范,工艺正确,能够达到相应工程质量标准	20	
6		水池景观效果	能够实现规划设计方案的景观效果,实用美观	15	

巩固训练

某单位办公楼前欲建一处水池,水池平面图、剖面图如图4.21所示,试建造该水池。

一、材料及用具

水池平面图、水池剖面图、花岗石、混凝土、水泥、中砂、毛石、块石、防渗材料、水平仪、钢卷尺、铁锹、镐、夯实机、模板等。

二、组织实施

①将学生分成两个小组,以小组为单位进行分段施工;

②按池底、池壁施工内容完成施工任务。

三、训练成果

①每人交一份训练报告,并参照水池施工任务考核进行评分;

②根据水池设计要求,完成水池施工。

拓展提高

水生植物池设计

在园林湖池边缘低洼处、园路转弯处、游息草坪上或空间比较小的庭院内,适宜设置水生植物池。水生池能有自然的野趣、鲜活的生趣和小巧水灵的情趣,为园林环境带来新鲜景象。水生植物池也有规则式和自然式两种设计形式。

一、规则式水生植物池设计

规则式水生植物池是用砖砌成或用钢筋混凝土做成池壁和池底,水生植物池与一般规则式水池量不同的是池底的设计。前者常设计为台阶状池底,而后者一般为平底。为满足不同水生植物对池内水深的需要,水池池底要设计成不同标高的梯台形,而且梯台的顶面一般还应设计为槽状,以便填进泥土作为水生植物的栽种基质。

在栽植水生植物的过程中,要注意将栽入池底槽中或盆栽的水生植物固定好,根窠部分要全埋入泥中,避免浮起来。因泥土表面还应浅浅地盖上一层小石子,把表土压住,这样有利于保持池水清洁。

小面积的水生植物池,其水深不宜太浅。如果水太浅,则池水的水量太少,在夏季强烈阳光长期暴晒下,水温将会太高。当水温超过40 ℃时,植物便可能枯死。

二、自然式水生植物池设计

自然式水生植物池并不砌筑池壁和池底,是就地挖土做成池塘。开辟自然式水生植物池,宜选地势低洼阴湿之处。首先挖地深80～100 cm,将水体平面挖成自然的池塘形状,将池底挖成几种不同高度的台地状。然后夯实池底,布置一条排水管引出到池外,管口必须设置滤网,池子使用后,可以通过排水管排除太多的水,对水深有所控制。

排水和布置好后,铺上一层砾石或卵石,厚7 cm左右。在砾石层之上,铺粗砂厚5 cm。最后在粗砂垫层上平铺肥沃泥土,厚度20～30 cm。泥土可用一般腐殖土或泥炭土与菜园土混合而成,要呈酸性反应。在池边,如果配置一些自然山石,半埋于土中,可以使水景景观显得更有野趣。

水生植物池所栽种的湿生、水生植物通常有:菖蒲、石菖蒲、香蒲、芦苇、芒、慈茹、荸荠、水田芥、半夏、三白草、苦荞麦、萍蓬草、小毛毡苔、莲花、睡莲,等等。

三、休闲泳池设计

休闲泳池除了要满足游泳、纳凉的要求之外,还要整洁、美观、具有一定观赏性。布置泳池的位置应当在阳光充足、平坦、排水良好的地方。休闲泳池的平面设计形状不像一般运动游泳池那样多呈25～50 m的长方形,而可以设计成多种规则形和或不规则形,其面积可为300～1 000 m²。在休闲泳池的平面形状中,不要设计有内向的直角与锐角的转折点。如果一定要有这样的转角,也必须把角设计为圆角,不能保留尖锐的棱角,以保证游泳的安全。供休闲娱乐的泳池,其设计水深一般为1.5 m,也可将水深设计为一头深一头浅。泳池的池底、池壁可用钢筋混凝土砌筑,其表面要用防水砂浆抹面。池壁及其岸顶的表面,一般可用浅色的防滑釉面砖贴面装饰。泳池至少要有一段岸边设计为宽岸,宽度在2.5 m以上,地面用防滑釉面砖或马赛克铺装,还可再铺垫一层人造草皮。铺装的宽岸上可设一些遮阳伞,伞下放置躺椅,供游泳者休息用。

任务3　溪涧工程施工

> 知识点:了解溪涧工程施工的基础知识,掌握溪涧施工的工艺流程和验收标准。
> 能力点:能根据施工图进行溪涧工程的施工、管理与验收。

 **任务描述**

园林的溪流中,为尽量展示溪流、小河流的自然风格,常设置各种主景石,如隔水石(铺设在水下,以提高水位线)、切水石或破浪石(设置在溪流中,使水产生分流的石头)、河床石(设置在水面下,用于观赏的石头)、垫脚石(支撑大石头的石头)、横卧石(压缩溪流宽度,因此形成隘口、海峡的石头)等。在天然形成的溪流中设置主景石,可更加突出其自然魅力。

某小区要建一人工溪涧,根据平面放样图及施工图来完成溪涧施工。开槽时注意溪涧上、下游设计标高的要求,严格按照图纸要求选择材料,并注意驳岸的结构及防渗施工,在卵石铺制和河道内景石摆放的过程中注意美观实用。希望通过学习后能明确溪涧的分类及特点,熟读溪涧工程施工图纸,掌握溪涧施工流程及工艺特点。

 任务分析

水景设计中的溪流形式多种多样,其形态可根据水量、流速、水深、水宽、建材以及沟渠等自身的形式而进行不同的创作设计。施工步骤为:溪槽放线和溪槽挖掘、溪底施工、溪壁施工、管线安装、收尾及试水。具体应解决好以下几个问题:

(1)正确认识溪涧工程施工图,准确把握设计人员的设计意图。
(2)能够利用溪涧施工的知识编制切实可行的溪涧工程施工组织方案。
(3)能够根据溪涧工程的特点,进行有效的施工现场管理、指导工作。
(4)做好溪涧工程的成品修整和保护工作。
(5)做好溪涧工程竣工验收的准备工作。

任务咨询

　　现代园林中的溪涧是自然界溪涧的艺术再现,是连续的带状动态水体。清溪浅而宽,轻松愉快,柔和如意。如将清溪加深变窄,则成为"涧",涧水量充沛,水流急湍,扣人心弦。目前园林中以小溪应用更为广泛。

一、溪涧的一般形式

　　如图4.19所示为溪涧的一般形式。从图中可看出小溪的一些基本特点:溪涧讲究分合、收放、曲折。多为曲折狭长的带状水面,有强烈的宽窄对比,溪中常分布汀步、小桥、滩地、点石等,并有随流水走向若隐若现的小路。溪涧一般多设计于瀑布与湖池之间。溪涧设计讲究师法自然,平面上蜿蜒曲折,立面上有缓有陡,富于节奏感。

　　布置溪涧最好选择有一定坡度的基址,依流势而设计,急流处为3%左右,缓流处为0.5%~1%。普通的溪涧,其坡势多为0.5%左右。溪涧宽度1~2 m,水深5~10 cm。而大型溪涧其长约1 km,宽2~4 m,水深30~50 cm,河床坡度却为0.05%,相当平缓。其平均流量为0.5 m³/s,流速为0.2 m/s。一般溪涧的坡势应根据建设用地的地势及排水条件等决定。

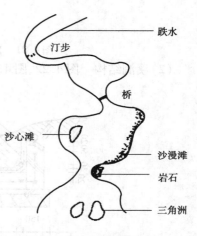

图4.19　小溪平面示意图

二、溪涧设计

1)溪涧结构设计

　　(1)护坡结构　卵石护坡和自然山石、草坪护坡溪涧结构图如图4.20、图4.21所示。

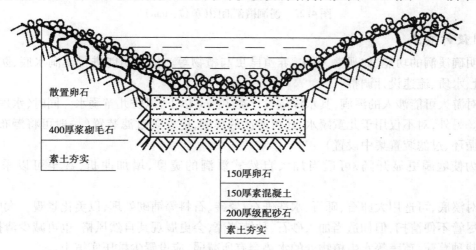

散置卵石
400厚浆砌毛石
素土夯实

150厚卵石
150厚素混凝土
200厚级配砂石
素土夯实

图4.20　卵石护坡小溪结构图(单位:mm)

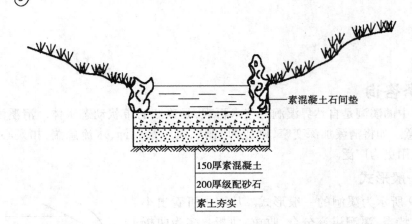

图 4.21　自然山石草坪护坡小溪结构图（单位：mm）

（2）溪涧结构　图 4.22、图 4.23 为溪涧的横、纵剖面图。

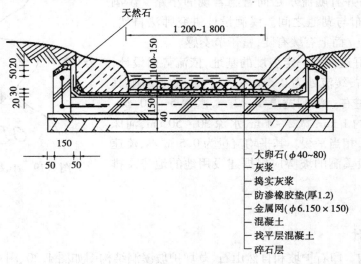

图 4.22　溪涧横剖面图（单位：mm）

2）溪涧设计要点

①明确溪涧的功能,如观赏、嬉水、养殖昆虫与植物等。依照功能进行溪涧水底、防护堤细部、水量、水质、流速设计调整。

②对游人可能涉入的溪涧,其水深应设计在 30 cm 以下,以防儿童溺水。同时,水底应作防滑处理。另外,对不仅用于儿童嬉水、还可游泳的溪涧,应安装过滤装置(一般可将瀑布、溪涧、水池的循环、过滤装置集中设置)。

③为使庭园更显开阔,可适当加大自然式溪涧的宽度,增加曲折,甚至可以采取夸张设计。

④对溪底,可选用大卵石、砾石、水洗砾石、瓷砖、石料等铺砌处理,以美化景观。大卵石、砾石溪底尽管不便清扫,但如适当加入砂石、种植苔藻,会更展现其自然风格,也可减少清扫次数。

⑤栽种菖蒲、芦苇等水生植物处的水势会有所减弱,应设置尖桩压实植土。

⑥水底与防护堤都应设防水层,防止溪涧渗漏。

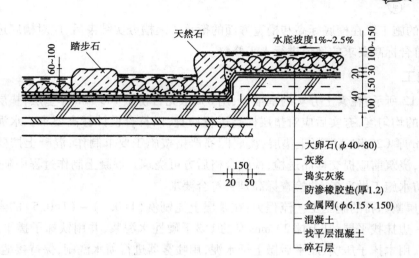

图4.23　溪涧纵剖面图(单位：mm)

任务实施

一、施工前的准备工作

（1）资料确认　溪涧是蜿蜒曲折、高差逐渐变化的连续带状水体。根据此特点，在施工之前要认真阅读图纸，详细了解本任务中溪涧的走向、水面宽度、高差变化等特点，为后期施工打下良好的基础。

（2）现场勘察　在施工前要做详细的现场勘察。认真勘察溪涧沿途的地貌特征、地质特点、原地形标高等项目，为制作施工计划和施工方案做好第一手资料准备。

（3）施工人员、工具、材料的准备　在溪涧施工前，对施工人员进行溪涧施工特点、相关施工工艺的培训，并由专人对其进行技术交底和任务分配，以保证施工的质量和效率。根据施工组织方案的要求，准备相关施工工具，保证施工工具在施工前进场。按图纸要求采购溪涧施工的相关材料，先将所选材料样品报送甲方或监理，待验收合格后方可采购。

二、溪槽放线和溪槽挖掘

（1）溪槽放线　由溪涧图纸（图4.22、图4.23）可见，溪涧蜿蜒曲折、时宽时窄，所以放线时为保证精度可采用方格网法。操作步骤为：将图纸上的方格网按要求测放在施工场地内，用石灰粉、黄沙等在地面上勾画出溪涧的轮廓，同时注意给水管线的走向，在溪涧的转弯点和宽窄变化较多处应加密桩点，以确保曲线位置的准确。溪涧的河床标高有连续的变化，所以在进行竖向放线时，各桩点所在位置的设计高程要清晰地标注在木桩上；若遇变坡点要做特殊标记，以提醒施工人员注意。

（2）溪槽挖掘　溪槽按设计要求挖掘，最好选择人工挖掘的方法。溪槽的开挖要保证有足够的宽度和深度，以便安装装饰用石。在挖掘过程中注意木桩上标记的设计标高，开槽时挖出的表土可作为溪涧两侧的种植土使用。若溪涧较长可采取分段同时施工的方法，并在施工过程中注意相邻的施工段在槽底标高和槽宽方面的衔接。溪槽夯实结束后,应对槽底进行细致的检查,对于不符合标高要求的部位进行人工修整。

三、溪底施工

如图 4.12 所示,在素土夯实的基槽上,用 6% 水泥石粉做 100 mm 厚垫层,垫层制作过程中应保证垫层的均匀度,夯实后应对垫层标高进行检查,以符合设计标高要求。水泥石粉垫层之上做 100 mm 厚 C25 钢筋混凝土垫层,溪底配筋严格按施工要求制作,混凝土按要求比例混合并搅拌均匀,浇筑前应提交样品送检,检验合格后方可浇筑。混凝土制作过程中随做随压平、打光,为后期防水施工做准备,并检查标高是否符合要求。

溪底面层鹅卵石的施工工艺流程为:在基层上先刷洗(1:0.4)~(1:0.5)的素水泥浆结合层,一边刷一边抹找平层,其上抹 20 mm 厚的 1:3 干硬性水泥浆,并用铁抹子搓平,再把鹅卵石铺嵌在上面,用木抹子压实、压平后撒上干水泥,用喷雾器进行喷水洗刷,保持接缝平直、宽窄均匀、颜色一致。施工后第二天应采用保护膜盖上并充分浇水保养。嵌卵石时要注意卵石之间应紧密,不要留过大的间隙,以保证最佳的效果。

当用防水卷材做防水层时,应注意所铺防水卷材的宽度应略宽于溪涧的垫层,并用石块压紧,以防止漏水。若溪涧进行分段施工时,应在相邻两端衔接的位置处做搭接处理,注意每层都要搭接,尤其是防水层。

四、溪壁施工

溪壁为毛石砌体,在施工过程中要注意溪壁的防水处理,材料与溪底相同即可,施工时保证溪底与溪壁的防水层有一定的搭接。在毛石砌体的表面用 20 mm 厚的 1:3 水泥砂浆粘贴湖石作为装饰,粘贴前应先对湖石进行预摆,以选择最佳的石材摆放角度及最佳的摆放位置,湖石安装时注意水泥砂浆尽可能地不暴露在外。如果溪涧的环境开朗,水面宽且水浅,可用平整的草坪做护坡,并沿驳岸线点缀卵石封边,以起到驳岸的作用。

五、管线安装

溪涧的出水口及管线应进行隐藏,对于提前预埋的管线应注意质量的严格检验,并埋藏于相应的位置和恰当的深度。后期安装的管线和设备要遵循有关施工规程,管线安装后要进行密封,并注意防水施工时不要有遗漏。

六、收尾及试水

溪涧主体施工结束后,根据图纸要求对施工现场进行整理,尤其是溪壁位置放置的湖石或卵石尽可能自然,并做好配景植物的种植。根据现场情况可在河床上放置卵石,以使水面产生轻柔的涟漪,更富于自然情趣。根据设计要求,对水池的给排水设备检验,查看其是否通畅,电气设备是否正常。检查水池的防水效果是否达到设计要求,有无渗水现象的发生。

任务考核

序号	任务考核	考核项目	考核要点	分值	得分
1	过程考核	施工图识读	掌握图纸表达内容	15	
2		溪底的施工	能按照溪底施工的工艺流程进行施工	15	
3		溪壁的施工	掌握溪壁施工的工艺流程	15	
4		收尾及试水	对工程各部分进行整理,水池是否有渗水现象	20	
5	结果考核	工程质量	施工规范,工艺正确,能够达到相应工程质量标准	20	
6		景观效果	能够实现规划设计方案的景观效果,实用美观	15	

巩固训练

某公园桥下欲建一条小溪,请根据小溪剖面施工图,试完成该小溪的施工任务。

一、材料及用具

小溪剖面图、水泥、中砂、毛石、块石、防渗材料、钢卷尺等。

二、组织实施

①将学生分成3个小组,以小组为单位进行小溪分段施工;

②分别对小溪岸坡、溪底进行施工。

三、训练成果

①每人交一份训练报告,并参照小溪任务考核进行评分;

②根据小溪设计要求,完成小溪施工。

拓展提高

室内浅水池设计

一般水深在 1 m 以内者,称为浅水池。它也包括儿童戏水池和小型泳池、造景池、水生植物种植池、鱼池等。浅水池是室内水景中应用最多的设施,如室内喷泉、涌泉、瀑布、壁泉、滴泉和一般的室内造景水池等,都要用到浅水池。因此,对室内浅水池的设计,应该多一些了解。

一、浅水池的平面设计

室内水景中水池的形态种类众多,水池深浅和池壁、池底材料也各不相同。浅水池的大致形式如下:

①如果要求构图严谨,气氛严肃庄重,则应多用规则方正的池形或多个水池对称形式。为使空间活泼,更显水的变化和深水环境,则用自由布局的、参差跌落的自然主式水池形式。

②按照池水的深浅,室内浅水池又可设计为浅盆式和深盆式。水深≤600 mm 的为浅盆式;水深≥600 mm 的为深盆式。一般的室内造景水池和小型喷泉池、壁泉池、滴泉池等,宜采用浅盆式;而室内瀑布水池则常可采用深盆式。

③依水池的分布形式,也可将室内浅水池设计为多种造型形式,如错落式、半岛与岛式、错位式、池中池、多边组合式、圆形组合式、多格式、复合式、拼盘式,等等。

二、浅水池的结构设计

室内浅水池的结构形式主要有砖砌水池和混凝土水池两种。砖砌水池施工灵活方便,造价较低;混凝土水池施工稍复杂,造价稍高,但防渗漏性能良好。由于水池很浅,水对池壁的侧压力较小,因此设计中一般不作计算,只要用砖砌 240 mm 墙作池壁,并且认真做好防渗漏结构层的处理,就可以达到安全使用的目的。有时为了使室内瀑布、跌水在水位跌落时所产生的巨大落差能量能迅速消除并形成水景,需要在溪流的沿线上布设卵石、汀步、跳水石、跌水台阶等,以达到快速"消能"的目的。当以静水为主要景观的水池经过水源水的消能并轻轻流入时,倒影水景也就可伴随而产生。

三、池底与池壁装饰设计

室内水池要特别注意其外观的装饰性,所用装饰材料也可以比室外水池更高级些。水池具体的装饰设计情况如下所述:

(1)池底装饰　池底可利用原有土石,也可用人工铺筑砂土砾石或钢筋混凝土做成。其表面要根据水景的要求,选用深色的或浅色的池底镶嵌材料进行装饰,以示深浅。如池底加进镶嵌的浮雕、花纹、图案,则池景更显得生动活泼。室内及庭院水池的池底常常采用白色浮雕,如美人鱼、贝壳、海蜇之类,构图颇具新意,装饰效果突出,渲染了水景的寓意和水环境的气氛。

(2)池壁的装饰　池壁壁面的装饰材料和装饰方式一般可与池底相同,但其顶面的处理则往往不尽相同。池壁顶的设计常采用压顶形式,而压顶形式常见的有 6 种。这些形式的设计都是为了使波动的水面很快地平静下来,以便能够形成镜面倒影。

任务4 瀑布工程施工

> 知识点:了解瀑布工程的基础知识,掌握瀑布施工的工艺流程和验收标准。
>
> 能力点:能根据施工图进行瀑布的施工、管理与验收。

 **任务描述**

瀑布是一种自然现象,是河床造成陡坎,水从陡坎处滚落下跌时,形成优美动人或奔腾咆哮的景观,因遥望下垂如布,故称瀑布。

如图4.24、图4.25所示为某小区瀑布平面及立面图,根据图纸的设计要求完成施工任务。希望通过学习后能明确瀑布及跌水的形式及特点,熟悉瀑布及跌水的结构图,掌握瀑布施工流程及各种施工工艺特点。能够指导施工人员完成瀑布工程施工。

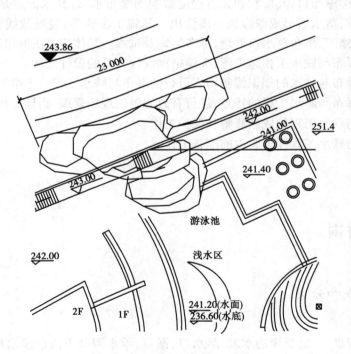

图4.24 某小区瀑布平面图

图 4.25　某小区瀑布立面图(单位:mm)

任务分析

人工瀑布常以山体上的山石、树木组成浓郁的背景,上游积聚的水(或水泵动力提水)流到落水口,落水口也称瀑布口,其形状和光滑程度影响到瀑布水态,其水流量是瀑布设计的关键。瀑身是观赏的主体,落水后形成深潭经小溪流出。其施工步骤为:现场放线、管线安装、顶部蓄水池施工、承水潭施工、瀑布落水口处理、瀑布装饰及试水。具体应解决好以下几个问题:

①正确认识瀑布与跌水工程施工图,准确把握设计人员的设计意图。

②能够利用瀑布与跌水的知识编制切实可行的瀑布与跌水工程施工组织方案。

③能够根据瀑布与跌水工程的特点,进行有效的施工现场管理、指导工作。

④做好瀑布与跌水工程的成品修整和保护工作。

⑤做好瀑布与跌水工程竣工验收的准备工作。

任务咨询

一、瀑布工程

(一)瀑布的构成和分类

1)瀑布的构成

瀑布一般由背景、上游积聚的水源、落水口、瀑身、承水潭及下流的溪水组成。人工瀑布常以山体上的山石、树木组成浓郁的背景,上游积聚的水(或水泵动力提水)汇至落水口,落水口也称瀑布口,其形状和光滑程度影响到瀑布水态,其水流量是瀑布设计的关键。瀑身是观赏的主体,落水后形成深潭经小溪流出。其模式图样如图 4.26 所示。

2)瀑布的分类

瀑布的设计形式种类比较多,如在日本园林中就有布瀑、跌瀑、线瀑、直瀑、射瀑、泻瀑、分瀑、双瀑、偏瀑、侧瀑等十几种。瀑布种类的划分依据,一是可从流水的跌落方式来划分;二是可从瀑布口的设计形式来划分。

（1）按瀑布跌落方式分　瀑布有直瀑、分瀑、跌瀑和滑瀑4种(图4.27)。

①直瀑:即直落瀑布。这种瀑布的水流是不间断地从高处直接落入其下的池、潭水面或石面。若落在石面,就会产生飞溅的水花四散洒落。直瀑的落水能够造成声响喧哗,可为园林环境增添动态水声。

②分瀑:实际上是瀑布的分流形式,因此又称为分流瀑布。它是由一道瀑布在跌落过程中受到中间物阻挡一分为二,再分成两道水流继续跌落。这种瀑布的水声效果也比较好。

③跌瀑:也称跌落瀑布,是由很高的瀑布分为几跌,一跌一跌地向下落。跌瀑适宜布置

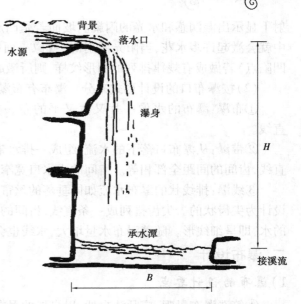

图4.26　瀑布构成及瀑布落差高度与潭面宽度的关系

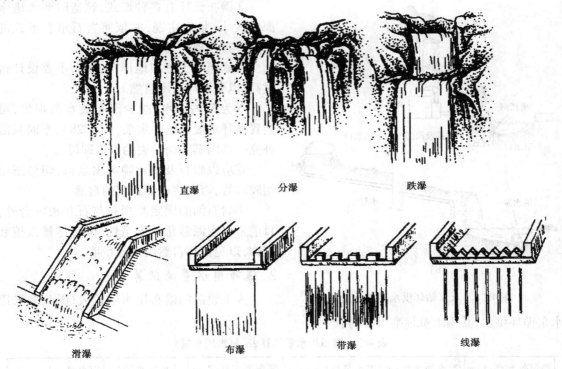

图4.27　不同的瀑布形式

在比较高的陡坡坡地,其水形变化较直瀑、分瀑都大一些,水景效果的变化也多一些,但水声要稍弱一点。

④滑瀑:就是滑落瀑布。其水流顺着一个很陡的倾斜坡面向下滑落。斜坡表面所使用的材料质地情况决定着滑瀑的水景形象。斜坡是光滑表面,则滑瀑如一层薄薄的透明纸,在阳光照

射下显示出湿润感和水光的闪耀。坡面若是凸起点(或凹陷点)密布的表面,水层在滑落过程中就会激起许多水花,当阳光照射时,就像一面镶满银色珍珠的挂毯。斜坡面上的凸起点(或凹陷点)若做成有规律排列的图形纹样,则所激起的水花也可以形成相应的图形纹样。

(2)按瀑布口的设计形式来分　瀑布有布瀑、带瀑和线瀑3种。

①布瀑:瀑布的水像一片又宽又平的布一样飞落而下。瀑布口的形状设计为一条水平直线。

②带瀑:从瀑布口落下的水流,组成一排水带整齐地落下。瀑布口设计为宽齿状,齿排列为直线,齿间的间距全部相等。齿间的小水口宽窄一致,相互都在一条水平线上。

③线瀑:排线状的瀑布水流如同垂落的丝帘,这是线瀑的水景特色。线瀑的瀑布口形状,是设计为尖齿状的。尖齿排列成一条直线,齿间的小水口呈尖底状。从一排尖底状小水口上落下的水,即呈细线形。随着瀑布水量增大,水线也会相应变粗。

二、瀑布设计

1)瀑布的设计要点

①筑造瀑布景观,应师法自然,以自然的瀑布作为造景砌石的参考,来体现自然情趣。

②设计前需先行勘查现场地形,以决定大小、比例及形式,并依此绘制平面图。

③瀑布设计有多种形式,筑造时要考虑水源的大小、景观主题,并依照岩石组合形式的不同进行合理的创新和变化。

④庭园属于平坦地形时,瀑布不要设计得过高,以免看起来不自然。

⑤为节约用水,减少瀑布流水的损失,可装置循环水流系统的水泵(图4.28),平时只需补充一些因蒸散而损失的水量即可。

⑥应以岩石及植物隐蔽出水口,切忌露出塑胶水管,否则将破坏景观的自然。

⑦岩石间的固定除用石与石互相咬合外,目前常以水泥强化其安全性,但应尽量以植栽掩饰,以免破坏自然山水的意境。

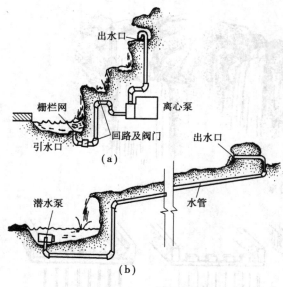

图4.28　水泵循环供水瀑布示意图

水泵循环供水,其用水量标准可参阅表4.3。

2)瀑布用水量的估算

人工建造的瀑布用水量较大,因此多采用

表4.3　瀑布用水量估算表(每米用水量)

瀑布落水高度/m	蓄水池水深/m	用水量/(L·s⁻¹)	瀑布落水高度/m	蓄水池水深/m	用水量/(L·s⁻¹)
0.30	6	3	3.00	19	7
0.90	9	4	4.50	22	8
1.50	13	5	7.50	25	10
2.10	16	6	>7.50	32	12

3）瀑布的营建

（1）顶部蓄水池的设计　蓄水池的容积要根据瀑布的流量来确定，要形成较壮观的景象，就要求其容积大；相反，如果要求瀑布薄如轻纱，就没有必要太深、太大，图4.29为蓄水池结构。

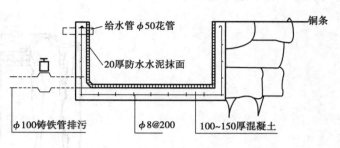

图4.29　蓄水池结构（单位：mm）

（2）堰口处理　所谓堰口就是使瀑布的水流改变方向的山石部位。其出水口应模仿自然，并以树木及岩石加以隐蔽或装饰，当瀑布的水膜很薄时，能表现出极其生动的水态。

（3）瀑身设计　瀑布水幕的形态也就是瀑身，它是由堰口及堰口以下山石的堆叠形式确定的。例如，堰口处的整形石呈连续的直线，堰口以下的山石在侧面图上的水平长度不超出堰口，则这时形成的水幕整齐、平滑，非常壮丽。堰口处的山石虽然在一个水平面上，但水际线伸出、缩进，可以使瀑布形成的景观有层次感。若堰口以下的山石，在水平方向上堰口突出较多，可形成两重或多重瀑布，这样瀑布就更加活泼而有节奏感。

瀑身设计是表现瀑布的各种水态的性格。在城市景观构造中，注重瀑身的变化，可创造多姿多彩的水态。天然瀑布的水态是很丰富的，设计时应根据瀑布所在环境的具体情况、空间气氛，确定设计瀑布的性格。设计师应根据环境需要灵活运用，如图4.30所示。

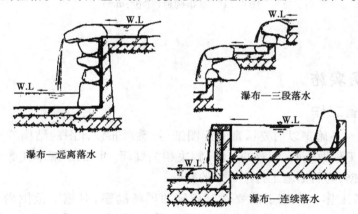

图4.30　瀑布落水形式

（4）潭（受水池）　天然瀑布落水口下面多为一个深潭。在做瀑布设计时，也应在落水口下面做一个受水池。为了防止落水时水花四溅，一般的经验是使受水池的宽度不小于瀑身高度的2/3。

（5）与音响、灯光的结合　利用音响效果渲染气氛，增强水声如波涛翻滚的意境，也可以把彩色的灯光安装在瀑布的对面，晚上就可以呈现出彩色瀑布的奇异景观。南京北极阁广场瀑布就同时运用了以上两种效果。

4）瀑布的构造（图4.31）

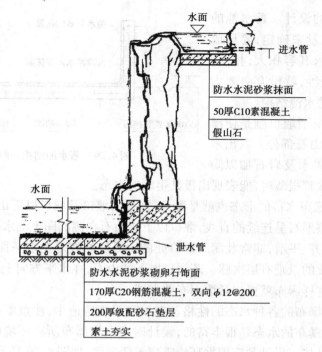

水面

进水管

防水水泥砂浆抹面

50厚C10素混凝土

假山石

水面

泄水管

防水水泥砂浆砌卵石饰面

170厚C20钢筋混凝土，双向φ12@200

200厚级配砂石垫层

素土夯实

图4.31　瀑布构造（单位：mm）

任务实施

一、施工前的准备工作

（1）资料确认　在施工以前要认真阅读图纸，熟悉瀑布设计图的结构特点，认真阅读施工说明书的内容，对工程做全面、细致的了解，解决相关疑问。详细了解本任务中瀑布的高度、水面宽度、高差等数据，为后期施工打下良好的基础。

（2）现场准备工作　在施工前要做好详细的现场勘察，对施工范围内地上及地下的障碍物进行确认和记录，并确认处理方法。了解瀑布基址的土质情况，并制订相应的施工方案。

（3）施工人员、工具、材料的准备　施工前，对施工人员进行瀑布结构特点、施工工艺等内容进行培训，并由专人对其进行技术交底和任务分配，以保证施工的质量和效率。

根据图纸要求，选择符合要求的施工材料，并提供样品给甲方或监理人员进行检验，检验合格后按要求的数量进行购买。

二、瀑布施工

（1）现场放线　根据现场勘察，按照施工设计图样，用石灰在地面上勾画出瀑布的轮廓，注意落水口与承水潭的高程关系，同时将顶部蓄水池和承水潭用石灰或沙子放出。还应注意循环供水线路的走向。

（2）管线安装　管线安装应结合假山施工同步进行。

（3）顶部蓄水池施工　顶部蓄水池采用混凝土做法。

（4）承水潭施工　首先用电动夯机进行素土夯实，然后铺上200 mm厚的级配砂石垫层，接着现浇钢筋混凝土，最后用防水水泥砂浆砌卵石饰面。另外，凡瀑布流经的岩石缝隙都应封死，以免将泥土冲刷至潭中，影响瀑布水质。

（5）瀑布落水口的处理　瀑布落水口的处理是关键。为保证瀑布效果，要求堰口水平光滑，可采用下列处理办法：

①将落水口处的山石作卷边处理。

②堰唇采用青铜或不锈钢制作。

③适当增加堰顶蓄水池深度。

④在出水管口处设置挡水板，降低流速。

⑤将出水口处山石作拉道处理，凿出细沟，使瀑布呈丝带状滑落。

（6）瀑布装饰与试水　根据设计的要求对瀑道和承水潭进行必要的点缀，如种上卵石、水草，铺上净沙、散石，必要时安装灯光系统。试水前应将瀑道全面清洁，并检查管路的安装情况。而后打开水源，注意观察水流，如达到设计要求，说明瀑布施工合格。

任务考核

序　号	任务考核	考核项目	考核要点	分　值	得　分
1	过程考核	施工图识读	掌握图纸表达内容	15	
2		蓄水池施工	能按照蓄水池施工的工艺流程进行施工	15	
3		承水潭施工	掌握承水潭施工的工艺流程	15	
4		装饰与试水	根据设计要求，完成点缀装饰，瀑道清洁，水流正常	20	
5	结果考核	工程质量	施工规范，工艺正确，能够达到相应工程质量标准	20	
6		景观效果	能够实现规划设计方案的景观效果，实用美观	15	

巩固训练

某小区游园欲建一处假山瀑布,假山瀑布平面图、正立面图及剖面图如图4.42所示,试建造该假山瀑布。

一、材料及用具

假山瀑布平面图、假山瀑布正立面图、假山瀑布剖面图、水泥、中砂、毛石、块石、人工塑石材料、钢卷尺等。

二、组织实施

①将学生分成4个小组,以小组为单位进行假山瀑布分段施工;

②按下列施工内容完成施工任务:

假山、瀑布口、水池。

三、训练成果

①每人交一份训练报告,并参照瀑布施工任务考核进行评分;

②根据瀑布设计要求,完成瀑布施工。

拓展提高

跌水工程

一、跌水的特点

跌水本质上是瀑布的变异,它强调一种规律性的阶梯落水形式,跌水的外形就像一道楼梯,其构筑的方法和前面的瀑布基本一样,只是它所使用的材料更加自然美观,如经过装饰的砖块、混凝土、厚石板、条形石板或铺路石板,目的是取得规则式设计所严格要求的几何结构。台阶有高有低,层次有多有少,有韵律感及节奏感,构筑物的形式有规则式、自然式及其他形式,故产生了形式不同、水量不同、水声各异的丰富多彩的跌水景观。它是善用地形、美化地形的一种理想的水态,具有很广泛的利用价值。

二、跌水的形式

跌水的形式有多种,就其落水的水态分,一般将其分为以下几种形式:

(1)单级式跌水 单级式跌水也称一级跌水。溪流下落时,如果无阶状落差,即为单级跌水。单级跌水由进水口、胸墙、消力池及下游溪流组成。

进水口是经供水管引水到水源的出口,应通过某些工程手段使进水口自然化,如配饰山石。胸墙也称跌水墙,它能影响到水态、水声和水韵。胸墙要求坚固、自然。消力池即承水池,其作用是减缓水流冲击力,避免下游受到激烈冲刷,消力池底要有一定厚度,一般认为,当流量为

$2 \text{ m}^3/\text{s}$，墙高大于 2 m 时，底厚 50 cm。消力池长度也有一定要求，其长度应为跌水高度的 1.4 倍。连接消力池的溪流应根据环境条件设计。

（2）二级式跌水　即溪流下落时，具有两阶落差的跌水。通常上级落差小于下级落差。二级跌水的水流量较单级跌水小，故下级消力池底厚度可适当减小。

（3）多级式跌水　即溪流下落时，具有三阶以上落差的跌水，如图 4.32 所示。多级跌水一般水流量较小，因而各级均可设置蓄水池（或消力池），水池可为规则式也可为自然式，视环境而定。水池内可点铺卵石，以防水闸海漫功能削弱上一级落水的冲击。有时为了造景需要，渲染环境气氛，可配装彩灯，使整个水景景观盎然有趣。

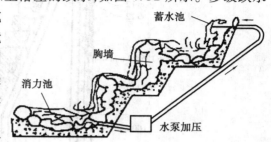

图 4.32　多级跌水

（4）悬臂式跌水　悬臂式跌水的特点是其落水口处理与瀑布落水口泻水石处理极为相似，它是将泻水石突出成悬臂状，使水能泻至池中间，因而落水更具魅力。

（5）陡坡跌水　陡坡跌水是以陡坡连接高、低渠道的开敞式过水构筑物。园林中多应用于上下水池的过渡。由于坡陡水流较急，需有稳固的基础。

三、跌水构造

跌水的构造如图 4.33、图 4.34 所示。

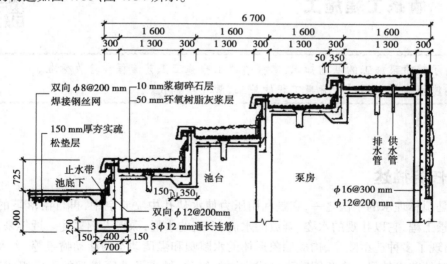

图 4.33　跌水结构及池底详图

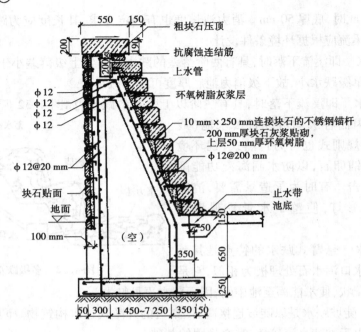

图 4.34　跌水结构局部详图

任务 5　喷泉工程施工

> 知识点:了解喷泉施工的基础知识,掌握喷泉工程施工工艺流程和验收标准。
>
> 能力点:能根据施工图进行喷泉工程的施工、管理与验收。

任务描述

　　喷泉是园林理水的手法之一,它是利用压力使水从孔中喷向空中,再自由落下的一种优秀的造园水景工程,它以壮观的水姿、奔放的水流、多变的水形,深得人们喜爱。近年来,由于技术的进步,出现了多种造型喷泉、构成抽象形体的水雕塑和强调动态的活动喷泉等,大大丰富了喷泉构成水景的艺术效果。在我国喷泉已成为园林绿化、城市及地区景观的重要组成部分,越来越得到人们的重视和欢迎。

　　试根据某广场喷泉平面图及施工图来完成喷泉施工。希望通过学习能够识读喷泉施工图,熟悉喷泉施工的程序和要求,掌握喷泉工程常用的各种施工工艺特点。能够指导施工人员完成喷泉工程施工。

任务分析

在一般情况下,喷泉的位置多设于建筑、广场的轴线焦点或端点处,也可以根据环境特点,做一些喷泉水景,自由地装饰室内外的空间。其施工步骤为:定位放线、机械(人工)挖基槽(坑)、清理基槽(坑)、夯实、垫层、砌体、抹灰、贴面、喷头及管件安装、试水、调整、保护成品。具体应解决好以下几个问题:

①正确认识喷泉工程施工图,准确把握设计人员的设计意图。

②能够利用喷泉施工的知识编制切实可行的喷泉工程施工组织方案。

③能够根据喷泉工程的特点,进行有效的施工现场管理、指导工作。

④做好喷泉工程的成品修整和保护工作。

⑤做好喷泉工程竣工验收的准备工作。

任务咨询

一、喷泉的布置形式

喷泉有很多种类和形式,如果进行大体上的区分,可以分为以下几类:

(1)普通装饰性喷泉　它是由各种普通的水花图案组成的固定喷水型喷泉。

(2)与雕塑结合的喷泉　喷泉的各种喷水花与雕塑、观赏柱等共同组成景观。

(3)水雕塑　用人工或机械塑造出各种大型水柱的姿态。

(4)自控喷泉　一般用各种电子技术,按设计程序来控制水、光、音、色,形成多变奇异的景观。

二、喷泉布置要点

在选择喷泉位置,布置喷水池周围的环境时,首先要考虑喷泉的主题、形式,要与环境相协调,把喷泉和环境统一考虑,用环境渲染和烘托喷泉,并达到美化环境的目的,或借助喷泉的艺术联想,创造意境。

喷水池的形式有自然式和整形式两种。喷水的位置可以居于水池中心,组成图案,也可以偏于一侧或自由地布置;其次要根据喷泉所在地的空间尺度来确定喷水的形式、规模及喷水池的大小比例。

三、喷头与喷泉造型

1)常用的喷头种类

喷头是喷泉的主要组成部分,它的作用是把具有一定压力的水变成各种预想的、绚丽的水花,喷射在水池的上空。因此,喷头的形式、制造的质量和外观等,都对整个喷泉的艺术效果产生重要的影响。

　　喷头因受水流的摩擦,一般多用耐磨性好、不易锈蚀,又具有一定强度的黄铜或青铜制成。为了节省铜材,近年来也使用铸造尼龙制造喷头,这种喷头具有耐磨、自润滑性好、加工容易、轻便、成本低等优点。但存在易老化、使用寿命短、零件尺寸不易严格控制等问题。目前,国内外经常使用的喷头式样可以归结为以下几种类型:

　　(1)单射流喷头　　是喷泉中应用最广的一种喷头,又称直流喷头,如图4.35(a)所示。

　　(2)喷雾喷头　　这种喷头内部装有一个螺旋状导流板,使水流做圆周运动,水喷出后,形成细细的弥漫的雾状水流,如图4.35(b)所示。

　　(3)环形喷头　　喷头的出水口为环形断面,即外实内空,使水形成集中而不分散的环形水柱。它以雄伟、粗犷的气势跃出水面,带给人们奋发向上的气氛,其构造见图4.35(c)。

　　(4)旋转喷头　　它利用压力水由喷嘴喷出时的反作用力或其他动力带动回转器转动,使喷嘴不断地旋转运动,从而丰富了喷水造型,喷出的水花或欢快旋转或飘逸荡漾,形成各种扭曲线形,婀娜多姿,其构造如图4.35(d)所示。

　　(5)扇形喷头　　这种喷头的外形很像扁扁的鸭嘴。它能喷出扇形的水膜或像孔雀开屏一样美丽的水花,构造如图4.35(e)所示。

　　(6)多孔喷头　　多孔喷头可以由多个单射流喷嘴组成一个大喷头;也可以由平面、曲面或半球形的带有很多细小孔眼的壳体构成喷头,它们能呈现出造型各异的盛开的水花,见图4.35(f)。

　　(7)变形喷头　　通过喷头形状的变化使水花形成多种花式。变形喷头的种类很多,它们共同的特点是在出水口的前面有一个可以调节的、形状各异的反射器,水流通过反射器使水花造型,从而形成各式各样的、均匀的水膜,如牵牛花形、半球形、扶桑花形等,如图4.35(g)、(h)所示。

　　(8)蒲公英形喷头　　这种喷头是在圆球形壳体上,装有很多同心放射状喷管,并在每个管头上装有一个半球形变形喷头。因此,它能喷出像蒲公英一样美丽的球形或半球形水花。它可单独使用,也可以几个喷头高低错落地布置,显得格外新颖、典雅,如图4.35(i)、(j)所示。

　　(9)吸力喷头　　此种喷头是利用压力水喷出时,在喷嘴的喷口附近形成负压区。由于压差的作用,它能把空气和水吸入喷嘴外的环套内,与喷嘴内喷出的水混合后一并喷出。此时水柱的体积膨大,同时因为混入大量细小的空气泡,形成白色不透明的水柱。它能充分地反射阳光,因此光彩艳丽。夜晚如有彩色灯光照明则更为光彩夺目。吸力喷头又可分为喷水喷头、加气喷头和吸水加气喷头,其形式如图4.35(k)所示。

　　(10)组合式喷头　　由两种或两种以上形体各异的喷嘴,根据水花造型的需要,组合成一个大喷头,称为组合式喷头,它能够形成较复杂的花形,如图4.35(1)所示。

2)喷泉的水形设计

　　喷泉水形是由喷头的种类、组合方式及俯仰角度等几个方面因素共同造成的。喷泉水形的基本构成要素,就是由不同形式喷头喷水所产生的不同水形,即水柱、水带、水线、水幕、水膜、水雾、水花、水泡等。由这些水形按照设计构思进行不同的组合,就可以创造出千变万化的水形设计。

　　水形的组合造型也有很多方式,既可以采用水柱、水线的平行直射、斜射、仰射、俯射,也可以使水线交叉喷射、相对喷射、辐状喷射、旋转喷射,还可以用水线穿过水幕、水膜,用水雾掩藏喷头,用水花点击水面等。常见的基本水形如表4.4所示。

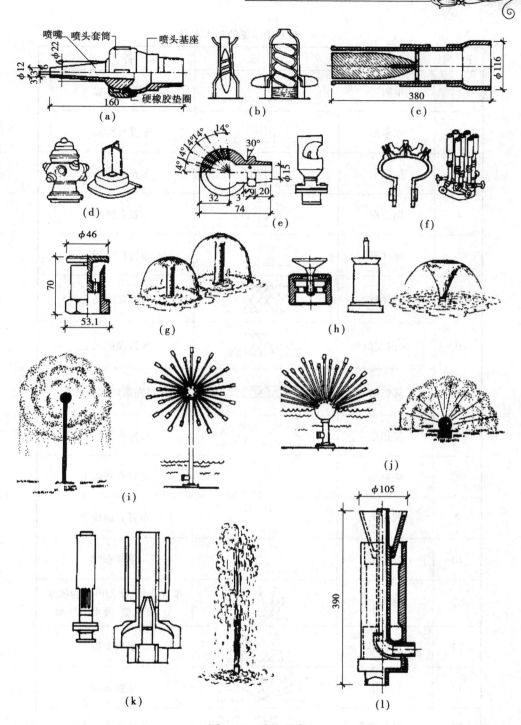

图4.35　喷头种类

（a）单射流喷头；（b）喷雾喷头；（c）环形喷头；（d）旋转喷头；

（e）扇形喷头；（f）多孔喷头；（g）半球形喷头；（h）牵牛花形喷头；

（i）球形蒲公英喷头；（j）半球形蒲公英喷头；（k）吸力喷头；（l）组合式喷头

表4.4　喷泉中常见的基本水形

序　号	名　称	水　形	备　注
1	单射形		单独布置
2	水幕形		布置在圆周上
3	拱顶形		布置在圆周上
4	向心形		布置在圆周上
5	圆柱形		布置在圆周上
6	向外编织		布置在圆周上
	向内编织		布置在圆周上
	篱笆形		布置在圆周或直线上
7	屋顶形		布置在直线上
8	喇叭形		布置在圆周上
9	圆弧形		布置在曲线上
10	蘑菇形		单独布置
11	吸力形		单独布置,此型可分为吸水型、吸气型、吸水吸气型
12	旋转形		单独布置
13	喷雾形		单独布置
14	洒水型		布置在曲线上
15	扇形		单独布置

续表

序　号	名　称	水　形	备　注
16	孔雀型		单独布置
17	多层花型		单独布置
18	牵牛花型		单独布置
19	半球形		单独布置
20	蒲公英型		单独布置

上述各种水形除单独使用外,还可以将几种水形根据设计意图自由组合,形成多种美丽的水形图案,如图4.36所示。

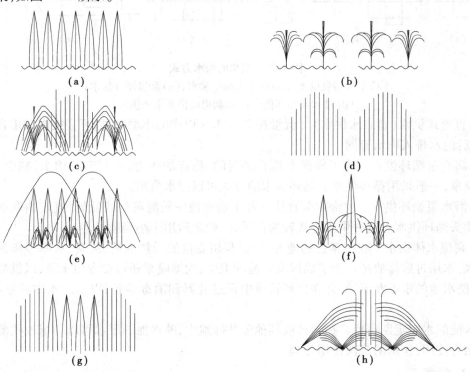

图4.36　水形组合

从喷泉射流的基本形式来分,水形的组合形式有单射流、集射流、散射流和组合射流4种,如图4.37所示。

四、喷泉的给排水系统

喷泉的水源应为无色、无味、无有害杂质的清洁水。因此,喷泉除用城市自来水作为水源外,也可用地下水;其他像冷却设备和空调系统的废水也可作为喷泉的水源。

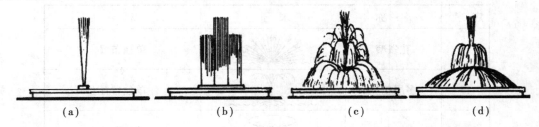

图4.37　喷泉射流的基本形式
(a)单射流;(b)集射流;(c)散射流;(d)组合射流

1)喷泉的给水方式

喷泉的给水方式有以下4种,如图4.38所示。

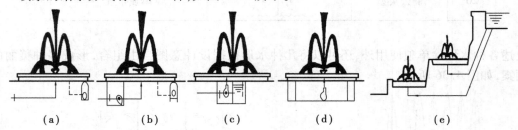

图4.38　喷泉的给水方式
(a)小型喷泉供水;(b)小喷泉加压供水;(c)泵房循环供水;
(d)潜水泵循环供水;(e)利用高位蓄水池供水

(1)直流式供水(自来水供水)　流量在2~3 L/s以内的小型喷泉,可直接由城市自来水供水,使用后的水排入雨水管网。

(2)离心泵循环供水　为了确保水具有必要的、稳定的压力,同时节约用水,减少开支,对于大型喷泉,一般采用循环供水。循环供水的方式可以设水泵房。

(3)潜水泵循环供水　将潜水泵直接放置于喷水池中较隐蔽处或低处,直接抽取池水向喷水管及喷头循环供水。这种供水方式较为常见,一般多适用于小型喷泉。

(4)高位水体供水　在有条件的地方,可以利用高位的天然水塘、河渠、水库等作为水源向喷泉供水,水用过后排放掉。为了确保喷水池的卫生,大型喷泉还可设专用水泵,以供喷水池水的循环,使水池的水不断流动;并在循环管线中设过滤器和消毒设备,以消除水中的杂物、藻类和病菌。

喷水池的水应定期更换。在园林或其他公共绿地中,喷水池的废水可以和绿地喷灌或地面洒水等结合使用,作水的二次使用处理。

2)喷泉管线布置

大型水景工程的管道可布置在专用或共用管沟内,一般水景工程的管道可直接敷设在水池内。为保持各喷头的水压一致,宜采用环状配管或对称配管,并尽量减少水头损失。每个喷头或每组喷头前宜设置调节水压的阀门。对于高射程喷头,喷头前应尽量保持较长的直线管段或设整流器。

喷泉给排水管网主要由进水管、配水管、补充水管、溢流管和泄水管等组成。水池管线布置示意如图4.39所示。其布置要点如下：

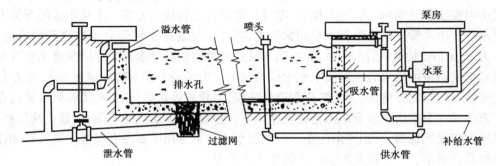

图4.39　喷泉给排水系统

①由于喷水池中水的蒸发及在喷射过程中有部分水被风吹走等，造成喷水池内水量的损失，因此，在水池中应设补充水管。补充水管和城市给水管相连接，并在管上设浮球阀或液位继电器，随时补充池内水量的损失，以保持水位稳定。

②为了防止因降雨使池水上涨而设的溢水管，应直接接通雨水管网，并应有不小于3%的坡度；溢水口的设置应尽量隐蔽，在溢水口外应设拦污栅。

③泄水管直通雨水管道系统，或与园林湖池、沟渠等连接起来，使喷泉水泄出后作为园林其他水体的补给水。也可供绿地喷灌或地面洒水用，但需另行设计。

④在寒冷地区，为防冻害，所有管道均应有一定坡度，一般不小于2%，以便冬季将管道内的水全部排空。

⑤连接喷头的水管不能有急剧变化，如有变化，必须使管径逐渐由大变小，另外，在喷头前必须有一段适当长度的直管，管长一般不小于喷头直径的20～30倍，以保持射流稳定。

五、喷泉构筑物

1）喷水池

喷水池是喷泉的重要组成部分。其本身不仅能独立成景，起点缀、装饰、渲染环境的作用，而且能维持正常的水位以保证喷水。因此可以说喷水池是集审美功能与实用功能于一体的人工水景。

喷水池的形状、大小应根据周围环境和设计需要而定。形状可以灵活设计，但要求富有时代感；水池大小要考虑喷高，喷水越高，水池越大，一般水池半径为最大喷高的1～1.3倍，平均池宽可为喷高的3倍。实践中，如用潜水泵供水，吸水池的有效容积不得小于最大一台水泵3 min的出水量。水池水深应根据潜水泵、喷头、水下灯具等的安装要求确定，其深度不能超过0.7 m，否则，必须设置保护措施。

2）泵房

泵房是指安装水泵等提水设备的常用构筑物。在喷泉工程中，凡采用清水离心泵循环供水的都要设置泵房。泵房的形式按照泵房与地面的关系分为地上式泵房、地下式泵房和半地下式泵房3种。

地上式泵房的特点是泵房建于地面上，多采用砖混结构，其结构简单，造价低，管理方便，但有时会影响喷泉环境景观，实际中最好和管理用房配合使用，适用于中小型喷泉。地下式泵房建于地面之下，园林用得较多，一般采用砖混结构或钢筋混凝土结构，特点是需做特殊的防水处理,有时排水困难,会因此提高造价,但不影响喷泉景观。

泵房内安装有电动机、离心泵、供电、电气控制设备及管线系统等。水泵相连的管道有吸水管和出水管。出水管即喷水池与水泵间的管道,其作用是连接水泵至分水器之间的管道,设置闸阀。为了防止喷水池中的水倒流,需在出水管安装单向阀。分水器的作用是将出水管的压力水合成多个支路再由供水管送到喷水池中供喷水用。为了调节供水的水量和水压,应在每条供水管上安装闸阀。北方地区,为了防止管道受冻坏,当喷泉停止运行时,必须将供水管内存的水排空。方法是在泵房内供水管最低处设置回水管,接入房内下水池中排除,以截止阀控制。

泵房内应设置地漏,特别注意防止房内地面积水。泵房用电要注意安全。开关箱和控制板的安装要符合规定。泵房内应配备灭火器等灭火设备。

3)阀门井

有时在给水管道上要设置给水阀门井,根据给水需要可随时开启和关闭,便于操作。给水阀门井内安装截止阀控制。

(1)给水阀门井　一般为砖砌圆形结构,由井底、井身和井盖组成。井底一般采用C10混凝土垫层,井底内径不小于1.2 m,井壁应逐渐向上收拢,且一侧应为直壁,便于设置铁爬梯。井口圆形,直径600 mm或700 mm。井盖采用成品铸铁井盖。

(2)排水阀门井　用于泄水管和溢水管的交接,并通过排水阀门井排进下水管网。泄水管道要安装闸阀,溢水管接于阀后,确保溢水管排水畅通。

4)喷泉照明

见水景照明工程相关内容。

六、喷泉的控制方式

喷泉喷射水量、时间和喷水图样变化的控制,主要有以下4种方式:

1)手阀控制

这是最常见和最简单的控制方式,在喷泉的供水管上安装手控调节阀,用来调节各管段中水的压力流量,形成固定的水姿形式。

2)继电器控制

通常用时间继电器按照设计时间程序控制水系、电磁阀、彩色灯等的起闭,从而实现可以自动变换的喷水水姿形式。

3)音响控制

声控喷泉是利用声音来控制喷泉水形变化的一种自控泉。它一般由以下几部分组成:

(1)声电转换、放大装置　通常是由电子线路或数字电路、计算机组成。

(2)执行机构　通常使用电磁阀来执行控制指令。

(3)动力设备　用水泵提供动力,并产生压力水。

(4)其他设备　主要有管路、过滤器、喷头等。

声控喷泉的原理是将声音信号转变为电信号,经放大及其他一些处理,推动继电器或其电子式开关,再去控制设在水路上的电磁阀的启闭,从而控制喷头水流的通断。这样,随着声音的起伏,人们可以看到喷水大小、高矮和形态的变化。它能把人们的听觉和视觉结合起来,使喷泉喷射的水花随着音乐优美的旋律而翩翩起舞。

4）电脑控制

计算机通过对音频、视频、光线、电流等信号的识别，进行译码和编码，最终将信号输出到控制系统，使喷泉及灯光的变化与音乐变化保持同步，从而达到喷泉水形、灯光、色彩、视频等与音乐情绪的完美结合，使喷泉表演更生动，更加富有内涵。

任务实施

一、准备工作

1）资料确认

熟悉设计图纸。首先对喷泉设计图有总体的分析和了解，体会其设计意图，掌握设计手法，在此基础上进行施工现场勘察。对现场施工条件要有总体把握，哪些条件可以充分利用，哪些必须清除等。

2）现场准备工作

①布置好各种临时设施、职工生活及办公用房等。仓库按需而设，做到最大限度地降低临时性设施的投入。

②组织材料、机具进场。各种施工材料、机具等应有专人负责验收登记，要有购料计划，进出库时要履行手续，认真记录，并保证用料规格质量。

③做好劳务调配工作。应视实际的施工方式及进度计划合理组织劳动力，特别采用平行施工或交叉施工时，更应重视劳力调配，避免窝工浪费。

二、喷泉施工

（1）回水槽施工方法

①核对永久性水准点，布设临时水准点，核对高程。

②测设水槽中心桩，管线原地面高程，施放挖槽边线，堆土和堆料界线及临时用地范围。

③槽开挖时严格控制槽底高程决不超挖，槽底高程可以比设计高程提高 10 cm，做预留部分，最后用人工清挖，以防槽底被扰动而影响工程质量。槽内挖出的土方，堆放在距沟槽边沿1.0 m 以外，土质松软危险地段采用支撑措施以防沟槽塌方。

④槽底素土夯实，槽四边周围使用 MU5.0 毛石和 M5 水泥砂浆砌筑：

a. 浇筑方法：要求一次性浇筑完成，不留施工缝，加强池底及池壁的防渗水能力。混凝土浇筑采用从底到上"斜面分层、循序渐进、薄层浇筑、自然流淌、连续施工、一次到顶"的浇筑方法。

b. 振捣：应严格控制振捣时间、振捣点间距和插入深度，避免各浇筑带交接处的漏振。提高混凝土与钢筋的握裹力，增大密实度。

c. 表面及泌水处理：浇筑成型后的混凝土表面水泥砂浆较厚，应按设计标高用刮尺刮平，赶走表面泌水，初凝前，反复碾压，用木抹子搓压表面 2~3 遍，以弥补裂缝。

d. 混凝土养护：因工程施工，正值秋季，中午、夜晚温差较大，为保证混凝土施工质量，控制温度裂缝的产生,采取蓄水养护。蓄水前,采取先盖一层塑料薄膜、一层草袋,进行保湿临时养护。

（2）溢水、进水管线的安装参照设计图纸。

（3）按照设计图纸安装喷头、潜水泵、控制器、阀门等。

（4）喷水试验和喷头、水形调整。

任务考核

序　号	任务考核	考核项目	考核要点	分　值	得　分
1	过程考核	施工图识读	掌握图纸表达内容	15	
2		喷头选择及安装	喷头选择与喷头安装方法正确	15	
3		水泵选择	根据喷泉设计要求正确选择水泵	15	
4		水形调试	能够达到喷泉设计时的水形要求	20	
5	结果考核	工程质量	施工规范,工艺正确,能够达到相应工程质量标准	20	
6		景观效果	能够实现规划设计方案的景观效果,实用美观	15	

巩固训练

某广场欲建一处喷泉,试根据喷泉平面图、立面图及施工图,建造该喷泉。

一、材料及用具

喷泉平面图、喷泉正立面图、喷泉剖面图、喷泉管线、喷头、灯具、防渗材料、钢卷尺等。

二、组织实施

①将学生分成4个小组,以小组为单位进行喷泉分段施工;

②按下列施工内容完成施工任务:

管线安装、喷头安装、水形调试、灯具安装与调试等。

三、训练成果

①每人交一份训练报告,并参照喷泉施工任务考核进行评分;

②根据喷泉设计要求,完成喷泉施工。

现代喷泉类型

随着喷头设计的改进、喷泉机械的创新以及喷泉与电子设备、声光设备等的结合,喷泉的自由化、智能化和声光化都将有更大的发展,将会带来更加美丽、更加奇妙和更加丰富多彩的喷泉水景效果。

一、音乐喷泉

它是在程序控制喷泉的基础上加入音乐控制系统,计算机通过对音频及 MIDI 信号的识别,进行译码和编码,最终将信号输出到控制系统,使喷泉及灯光的变化与音乐保持同步,从而达到喷泉水型、灯光及色彩的变化与音乐情绪的完美结合,使喷泉表演更生动,更加富有内涵。

二、程控喷泉

将各种水型、灯光,按照预先设定的排列组合进行控制程序的设计,通过计算机运行控制程序发出控制信号,使水型、灯光实现多姿多彩的变化。

三、旱泉

喷泉放置在地下,表面饰以光滑美丽的石材,可铺设成各种图案和造型。水花从地下喷涌而出,在彩灯照射下,地面犹如五颜六色的镜面,将空中飞舞的水花映衬得无比娇艳,使人流连忘返。停喷后,不阻碍交通,可照常行人,非常适合于宾馆、饭店、商场、大厦、街景小区等。

四、跑泉

跑泉尤适合于江、河、湖、海及广场等宽阔的地点。计算机控制数百个喷水点,随音乐的旋律超高速跑动,或瞬间形成排山倒海之势,或形成委婉起伏波浪式,或组成其他的水景,衬托景点的壮观与活力。

五、室内喷泉

各类喷泉都可采用。控制系统多为程控或实时声控。娱乐场所建议采用实时声控,伴随着优美的旋律,水景与舞蹈、歌声同步变化,相互衬托,使现场的水、声、光、色达到完美的结合,极具表现力。

六、层流喷泉

层流喷泉又称波光喷泉,采用特殊层流喷头,将水柱从一端连续喷向固定的另一端,中途水流不会扩散,不会溅落。白天,就像透明的玻璃拱柱悬挂在天空,夜晚在灯光照射下,犹如雨后的彩虹,色彩斑斓。适用于各种场合与其他喷泉相组合。

七、趣味喷泉

(1)子弹喷泉　在层流喷泉基础上,将水柱从一端断续地喷向另一端,犹如子弹出膛般迅速准确射到固定位置,适用于各种场合与其他的喷泉相结合。

（2）鼠跳喷泉　一段水柱从一个水池跳跃到另一个水池,可随意启动,当水柱在数个水池之间穿梭跳跃时即构成鼠跳喷泉的特殊情趣。

（3）时钟喷泉　用许多水柱组成数码点阵,随时反映日期、小时、分钟及秒的运行变化,构成独特趣味。

（4）游戏喷泉　一般是旱泉形式,地面设置机关控制水的喷涌或音乐控制,游人在其间不小心碰触到,则忽而这里喷出雪松状水花,忽而那里喷出摇摆飞舞的水花,令人防不胜防。可嬉性很强。适合于公园、旅游景点等,具有较强的营业性能。

（5）乐谱喷泉　用计算机对每根水柱进行控制,其不同的动态与时间差反映在整体上即构成形如乐谱般起伏变化的图形,也可把7个音阶做成踩键,控制系统根据游人所踩旋律及节奏控制水型变化,娱乐性强,适用于公园、旅游景点等,具有营业性能。

（6）喊泉　由密集的水柱排列成坡型,当游人通过话筒时,实时声控系统控制水柱的开与停,从而显示所喊内容,趣味性很强,适用于公园、旅游景点等,具有极强的营业性能。

八、激光喷泉

配合大型音乐喷泉设置一排水幕,用激光成像系统在水幕上打出色彩斑斓的图形、文字或广告,既渲染美化了空间,又起到宣传、广告的效果。适用于各种公共场合,具有极佳的营业性能。

九、水幕电影

水幕电影是通过高压水泵和特制水幕发生器,将水自上而下,高速喷出,雾化后形成扇形"银幕",由专用放映机将特制的录影带投射在"银幕"上,形成水幕电影。当观众在观看电影时,扇形水幕与自然夜空融为一体,当人物出入画面时,好似人物腾起飞向天空或自天而降,产生一种虚无缥缈和梦幻的感觉,令人神往。

任务6　驳岸工程施工

> 知识点:了解驳岸施工的基础知识,掌握驳岸施工的工艺流程和验收标准。
> 能力点:能根据施工图进行驳岸的施工、管理与验收。

任务描述

在古典园林中,驳岸往往用自然山石砌筑,与假山、置石、花木相结合,共同组成园景。驳岸必须结合所处环境的艺术风格、地形地貌、地质条件、材料特性、种植特色以及施工方法、技术经济要求等来选择其结构形式,在实用、经济的前提下注意外形的美观,使其与周围景色协调。

某公园拟在园林水体边缘与陆地交界处,为稳定岸壁、保护湖岸不被冲刷或水淹,建造驳岸。试根据驳岸结构设计要求,正确进行驳岸施工。希望通过学习后能正确进行驳岸处理,选择并运用墙体砌筑材料,完成驳岸的施工。

任务分析

要想成功完成驳岸工程施工,就要正确分析影响驳岸工程的因素,做好驳岸施工前准备工作,根据驳岸的特点,学会并指导驳岸工程施工。具体应解决好以下几个问题:

①正确认识驳岸工程施工图,准确把握设计人员的设计意图。

②能够利用驳岸的知识编制切实可行的驳岸工程施工组织方案。

③能够根据驳岸工程的特点,进行有效的施工现场管理、指导工作。

④做好驳岸工程的成品修整和保护工作。

⑤做好驳岸工程竣工验收的准备工作。

任务咨询

一、驳岸工程施工相关知识

1)破坏驳岸的主要因素

驳岸可分成湖底以下基础部分、常水位以下部分、常水位与最高水位之间的部分和不淹没的部分,不同部分其破坏因素不同。湖底以下驳岸基础部分的破坏原因包括:

①由于池底地基强度和岸顶荷载不一而造成不均匀的沉陷,使驳岸出现纵向裂缝甚至局部塌陷。

②在寒冷地区水深不大的情况下,可能由于冰胀而引起基础变形。

③木桩做的桩基则因受腐蚀或水底一些动物的破坏而朽烂。

④在地下水位很高的地区会产生浮托力影响基础的稳定。

常水位以下的部分常年被水淹没,其主要破坏因素是水浸渗。在我国北方寒冷地区则因水渗入驳岸内再冻胀后会使驳岸胀裂,有时会造成驳岸倾斜或位移。常水位以下的岸壁又是排水管道的出口,如安排不当也会影响驳岸的稳固。常水位至最高水位这一部分经受周期性的淹没。如果水位变化频繁则对驳岸也形成冲刷腐蚀的破坏。最高水位以上不淹没的部分主要是浪激、日晒和风化剥蚀。驳岸顶部则可能因超重荷载和地面水的冲刷受到破坏。另外,由于驳岸下部的破坏也会引起这一部分受到破坏。了解破坏驳岸的主要因素以后,可以结合具体情况采取防止和减少破坏的措施。

2)驳岸平面位置和岸顶高程的确定

与城市河湖接壤的驳岸,应按照城市规划河道系统规定的平面位置建造。园林内部驳岸则根据设计图纸确定平面位置。技术设计图上应该以常水位线显示水面位置。整形驳岸,岸顶宽度一般为 30 ~ 50 cm。如驳岸有所倾斜则根据倾斜度和岸顶高程向外推求。

岸顶高程应比最高水位高出一段距离,一般是高出 0.25 ~ 1 m。一般的情况下驳岸以贴近水面为好。在水面积大、地下水位高、岸边地形平坦的情况下,对于人流稀少的地带可以考虑短时间被洪水淹没以降低由大面积垫土或增高驳岸的造价。

驳岸的纵向坡度应根据原有地形条件和设计要求安排,不必强求平整,可随地形有缓和的起伏,起伏过大的地方甚至可做成纵向阶梯状。

二、园林驳岸的结构形式

根据驳岸的造型,可以将驳岸划分为规则式驳岸、自然式驳岸和混合式驳岸 3 种。

(1)规则式驳岸　指用砖、石、混凝土砌筑的比较规整的驳岸,如常见的重力式驳岸、半重力式驳岸和扶壁式驳岸等(图 4.40),园林中常用的驳岸以重力式驳岸为主,但重力式驳岸要求有较好的砌筑材料和施工技术。这类驳岸简洁明快,耐冲刷,但缺少变化。

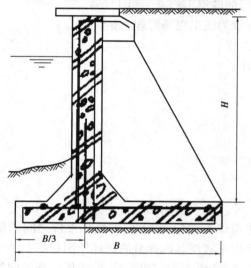

扶壁式驳岸构造要求:
1.在水平荷载时 $B=0.45H$
　在超重荷载时 $B=0.65H$
　在水平又有道路荷载时
　　$B=0.75H$
2.墙面板、扶壁的
　厚度>2 025
　底板厚度25

图 4.40　规则式驳岸(扶壁式驳岸)

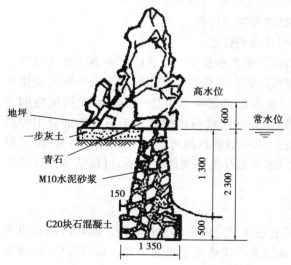

图 4.41　混合式驳岸

(2)自然式驳岸　自然式驳岸指外观无固定形状或规格的岸坡处理,如常见的假山石驳岸、卵石驳岸、仿树桩驳岸等。这种驳岸自然亲切,景观效果好。

(3)混合式驳岸　这种驳岸结合了规则式驳岸和自然式驳岸的特点,一般用毛石砌墙,自然山石封顶,园林工程中也较为常用(图 4.41)。

三、园林常见驳岸做法

园林常见驳岸做法如图 4.42 所示。

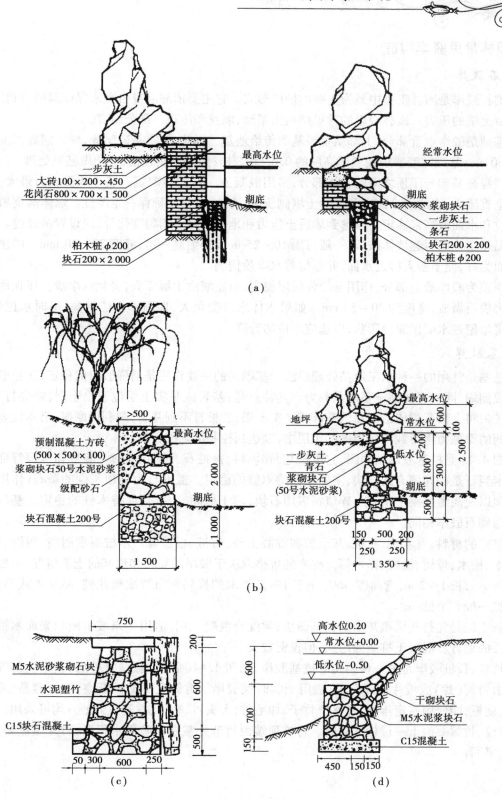

图4.42　驳岸做法(单位:mm)

四、园林常见驳岸构造

1) 砌石驳岸

砌石驳岸是园林工程中最为主要的护岸形式。它主要依靠墙身自重来保证岸壁的稳定，抵抗墙后土壤的压力。园林驳岸的常见结构由基础、墙身和压顶三部分组成。

基础是驳岸承重部分，上部质量经基础传给地基。因此，要求基础坚固，埋入湖底深度不得小于 50 cm，基础宽度要求在驳岸高度的 0.6～0.8 倍；如果土质轻松，必须做基础处理。

墙身是基础与压顶之间的主体部分，多用混凝土、毛石、砖砌筑。墙身承受压力最大，主要来自垂直压力、水的水平压力及墙后土壤侧压力，为此，墙身要确保一定厚度。墙体高度根据最高水位和水面浪高来确定。考虑到墙后土压力和地基沉降不均匀变化等，应设置沉降缝。为避免因温差变化而引起墙体破裂，一般每隔 10～25 m 设伸缩缝一道，缝宽 20～30 mm。岸顶以贴近水面为好，便于游人接近水面，并显得蓄水丰盈饱满。

压顶为驳岸最上部分，作用是增强驳岸稳定，阻止墙后土壤流失，美化水岸线。压顶用混凝土或大块石做成，宽度为 30～50 cm。如果水体水位变化大，即雨季水位很高，平时水位低，这时可将岸壁迎水面做成台阶状，以适应水位的升降。

2) 桩基驳岸

桩基是常用的一种水工地基处理手法。基础桩的主要作用是增强驳岸的稳定，防止驳岸的滑移或倒塌，同时可加强土基的承载力。其特点是：基岩或坚实土层位于松土层，桩尖打下去，通过桩尖将上部荷载传给下面的基础或坚实土层；若桩打不到基岩，则利用摩擦，借木桩表面与泥土间的摩擦力将荷载传到周围的土层中，以达到控制沉陷的目的。

图 4.43 是桩基驳岸结构图，它由核基、碎填料、盖桩石、混凝土基础、墙身和压顶等部分组成。卡当石是桩间填充的石块，主要是保持木桩的稳定。盖桩石为桩顶浆砌的条石，作用是找平桩顶以便浇灌混凝土基础。碎填料多用石块，填于桩间，主要是保持木桩的稳定。基础以上部分与砌石驳岸相同。

桩基的材料，有木桩、石桩、灰土桩和混凝土桩、竹桩、板桩等。木桩要求耐腐、耐湿、坚固，如柏木、松木、橡树、榆树、杉木等。桩木的规格取决于驳岸的要求和地基的土质情况，一般直径 10～15 cm，长 1～2 m，弯曲度 (d/l) 小于 1%。桩木的排列常布置成梅花桩、品字桩或马牙桩。梅花桩一般 5 个桩/m^2。

灰土桩是先打孔后填灰土的桩基做法，常配合混凝土用，适用于岸坡水淹频繁而木桩又容易腐蚀的地方。混凝土桩坚固耐久，但投资较大。

竹桩、板桩驳岸是另一种类型的桩基驳岸，如图 4.44 所示。驳岸打桩后，基础上部临水面墙身由竹篱（片）或板片镶嵌而成，适用于临时性驳岸。竹篱驳岸造价低廉，取材容易，施工简单，工期短，能使用一定年限，凡盛产竹子，如毛竹、大头竹、勒竹、撑篙竹的地方均可采用。施工时，竹校、竹篱要涂上一层柏油防腐。竹桩顶端由竹节处截断以防雨水积聚，竹片镶嵌要直顺、紧密、牢固。

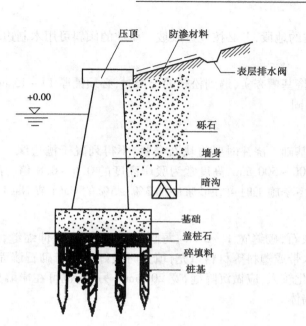

图 4.43　桩基驳岸

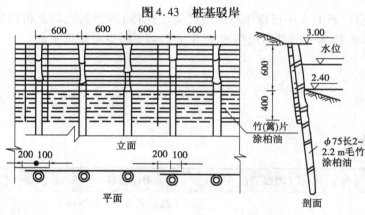

图 4.44　竹篱驳岸

任务实施

驳岸施工前必须放干湖水,或分段堵截围堰逐一排空。现以砌石驳岸说明其施工要点。砌石驳岸施工流程为:放线→挖槽→夯实地基→浇筑混凝土基础→砌筑岸墙→砌筑压顶。

一、定点放线

定点放线应依据施工设计图上的常水位线来确定驳岸的平面位置,并在基础两侧各加宽20 cm 放线。

二、基槽开挖

一般采用人工开挖,工程量大时可采用机械挖掘。为了保证施工安全,挖方时要保证足够的工作面,对需要放坡的地段,务必按规定放坡。岸坡的倾斜可用木制边坡样板校正。

三、夯实地基

基槽开挖完成后将基槽夯实,遇到松软的土层时,必须铺厚 14～15 cm 灰土(石灰与中性黏土之比为 3:7)一层加固。

四、浇筑基础

采用块石混凝土基础。浇注时要将块石垒紧,不得列置于槽边缘。然后浇筑 M15 或 M20 水泥砂浆,基础厚度 400～500 mm,高度常为驳岸高度的 0.6～0.8 倍。灌浆务必饱满,要渗满石间空隙。北方地区冬季施工时可在砂浆中加 3%～5% 的 $CaCl$ 或 $NaCl$ 用以防冻。

五、砌筑岸墙

M5 水泥砂浆砌块石,砌缝宽 1～2 cm,每隔 10～25 m 设置伸缩缝,缝宽 3 cm,用板条、沥青、石棉绳、橡胶、止水带或塑料等材料填充,填充时最好略低于砌石墙面。缝隙用水泥砂浆勾满。如果驳岸高差变化较大,应做沉降缝,宽 20 mm。另外,也可在岸墙后设置暗沟,填置砂石排除墙后积水,保护墙体。

六、砌筑压顶

压顶宜用大块石(石的大小可视岸顶的设计宽度选择)或预制混凝土板砌筑。砌时顶石要向水中挑出 5～6 cm,顶面一般高出最高水位 50 cm,必要时也可贴近水面。

任务考核

序　号	任务考核	考核项目	考核要点	分　值	得　分
1	过程考核	定点放线	基础轴线位置正确,允许偏差为 20 mm	10	
2		基槽开挖	素土夯实,灰土加固处理方法正确	10	
3		夯实地基	基槽开挖完成后将基槽夯实,处理正确	20	
4		浇筑基础	浇注时要将块石垒紧,然后浇筑 M15 或 M20 水泥砂浆,符合设计要求	30	
5		砌筑岸墙	M5 水泥砂浆砌块石,宽度、厚度符合要求	10	
6		砌筑压顶	大块石或预制混凝土板砌筑处理正确	10	
7	结果考核	驳岸外观	驳岸施工达到设计要求,具备使用功能	10	

巩固训练

　　某公园拟在园林水体边缘与陆地交界处,为稳定岸壁,建造以砖或毛石作材料,砌筑 100 ~ 150 cm 高、长 200 cm、底宽 40 cm、顶宽 35 cm 的驳岸。让学生参加驳岸的施工并完成任务。

一、材料及用具

　　驳岸施工图、砖或毛石、条石、白灰、水泥、中砂、ϕ100PVC 管、夯、撬杠、手锤、镐、铁锹、水平尺、钢卷尺等。

二、组织实施

　　①将学生分成 4 个小组,以小组为单位进行驳岸施工;
　　②按下列施工步骤完成施工任务:
　　定点放线、基槽开挖、夯实地基、浇筑基础、砌筑岸墙、砌筑压顶。

三、训练成果

　　①每人交一份训练报告,并参照上述任务考核进行评分;
　　②根据驳岸结构设计要求,完成施工。

拓展提高

水体驳岸

　　不同园林环境中,水体的形状面积大小和基本景观各不相同,其岸坡的设计形式和结构形式也相应有所不同。在什么样的水体中选用什么样的岸坡,要根据岸坡本身的适用性和环境景观的特点而确定。

一、水体驳岸施工

　　水体驳岸的施工材料施工做法,随岸坡的设计形式不同而有一定的差别。但在多数岸坡种类的施工中,也有一些共同的要求。在一般岸坡施工中,都应坚持就地取材的原则。就地取材是建造岸坡的前提,它可以减少投入在砖石材料及其运输上的工程费用,有利于缩短工期,也有利于形成地方土建工程的特色。

1)重力式驳岸施工

　　(1)混凝土重力式驳岸　目前常采用 C10 块石混凝土做岸坡墙体。施工中,要保证岸坡基础埋深在 80 cm 以上,混凝土捣制应连续作业,以减少两次浇注的混凝土之间留下的接缝。岸壁表面应尽量处理光滑,不可太粗糙。

　　(2)块石砌重力式驳岸　用 M2.5 水泥砂浆作胶结材料,分层砌筑块石构成岸体,使块石结合紧密、坚实、整体性良好。临水面的砌缝可用水泥砂浆抹成平缝,但为了美观好看,也可勾成凸缝或凹缝。

（3）砖砌重力式驳岸　用MU7.5标准砖和M5水泥砂浆砌筑而成，岸壁临水面用1:3水泥砂浆粉面，还可在外表面用1:2水泥砂浆加3%防水粉做成防水抹面层。

2）干砌块石岸坡做法

这种岸坡一般采用直径在300 mm以上的块石砌成，砌筑上又可分为干砌和浆砌两种。干砌适用于斜坡式块石岸坡，一般采用接近土壤的自然坡，其坡度为(1:1.5)~(1:2)，厚度为25~30 cm；基础为混凝土或浆砌块石，其厚为300~400 mm，需做在河底自然倾斜线的实土以下500 mm处，否则易坍塌。同时，在顶部可做压顶，用浆砌块石或素混凝土代之。浆砌块石岸坡的做法是：尽可能选用较大块石，以节省水池的石材用量，用M2.5水泥砂浆砌筑。为使岸坡整体性加强，常做混凝土压顶。压顶混凝土内放Φ26统长钢筋，其构造基本上同挡土墙。

3）虎皮石岸坡施工

在背水面铺上宽500 mm的级配砂带，以减少冬季冻土对岸坡的破坏。常水位以下部分用M5砂浆砌筑块石，外露部分抹平。常水位以上部分用块石混凝土浇灌，使岸体整体性好，不易沉陷。岸顶用预制混凝土块压顶，向水面挑出50 mm。压顶混凝土块顶面高出最高水位300~400 mm。岸壁斜坡坡度1:10左右，每隔15 m设伸缩缝，用涂有防腐剂的木板嵌入，上砌虎皮石，用水泥砂浆勾隙2~3 mm宽为宜。

4）自然山石驳岸施工

在常水位线以下的岸体部分，可按设计做成块石重力式挡土墙、砖砌重力式墙、干砌块石岸坡等。在常水位线上下，用M2.5水泥砂浆砌自然山石作岸顶。砌筑山石的时候，一定要注意使山石的大小搭配、前后错落、高低起伏，使岸边轮廓线凹深凸线，曲折变化，决不能像砌墙一样做得整整齐齐。石块与石块之间的缝隙要用水泥石浆缝口，可用同种山石的粉末敷在表面，稍稍按实，待水泥完全硬化以后，就可很好地掩饰缝口。待山石驳岸砌筑完全后，要将石块背后用泥土填实筑紧，使山石与岸土结合一体。然后种植花草藻木或铺植草皮，即可完工。

二、施工中的注意事项

园林水体岸坡工程施工过程中，为了保证工程质量和施工安全，应当注意以下几点：

①严格管理，并按工程规范严格施工。这项要求是保证岸坡工程质量好坏的关键。

②岸坡施工前，一般应放空湖水，以便于施工，新挖湖池应在蓄水之前进行岸坡施工。属于城市排洪河道、蓄洪湖泊的水体，可分段围堵截流，排空作业现场围堰以内的水。选择枯水期施工，如枯水位距施工现场较远，当然也就不必放空湖水再施工，岸坡采用灰土基础时，应以干旱了节施工为宜，否则会影响灰土的凝结。浆砌块石施工中，砌筑要密实，要尽量减少缝穴，缝中灌浆务必饱满。浆砌石块缝宽应控制在2~3 cm，勾缝可稍高于石面。

③为了防止冻凝，岸坡应设伸缩缝并兼作沉降缝。伸缩缝要做好防水处理，同时也可采用结合景观的设计使岸坡曲折有度，这样既丰富岸坡的变化又减少伸缩缝的设置，使岸坡的整体性更强。

④为排除地面渗水或地面水在岸墙后的滞留，应考虑设置泄水孔。泄露水孔的分面可为等距离的，平均3~5 m处可设置一处。在孔后可设倒滤层，以防阻塞。

学习小结

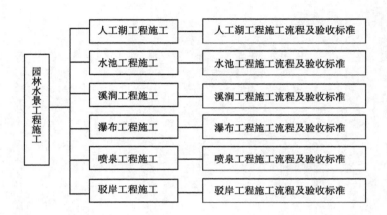

目标检测

一、复习题

(1) 简述人工湖的施工要点。

(2) 破坏驳岸的主要因素有哪些?

(3) 简述溪流的施工要点。

(4) 分析水池防水渗漏各种方法的特点。

(5) 说出柔性水池和钢性水池池底的做法。

(6) 园林护坡的主要类型及作用有哪些?

二、思考题

(1) 当前园林水景工程中如何运用水的表现形态?

(2) 说说当地主要城市中园林水景有什么样的特点?

三、实训题

1) 自然式水体设计与施工方案的制订

假设校园中一处小游园位于办公楼和实验楼之间,需要在游园中设计出一个自然式水池,要求绘制出小游园的总平面图、小游园的地形图、水池的底部和驳岸的结构图。并根据结构图制订出可行的水池的施工方案。

2) 喷泉设计

某商业广场位于市中心的十字路口的东北角,在此广场上游人较多,拟在此处设计并建造一喷泉,要求此喷泉具有丰富的立面形态,能够吸引游客驻足观赏。设计图纸内容包括:

(1) 喷泉的水池平面图、立面图。

（2）喷泉和水池管线布置平面图、水池池底和池壁结构图。

（3）阀门井、泵坑、泄水池的构造图。

（4）学生能够自行设计，并能编制喷泉的施工组织设计方案。

项目 **5** 园路铺装工程施工

【项目目标】

- 掌握园路工程施工图设计;
- 掌握园路工程的常用材料;
- 掌握园路工程施工流程和工艺要求;
- 掌握园路的施工工艺及操作步骤;
- 掌握园路工程施工的质量检验。

【项目说明】

园路像人体的脉络一样,是贯穿全园的交通网络,是联系各个景区和景点的纽带和风景线,是组成园林风景的造景要素。园路的建设总是从平面上划分园林地形,园路施工一般都是结合着园林总平面施工一起进行的。园路工程的重点,在于控制好施工面的高程,并注意与园林其他设施的有关高程相协调。

施工中,园路路基和路面基层的处理只要达到设计要求的牢固性和稳定性即可,而路面面层的铺装,则要更加精细,更加强调质量方面的要求。本项目共分 3 个任务来完成:整体路面工程施工;块料路面工程施工;碎料路面工程施工。

任务 1 整体路面工程施工

知识点:了解整体路面工程的基础知识,掌握整体路面施工的工艺流程和验收标准。

能力点:能根据施工图进行整体路面工程的施工、管理与验收。

任务描述

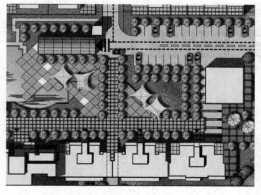

图5.1　某校园办公区绿化平面图

　　园路路面的结构形式同城市道路一样具有多样性,但由于园林中通行车辆较少,园路的荷载较小,因此路面结构都比城市道路简单,所以整体路面一般由路面、路基、道牙组成,其中路面又分为面层、基层和垫层等。

　　某大学校园教学区设计了块石路面园路、混凝土整体路面园路、卵石路、步石路(图5.1)。根据园路的设计结构,进行其中整体路面园路的施工,并确定整体路面园路的纵、横向坡度,整体路面园路的结构,希望通过学习后能掌握整体路面的分类、特点及整体路面的施工工艺。

任务分析

　　要想成功完成整体路面工程施工,就要正确分析影响整体路面工程施工的因素,做好施工前的准备工作,根据整体路面工程的施工特点,学会并指导整体路面工程的施工。其施工步骤为:材料的选用、定点放线、基槽开挖、路基到面层的施工,并掌握整体路面施工的技术标准。具体应解决好以下几个问题:

　　①正确认识整体路面工程施工图,准确把握设计人员的设计意图。

　　②能够利用整体路面工程的知识编制切实可行的整体路面施工组织方案。

　　③能够根据整体路面工程的施工特点,进行有效的施工现场管理、指导工作。

　　④做好整体路面工程的成品修整和保护工作。

　　⑤做好整体路面工程竣工验收的准备工作。

任务咨询

　　园路是贯穿全园的交通网络,联系若干个景区和景点,同时也是组成园林景观的要素之一,并为游人提供活动和休息的场所。

一、园路的功能

　　(1)组织交通和引导游览线路　经过铺装的园路耐践踏、碾压和磨损,可为游人提供舒适、安全、方便的交通条件,还可满足各种园务运输的需求,如图5.2所示。

图5.2　组织交通的园路　　　　　　　　图5.3　划分空间的园路

（2）划分、组织空间　园林中利用地形、建筑、植物、水体或道路来划分园林功能分区。对于地形起伏不大、建筑比重小的现代园林绿地，用道路围合分隔不同景区是主要划分方式。借助道路面貌（线形、轮廓、图案等）的变化，还可以暗示空间性质、景观特点转换以及活动形式的改变等，从而起到组织空间的作用。如在专类园中，园路划分空间的作用更是十分明显，如图5.3所示。

（3）参与造景　园路作为空间界面的一个方面而存在着，自始至终伴随着游览者，并影响风景的效果，它与山、水、植物和建筑等共同构成优美丰富的园林景观。主要表现在以下几个方面：

①创造意境：如中国古典园林中园路的花纹和材料与意境相结合，如图5.4所示，有其独特的风格与完整的构图，很值得学习。

图5.4　创造意境的园路　　　　　　　　图5.5　构成园景的园路

②构成园景：通过园路引导，将不同角度和方向的地形地貌、植物群落等园林景观一一展现在眼前，形成一系列动态画面，即此时的园路也参与了风景的构图，可称为"因景得路"。而且园路本身的曲线、质感、色彩、纹样、尺度等与周围环境相协调统一，也是构成园景的一部分，如图5.5所示。

③统一空间环境：总体布局中，协调统一的地面铺装，使尺度和特性上有差异的要素相互间连接，在视觉上统一起来，如图5.6所示。

④构成个性空间：园路的铺装材料和图案造型能形成和增强不同的空间感，如细腻感、粗犷感、安静感、亲切感等，丰富而独特的园路可以提升视觉趣味，增强空间的独特性和可识性，如图5.7所示。

图 5.6　统一空间的园路

图 5.7　构成特色空间的园路

（4）提供活动场地和休息场地　在建筑小品周围、花坛边、水旁和树池等处，园路可扩展为广场，为游人提供活动和休息的场所。

（5）组织排水　道路可以借助其路缘或边沟组织排水。当园林绿地高于路面，就能汇集两侧绿地径流，利用其纵向坡度将雨水排除。

二、整体路面园路的线形设计

园路的线形包括平面线形和纵断面线形。线形设计是否合理，不仅影响道路的交通和排水功能，也关系到园林景观序列的组合与表现。

（1）平曲线最小半径　车辆在弯道上行驶时，为了使车体顺利转弯，要求弯道部分采用圆弧曲线，平曲线就是指该圆弧曲线，其半径就是平曲线半径。行车道路的平曲线半径一般取决于行驶的速度和车体的长度。一般可以不考虑行车速度，因为园路的设计车速较低，只要满足汽车本身（前后轮间距）的最小转弯半径即可。平曲线最小半径一般不小于 12 m，如图 5.8 所示。

（2）曲线加宽　汽车在弯道上行驶时，后轮的转弯半径比前轮的转弯半径小，为此要适当加宽弯道的内侧路面。曲线加宽值与车体长度的平方成正比，与弯道半径成反比，如图 5.9 所示。

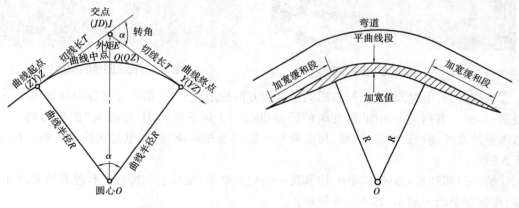

图 5.8　平曲线　　　　　　　　　　图 5.9　曲线加宽

（3）整体路面园路的结构设计　根据整体路面园路各层的作用和设计要求，将该整体路面园路的结构设计为：用 120 mm 厚的级配砂石做垫层，基层可用二渣（水泥渣、散石灰）或三渣

（水泥渣、散石灰、道渣），用 150 mm 厚的 C20 混凝土做面层，用 500 mm × 350 mm × 150 mm 的麻石做道牙。

（4）整体路面园路的纵、横向坡度

①纵向坡度：为了保证车行的安全及行人行走舒适，方便路面排水，整体路面园路的纵坡坡度一般为 1%。

②横向坡度：为方便排水，保证行人行走舒适和车行的安全，整体路面园路的横坡坡度一般为 1.5%。

三、园路的典型结构

1）园路的典型结构（图 5.10）

（1）面层　面层是指路面最上面的一层，它直接承受人流、车辆和大气因素的作用，对整体路面面层的要求同卵石路面。整体路面园路的面层常用水泥混凝土和沥青混凝土。因此面层要求坚固、平稳、耐磨损、不滑、反光小，具有一定的粗糙度和少尘性，便于清扫且美观。

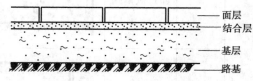

面层
结合层
基层
路基

图 5.10　园路的典型结构

（2）结合层　采用块料铺筑面层时，在面层与基层之间设有结合层，是为了黏结和找平而设置的。结合层材料一般选用 3 ~ 5 cm 厚的水泥砂浆或混合砂浆。

（3）基层　基层位于结合层之下，垫层或路基之上，是路面结构中主要承重部分，可增加面层的抵抗能力，能承上启下，将荷载扩散，传递给路基。基层位于结合层之下，垫层之上。基层主要承受由面层传来的荷载垂直力，并把荷载分布到垫层或路基中，故基层应有足够的强度和刚度。通常采用混凝土作为基层，也可采用当地的碎石、灰土或各种工业废渣（如煤渣、粉煤灰、矿渣、石灰渣等）作为基层。

（4）垫层　在路基排水不良或有冻胀、翻浆的路段上，为了排水、隔温、防冻的需要，设于基层之下。其功能是改善路基的湿度和温度状况，以便有利于排水，并保证面层和基层的强度和刚度的稳定性，使其不受冻胀翻浆的影响。常用的垫层材料有两类：一类是松散性材料，如砂、砾石、炉渣、片石、卵石等，它们组成透水性垫层；另一类是整体性材料，如石灰土或炉渣石灰土，它们组成稳定性垫层。园林中也可用加强基层的办法，而不另设此层。

（5）路基　路基即土基，是路面的基础，它不仅为路面提供一个平整的基面，还承受路面传来的荷载，是保证路面强度和稳定性的重要条件。对于一般土壤，如黏土和砂性土，开挖后经过夯实，即可作为路基。在严寒地区，过湿的冻胀土或湿软土，宜采用 2∶8 灰土加固路基，其厚度一般为 15 cm。为了提高路面质量、降低造价，应尽量做到薄面、强基、稳基土，使卵石路结构经济、合理和美观。

2) 园路的常见结构 (表 5.1)

表 5.1　园路的常见结构

序　号	园路名称	园路结构	
1	石板嵌草路		①100 mm 厚石板; ②50 mm 黄沙; ③素土夯实; ④石缝 30～50 mm 嵌草
2	卵石嵌草路		①70 mm 厚预制混凝土嵌卵石; ②50 mm 厚 M2.5 混合砂浆; ③一步灰土; ④素土夯实
3	预制混凝土方砖路		①5 000 mm×500 mm×500 mm 的 C15 混凝土方砖; ②50～500 mm 厚粗砂; ③150～250 mm 厚灰土; ④素土夯实
4	现浇水泥混凝土路		①80～150 mm 厚 C15 混凝土; ②80～120 mm 厚碎石; ③素土夯实
5	卵石路		①70 mm 厚混凝土上栽小卵石; ②30～50 mm 厚 M2.5 混合砂浆; ③150～250 mm 厚碎砖三合土; ④素土夯实
6	沥青碎石路		①10 mm 厚二层柏油表面处理; ②50 mm 厚泥结碎石; ③150 mm 厚碎砖或白灰、煤渣; ④素土夯实
7	羽毛球场铺地		①20 mm 厚的 1∶3 的水泥砂浆; ②80 mm 厚的 1∶3∶6 的水泥∶白灰∶碎砖; ③素土夯实
8	步石		①大块毛砖; ②基石用毛石或 100 mm 厚水泥混凝土板; ③素土夯实

续表

序　号	园路名称	园路结构	
9	块石汀步	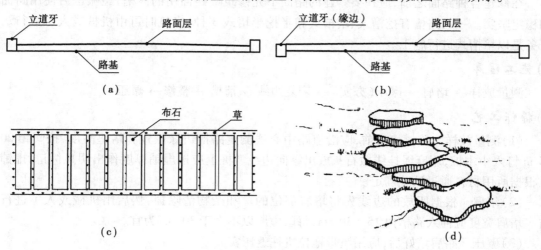	①大块毛石； ②基石用毛石或 100 mm 厚水泥混凝土板 ③素土夯实
10	荷叶汀步		用钢筋混凝土现浇
11	透气透水性路面		①彩色异型砖； ②石灰砂浆； ③无砂水泥混凝土； ④天然级配砂砾； ⑤粗砂或中砂； ⑥素土夯实

四、园路的类型

园路根据构造形式一般可分为路堑型、路堤型和特殊型 3 种类型，如图 5.11 所示。

（a）

（b）

（c）

（d）

图 5.11　园路的基本类型

（a）路堑型（立面）；（b）路堤型（立面）；（c）路堤型（立面）；（d）特殊型

①路堑型是道牙位于道路边缘，路面低于两侧地面，利用道路排水。

②路堤型是道牙位于道路靠近边缘处，路面高于两侧地面，利用明沟排水。

③特殊型包括步石、汀步、蹬道、攀梯等。

任务实施

一、施工前的准备

施工前,施工单位应组织有关人员熟悉设计文件,以便编制施工方案,为施工任务创造条件。园路建设工程设计文件,包括初步设计和施工图两部分,熟悉设计文件应注意的事项。

①确定整体路面园路的纵、横向坡度。为保证路面水的排除与行人行走得舒适,将整体路面园路的纵坡坡度确定为1%,横坡坡度确定为1.5%。横坡设为单面坡,坡向指向路边的排水明沟。

②确定整体路面路宽尺寸。

③确定整体路面园路的结构设计。

④确定整体路面园路的面层设计。

二、施工放线

根据现场控制点,测设出整体路面园路中心线上的特征点,并打上木桩,在地面上每隔20~50 m放一中心桩,在弯道的曲线上应在曲头、曲中和曲尾各放一中心桩,在各中心桩上标明桩号和挖填要求。再以中心桩为准,根据整体路面园路宽度定出边桩。最后放出路面的平曲线。用白灰在场地地面上放出边轮廓线。

三、修筑路槽

在修建各种路面之前,应在要修建的路面下先修筑铺路面用的浅槽,经碾压后使用路面更加稳定坚实。一般路槽有挖槽式、培槽式和半挖半培式3种,修筑时可由机械或人工进行。本任务是以培槽式进行施工。

1)施工程序

测量放样→ 培肩→ 碾压(夯实)→ 恢复边线→ 清槽→ 整修→ 碾压。

2)操作工艺

(1)测量放样　路槽培肩前,应沿道路中心线测定路槽边缘位置和培垫高度,按间距20~25 m钉入小木桩,用麻绳挂线撒石灰放出纵向边线。桩上应按虚铺厚度作出明显标记,虚铺系数根据所用材料通过试验确定。

(2)培肩　根据所放的边线先将培肩部位的草和杂物清除掉,然后用机械或人工进行培肩。培肩宽度应伸入路槽内15~30 cm,每层虚厚以不大于30 cm为宜。

(3)碾压　路肩培好后,应用履带拖拉机往返压实。

(4)恢复边线　操作工艺与测量放线基本相同,将路槽边线基本恢复。

(5)清槽　根据恢复的边线,按挖槽式操作工艺,用机械或人工将培肩时多余部分的土清除,经整修后,用压路机对路槽进行碾压。整修碾压操作工艺与挖槽式相同。

四、基层施工

(1)干结碎石　干结碎石基层是指在施工过程,不洒水或少洒水,依靠充分压实及用嵌缝

料充分嵌挤,使石料间紧密锁结所构成的具有一定强度的结构,一般厚度为8～16 cm,适用于园路中的主路等。

(2)天然级配砂砾　天然级配砂砾是用天然的低塑性砂料,经摊铺整型并适当洒水碾压后所形成的具有一定密实度和强度的基层结构。它的一般厚度为10～20 cm,若厚度超过20 cm应分层铺筑。适用于园林中各级路面,尤其是有荷载要求的嵌草路面,如草坪停车场等。

(3)石灰土　在粉碎的土中,掺入适量的石灰,按照一定的技术要求,把土、灰、水三者拌和均匀,在最佳含水量的条件下压实成型的这种结构称为石灰土基层;石灰土力学强度高,有较好的整体性、水稳性和抗冻性。它的后期强度也高,适用于各种路面的基层、底基层和垫层。为达到要求的压实度,石灰土基层一般应用不小于12 t的压路机压实工具进行碾压。每层的压实厚度最小不应小于8 cm,最大也不应大于20 cm,如超过20 cm,应分层铺筑。

(4)二灰土　二灰土是以石灰、粉煤灰与土,按一定的配比混合、加水拌匀碾压而成的一种基层结构。它具有比石灰土还高的强度,有一定的板体性和较好的水稳性,适用于二灰土的材料要求不高,一般石灰下脚料和就地取土都可利用,在产粉煤灰的地区均有推广的价值。这种结构施工简便,既可以机械化施工,又可以人工施工。

由于二灰土都是由细料组成,对水敏感性强,初期强度低,在潮湿寒冷季节结硬很慢,因此冬季或雨季施工较为困难。为了达到要求的压实度,二灰土每层实厚度,最小不宜小于8 cm,最大不超过20 cm,大于20 cm时应分层铺筑。

五、结合层施工

一般用M7.5水泥、白泥、砂混合砂浆或1:3的白灰砂浆。砂浆摊铺宽度应大于铺装面5～10 cm,已拌好的砂浆应当日用完。也可用3～5 cm的粗砂均匀摊铺而成。特殊的石材铺地,如整齐石块和条石块,结合层采用M10号水泥砂浆。

六、面层施工

1)普通水泥路面施工

(1)面层施工　安装模板→安设传力杆→混凝土拌和与运输→混凝土摊铺和振捣→表面修整→接缝处理→混凝土养护和填缝。

水泥混凝土路面是用水泥、粗细骨料(碎石、卵石、砂等)、水按一定的配合比例混匀后现场浇筑的路面。整体性好,耐压强度高,养护简单,便于清扫。初凝之前,还可以在表面进行纹样加工。在园林中,多用作主干道。为增加色彩变化也可添加不溶于水的无机矿物颜料。混凝土面层施工完成后,应即时开始养护。养护期应为7 d以上,冬季施工后的养护期还应更长些。可用湿的稻草、锯木粉、湿砂及塑料薄膜等覆盖在路面上进行养护。不再做路面装饰的,则待混凝土面层基本硬化后,用锯剖机每隔7～9 m锯缝一道,作为路面的伸缩缝(伸缩缝也可在浇注混凝土之前预留)。

(2)接缝施工　纵缝应根据设计要求的规定施工,一般纵缝为纵向施工缝。拉杆在立模后浇筑混凝土之前安设,纵向施工缝的拉杆则穿过模板的拉杆孔安设,纵缝槽宜在混凝土硬化后用锯缝机锯切;也可以在浇筑过程中埋入接缝板,待混凝土初凝后拔出即形成缝槽。

(3)表面修整和防滑措施　水泥混凝土路面面层混凝土浇筑后,当混凝土终凝前必须用人工或机械将其表面抹平。当采用人工抹光时,其劳动强度大,还会把水分、水泥和细沙带到混凝土表面,以致表面比下部混凝土或砂浆有较高的干缩性和较低的强度。当采用机械抹光时,其机械上安装圆盘,即可进行粗光;安装细抹叶片,即可进行精光,具体操作如图5.12所示。

(a)　　　　　　　　　　　　　　　　　　(b)

图5.12　现浇混凝土路面修整

(a)人工抹光;(b)机械抹光

为了保证行车安全,混凝土应具有粗糙抗滑的表面。施工时,可用棕刷顺横向在抹平后的表面轻轻刷毛。

此外本任务采用画线的方式装饰路面,使用金属条或木条工具在未硬的混凝土面层上可以划出施工图要求纹路。

2)装饰面层施工

(1)普通抹灰与纹样处理　用普通灰色水泥配制成1:2或1:2.5的水泥砂浆,在混凝土面层浇注后尚未硬化时进行抹面处理,抹面厚度为1~1.5 cm。当抹面层初步收水,表面稍干时,再用下面的方法进行路面纹样处理。

(2)彩色水泥抹灰　水泥路面的抹面层所用水泥砂浆,可通过添加颜料而调制成彩色水泥砂浆,用这种材料可做出彩色水泥路面。彩色水泥调制中使用的颜料,需选用耐光、耐碱、不溶于水的无机矿物颜料,如红色的氧化铁红、黄色的柠檬铬黄、绿色的氧化铬绿。

(3)水磨石饰面　彩色水磨石地面是用彩色水泥石子浆罩面,再经过磨光处理而成的装饰性路面。按照设计,在平整、粗糙、已基本硬化的混凝土路面面层上,弹线分格,用玻璃条、铝合金条(或铜条)作分格条。然后在路面上刷上一道素水泥浆,再用1:1.25~1:1.50彩色水泥细石子浆铺面,厚0.8~1.5 cm。铺好后拍平,表面滚筒压实,待出浆后再用抹子抹面。如果用各种颜色的大理石碎屑,再与不同颜色的彩色水泥配制一起,就可做成不同颜色水磨石地面。水磨石的开磨时间应以石子不松动为准,磨后将泥浆冲洗干净。待稍干时,用同色水泥浆涂擦一遍,将砂眼和脱落的石子补好。第二遍用100~150号金刚石打磨,第三遍用180~200号金刚石打磨,方法同前。打磨完成后洗掉泥浆,再用1:29的草酸水溶液清洗,最后用清水冲洗干净。

(4)露骨料饰面　采用这种饰面方式的混凝土路面和混凝土铺砌板,其混凝土应用粒径较小的卵石配制。混凝土露骨料主要是采用刷洗的方法,在混凝土浇好后2~6 h内就应进行处理,最迟不得超过浇好后的16~18 h。刷洗工具一般采用硬毛刷子和钢丝刷子。刷洗应当从混凝土板块的周边开始,要同时用充足的水将刷掉的泥砂洗去,把每一粒暴露出来的骨料表面都洗干净。刷洗后3~7 d内,再用10%的盐酸水洗一遍,使暴露的石子表面色泽更明净,最后还要用清水把残留盐酸完全冲洗掉。

七、养护

混凝土路面施工完毕应及时进行养护,使混凝土中拌和料有良好的水化、水解强度、发育条件以及防止收缩裂缝的产生,养护时间一般约为 7 d。且在养护期间,禁止车辆通行,在达到设计强度后,方可允许行人通行。其养护方法是在混凝土抹面 2 h 后,表面有一定强度时,用湿麻袋或草垫,或者 20~30 mm 厚的湿砂覆盖于混凝土表面以及混凝土板边侧。覆盖物还兼有隔温作用,保证混凝土少受剧烈天气变化的影响。在规定的养生期间,每天应均匀洒水数次,使其保持潮湿状态。

八、安装道牙

道牙施工流程:

土基施工→ 铺筑碎石基层→ 铺筑混凝土垫层→ 铺筑结合层→ 安装道牙→ 验收。

铺筑砂浆结合层与道牙安装同时施工,砂浆抹平后安放道牙并用 100 号水泥砂浆勾缝,勾缝前对安放好的路缘石进行检查,检查其侧面、顶面是否平顺以及缝宽是否达到要求,不合格的重新调整,然后再勾缝。道牙背后应用白灰土夯实,其宽度 50 cm,厚度 15 cm,密实度在 90% 以上即可。如图 5.13 所示为道牙安装施工。

图 5.13   道牙施工

九、竣工收尾

竣工收尾除对内业收尾外,还要对外业进行收尾,具体的验收内容如下:

①混凝土面层不得有裂缝,并不得有石子外露和浮浆、脱皮、印痕、积水等现象。

②伸缩缝必须垂直,缝内不得有杂物,伸缩必须全部贯通。

③切缝直线段线直,曲线段应弯顺,不得有夹缝,灌缝不漏缝。

④道牙收尾。

道牙铺设完毕后,质检小组对直顺度、缝宽、相邻两块高差及顶面高程等指标进行检测,不合格路段重新铺设。具体要求如下:

①道牙铺设直线段应线直,自然段应弯顺。

②道牙铺设顶面应平整,无明显错牙,勾缝严密。

任务考核

序　号	任务考核	考核项目	考核要点	分　值	得　分
1	过程考核	施工放线	放线方法正确,精度符合要求	10	
2		修筑路槽	路槽素土夯实,达到混凝土作基础厚度的要求	10	
3		基层施工	使用设计标准材料,按照不同材料进行铺筑,厚度、方法正确	20	
4		面层施工	整体路面符合设计要求	20	
5		养护	混凝土路面施工完毕应及时进行养护	10	
6	结果考核	道牙安装	符合设计要求	15	
7		道路外观	路面外观达到设计要求,并能投入使用,符合设计要求	15	

巩固训练

在某广场内,将于广场一侧铺筑一整体路面,其路面结构参照整体路面。让学生根据整体路面的施工工序参加全部的路面施工过程并完成任务。

一、材料及用具

(1)材料　水泥、砂子、碎石、熟化石灰和黏土。

(2)机械设备　主要有土方机械、压实机械、混凝土机械和起重机械,经调试合格备用。

（3）施工工具　木桩、皮尺、棉线、模板、石夯、铁锹、铁丝、钎子、运输工具、脚手架、经纬仪、水准仪等。

二、组织实施

①将学生分成4个小组，以小组为单位进行整体路面施工；

②按下列施工步骤完成施工任务：

定点放线、修筑路槽、基层施工、面层施工、道牙安装（勾灰缝）。

三、训练成果

①每人交一份训练报告，并参照上述任务考核进行评分；

②根据整体路面结构设计要求，完成施工。

拓展提高

园路常见"病害"

园路的"病害"是指园路破坏的现象。一般常见的"病害"有裂缝、凹陷、啃边、翻浆等。现就造成各种病害的原因及预防方法分述如下：

（1）裂缝与凹陷　园路在通车一段时间后，形成凹陷或者裂缝。究其原因，一方面在于施工因素，如压实控制不好、分层过厚、施工措施不当以及含水量等；另一方面在于材料因素，如最大干容重及最佳含水量有误、材料压缩系数过大、采用高塑性指数的黏性土等，出现此问题，会使路面变形、开裂或下陷；另外超载车辆的增多造成现有道路等级过低，无法满足重载车辆的需要，都可能引起路基的变形。造成路基沉陷也有施工不当的原因，随着各种工程活动的次数频繁和规模扩大，如削坡、坡顶加载、地下开挖等，另外养护不善也会造成这种现象。但是造成这种破坏是由于基土过于湿软或基层厚度不够，强度不足，当路面荷载超过土基的承载力时造成的。路基的施工质量，是整个道路工程的关键，也是路基路面工程能否经受住时间、车辆运行荷载、雨季、冬季的考验的关键。要做好路基工程，必须扎扎实实地进行路基的填筑，尤其对原地面的处理和坡面基地的处理。此外路基填料一般应采用砂砾及塑性指数和含水量符合规范的土，不使用淤泥、沼泽土、冻土、有机土、含草皮土、生活垃圾及含腐殖质的土。路面凹陷如图5.14所示。

（2）啃边　路肩和道牙直接支撑路面，使之横向保持稳定。由于雨水的侵蚀和车辆行驶时对路面边缘的啃蚀作用，使之损坏，并从边缘起向中心发展，这种破坏现象称为啃边，如图5.15所示。啃边主要是由雨水损坏和施工不当引起的。预防由施工不当而引起的啃边，要求施工过程严格按照道路施工规范进行操作，路肩与其基土必须紧密结实，并有一定的坡度，严把质量关。

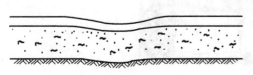

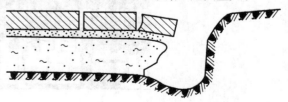

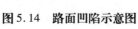

图5.14　路面凹陷示意图　　　　　　图5.15　路面啃边破坏示意图

（3）翻浆　在季节性冰冻地区，地下水位高，特别是对于粉砂性土基，由于毛细管的作用，水分上升到路面下，冬季气温下降，水分在路面形成冰粒，体积增大，路面就会出现隆起现象，到春季上层冻土融化，而下层尚未融化，这样使土基变成湿软的橡皮状，路面承载力下降，这时如果车辆通过，路面下陷，邻近部分隆起，并将泥浆从裂缝中挤出来，使路面破坏，这种现象称为翻浆，如图5.16所示。

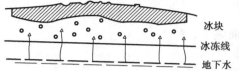

图 5.16　路面翻浆示意图

预防翻浆的基本途径是防止地面水、地下水或其他水分在冻结前或冻结过程中进入路基上部，可将聚冰层中的水分及时排除或暂时蓄积在透水性好的路面结构层中；改善土基及路面结构；采用综合措施防治，如做好路基排水，提高路基，铺设隔离层，设置路肩盲沟或渗沟，改善路面结构层等方法。改善路面结构层主要指在路基排水不良或有冻胀、翻浆的路段上，为了排水、隔温、防冻的需要，用道渣、煤渣、石灰土等水稳定性好的材料作为垫层，设于基层之下。

任务 2　块料路面工程施工

> 知识点：了解块料路面工程的基础知识，掌握块料路面工程施工的工艺流程和验收标准。
> 能力点：能根据施工图进行块料路面工程的施工、管理与验收。

任务描述

某校园办公教学区设计了块石路面园路、混凝土整体路面园路、卵石路、步石路（图5.17）。根据园路的设计结构，进行其中块料路面园路的施工图设计，并确定块料路面园路的纵、横向坡度，块料路面园路的结构，希望通过学习能够根据块料路面施工图纸指导块料路面工程施工。

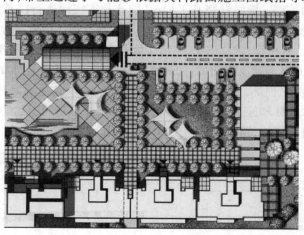

图 5.17　某校园办公区绿化平面图

任务分析

要想成功完成块料路面工程施工,就要正确分析影响块料路面工程施工的因素,做好施工前的准备工作,根据块料路面工程的施工特点,学会并指导块料路面工程的施工。其施工步骤为:材料的选用、定点放线、基槽开挖、路基到面层的施工,并掌握块料路面施工的技术标准。具体应解决好以下几个问题:

①正确认识块料路面工程施工图,准确把握设计人员的设计意图。

②能够利用块料路面工程的知识编制切实可行的块料路面施工组织方案。

③能够根据块料路面工程的施工特点,进行有效的施工现场管理、指导工作。

④做好块料路面工程的成品修整和保护工作。

⑤做好块料路面工程竣工验收的准备工作。

任务咨询

一、块料路面概述

块料路面是指面层由各种天然或人造块状材料铺成的路面,如各种天然块石、陶瓷砖及各种预制混凝土砖块等。块料路面种类繁多、质地多变、图案纹样和色彩丰富,适用于广场、游步道和通行轻型车辆的地段,应用非常广泛。

(1)砖铺地　目前我国机制标准砖的大小为240 mm×115 mm×53 mm,有青砖和红砖之分。园林铺地多用青砖(图5.18),风格朴素淡雅,施工方便,可以拼成各种图案,以席纹和同心圆弧放射式排列较多。砖铺地适用于庭院和古建筑物附近。因其耐磨性差,容易吸水,适用于冰冻不严重和排水良好之处。坡度较大和阴湿地段不宜采用,易生青苔。目前也有采用彩色水泥仿砖铺地,效果较好。

(2)冰纹路　冰纹路是用边缘挺括的石板模仿冰裂纹样铺砌的路面。它的石板间接缝呈

图5.18　青砖铺地

不规则折线,用水泥砂浆勾缝,多为平缝和凹缝,以凹缝为佳。也可不勾缝,便于草皮长出成冰裂纹嵌草路面。还可做成水泥仿冰纹路,即在现浇水泥混凝土路面初凝时,模印冰裂纹图案,表面拉毛,效果也较好。冰纹路适用于池畔、山谷、草地和林中的游步道,如图5.19所示。

（3）乱石路　乱石路是用天然块石大小相间铺筑的路面。它采用水泥砂浆勾缝，石缝曲折自然，表面粗糙，具粗犷、朴素、自然之感。乱石路、冰纹路也可用彩色水泥勾缝，增加色彩变化，如图5.20所示。

图5.19　冰纹路

图5.20　乱石路

图5.21　条石路

（4）条石路　条石路是用经过加工的长方形石料（如麻石、青石片等）铺筑的路面，平整规则、庄重大方，多用于广场和纪念性建筑物周围，条石一般被加工成 300 mm × 300 mm × 20 mm，400 mm × 400 mm × 20 mm，500 mm × 500 mm × 50 mm，300 mm × 600 mm × 50 mm 等规格，如图 5.21所示。

（5）预制水泥混凝土砖路　这种园路是指用预先模制的水泥混凝土砖铺筑的园路。水泥混凝土砖形状多变，且可制成彩色混凝土砖，铺成的图案很丰富，适用于园林中的规则式路段和广场。用预制混凝土砌块和草皮相间铺筑成的园路，具有鲜明的生态特点，它能够很好地透水、透气。绿色草皮呈点状或线状有规律地分布，可在路面形成美观的绿色纹理。砌块的形状可分为实心和空心两类，如图 5.22 和图 5.23 所示。

图5.22　预制水泥混凝土方砖路

（6）特殊形式园路

①步石：是置于陆地上的人工或天然踏步石。充分夯实基础后，可用粗砂做结合找平层，上铺大块毛石或 10 cm 厚水泥混凝土板做基石，其上放置步石。不易平稳时，用 M7.5 水泥砂浆结合。步石为麻石板或混凝土板时可不设基石。步石顶面应基本平整，不要露出步石的底面，以给人自然之感。

②汀步：是设在水中的步石。块石汀步，基石埋于池底以下 20～40 cm 处，支撑块石要平整，用 M10 水泥砂浆黏接固定。顶石用大

图5.23　预制水泥混凝土嵌草路

块毛石，其顶面高出常水位 10～25 cm，底面在水面以下。安放时要注意重心稳定。整体式钢筋混凝土汀步，不论现浇或预制，其配筋都需经过计算，安放时踏步板表面要水平。步石、汀步块料可大可小，间距也可灵活变化，但不得大于 0.55 m，荷叶式汀步净距不大于 0.40 m，路线可曲可直。

③台阶：台阶的垫层常用碎石铺垫，其上设 4 cm 厚混凝土找平层，基层用水泥混凝土筑成。借助基层形成台阶的主体及其排水坡度（1%），基层中可设钢丝网以加强其整体性。后续施工需注意保持此台阶主体边角的完整。当用水泥砂浆黏结块料制作台阶面层时，要仔细校正其位置和高程以及排水坡度。

④礓磋：一般纵坡坡度超过15%，应设台阶，但为了通行车辆，将斜面做成锯齿形坡漕，称为礓磋。

二、块料路面园路的纵、横向坡度

（1）纵向坡度　为保证路面水的排除与行人行走得舒适，块料路面园路的纵坡坡度一般为 0.4%～8%。

（2）横向坡度　为方便排水和保证行走的舒适性，块料路面园路的横坡坡度一般为 2%～3%。

三、块料路面园路的结构

块料路面园路也由路面、路基组成，其中路面又分为面层、结合层、基层等。

（1）路面各层的作用和设计要求

①面层：面层是指路面最上面的一层，它由各种天然或人造块状材料铺成。对块料路面面层的要求同卵石路面。

②结合层基层、垫层的作用和设计要求与本模块"项目五"之"任务一"中的卵石路相同。在园林施工中，可采用加强基层的办法省去垫层。

（2）路基的做法与本模块"项目五"之"任务一"中的整体路面相同。

四、块料路面构造特点

块料路面的施工要将最底层的素土充分压实，然后可在其上铺一层碎砖石块。通常还应该加上一层混凝土防水层（垫层），再进行面层的铺筑。块料铺筑时，在面层与道路基层之间所用的结合层做法有两种：一种是用湿性的水泥砂浆、石灰砂浆或混合砂浆作结合材料；另一种是用

干性的细砂、石灰粉、灰土（石灰和细土）、水泥粉砂等作为结合材料或垫层材料。

（1）湿性铺筑构造　用厚度为 1.5～2.5 cm 的湿性结合材料，如用 1:2.5 或 1:3 水泥砂浆、1:3 石灰砂浆、M2.5 混合砂浆或 1:2 灰泥浆等，垫在路面面层混凝土板上面或路面基层上面作为结合层，然后在其上砌筑片状或块状贴面层。砌块之间的结合以及表面抹缝，亦用这些结合材料，以花岗石、釉面砖、陶瓷广场砖、碎拼石片、马赛克等片状材料贴面铺地，都要采用湿法铺砌。用预制混凝土方砖、砌块或黏土砖铺地，也可以用这种铺筑方法，如图 5.24 所示。

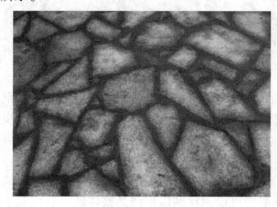

图 5.24　块料的湿性铺装　　　　　图 5.25　块料的干法砌筑

（2）干法砌筑构造　以干性粉砂状材料，作路面面层砌块的垫层和结合层。这类的材料常见有：干砂、细砂土、1:3 水泥干砂、1:3 石灰干砂、3:7 细灰土等。铺砌时，先将粉砂材料在路面基层上平铺一层，厚度是：用于砂、细土作垫层厚 3～5 cm，用水泥砂、石灰砂、灰土作结合层厚 2.5～3.5 cm，铺好后抹平。然后按照设计的砌块、砖块拼装图案，在垫层上拼砌成路面面层。路面每拼装好一小段，就用平直的木板垫在顶面，以铁锤在多处震击，使所有砌块的顶面都保持在一个平面上，这样可使路面铺装得十分平整。路面铺好后，再用干燥的细砂、水泥粉、细石灰粉等撒在路面上并扫入砌块缝隙中，使缝隙填满，最后将多余的灰砂清扫干净。以后，砌块下面的垫层材料慢慢硬化，使面层砌块和下面的基层紧密地结合在一起。适宜采用这种干法铺砌的路面材料主要有：石板、整形石块、混凝土路板、预制混凝土方砖和砌块等。传统古建筑庭院中的青砖铺地、金砖墁地等地面工程，也常采用干法铺筑，如图 5.25 所示。

（3）地面镶嵌与拼花构造　施工前，要根据设计的图样，准备镶嵌地面用的砖石材料，设计有精细图形的，先要在细密质地青砖上放好大样，再精心雕刻，做好雕刻花砖，施工中可嵌入铺地图案中。要精心挑选铺地用石子，挑选出的石子应按照不同颜色、不同大小、不同长扁形状分类堆放，铺地拼花时才能方便使用。施工时，先要在已做好的道路基层上，铺垫一层结合材料，厚度一般可为 4～7 cm。垫层结合材料主要用：1:3 石灰砂、3:7 细灰土、1:3 水泥砂浆等，用干法铺筑或湿法铺筑都可以，但干法施工更为方便一些。在铺平的松软垫层上，按照预定的图样开始镶嵌拼花。一般用立砖、小青瓦瓦片来拉出线条、纹样和图形图案，再用各色卵石、砾石镶嵌做花，或者拼成不同颜色的色块，以填充图形大面。然后经过进一步修饰和完善图案纹样，并尽量整平铺地后，就可以定形。定形后的铺地地面，仍要用水泥干砂、石灰干砂撒布其上，并扫入砖石缝隙中填实。最后，用大水冲击或使路面有水流淌。完成后，养护 7～10 d。

（4）嵌草路面的构造　嵌草路面有两种类型：一种为在块料铺装时，在块料之间留出空隙，其间种草,如冰裂纹嵌草路面、空心砖纹嵌草路面、人字纹嵌草路面等;另一种是制作成可以嵌草的各种纹样的混凝土铺地砖。施工时,先在整平压实的路基上铺垫一层栽培壤土作垫层。壤土要求比较肥沃,不含粗颗粒物,铺垫厚度为 10 ~ 15 cm。然后在垫层上铺砌混凝土空心砌块或实心砌块,砌块缝中半填壤土,并播种草籽或贴上草块踩实。实心砌块的尺寸较大,草皮嵌种在砌块之间预留缝中,草缝设计宽度可在 2 ~ 5 cm,缝中填土达砌块的 2/3 高。砌块下面如上所述用壤土作垫层并起找平作用,砌块要铺得尽量平整。空心砌块的尺寸较小,草皮嵌种在砌块中心预留的孔中。砌块与砌块之间不留草缝,常用水泥砂浆黏接。砌块中心孔填土宜为砌块的 2/3 高;砌块下面仍用壤土作势层找平。嵌草路面保持平整。要注意的是,空心砌块的设计制作,一定要保证砌块的结实坚固和不易损坏,因此,其预留孔径不能太大,孔径最好不超过砌块直径的 1/3 长。

采用砌块嵌草铺装的路面,砌块和嵌草层道路的结构面层,其下面只能有一个壤土垫层,在结构上没有基层,只有这样的路面结构才有利于草皮地存活与生长。

任务实施

一、施工前的准备

施工前,负责施工的单位应组织有关人员熟悉设计文件,以便编制施工方案,为施工任务创造条件。认真分析方案设计的意图,准备好图板、图纸、绘图工具和电脑制图工具。熟悉施工图设计。

①确定块料路面园路的纵、横向坡度:为保证路面水的排除与行人行走得舒适,将块料路面园路的纵坡坡度确定为 1%,横坡坡度确定为 2%。横坡设为单面坡,坡向指向路边的排水明沟。

②确定块料路面路宽尺寸。

③确定块料路面园路的结构设计。

④确定块料路面园路的面层设计。

二、定点放线

根据现场控制点,测设出块料路面园路中心线上的特征点,并打上木桩,在各中心桩上标明桩号,再以中心桩为准,根据块料路面园路的宽度定出边桩。

三、挖路槽

按块料路面园路的设计宽度,每侧加宽 30 cm 挖槽,路槽深度等于路面各层的总厚度,槽底的纵、横坡坡度应与路面设计的纵、横坡坡度一致。路槽挖好后,在槽底洒水湿润,然后夯实。块料路面园路一般用蛙式夯夯压 2 ~ 3 遍即可。

四、铺筑基层

现浇 100 mm 厚 C15 混凝土,找平,振捣密实。铺筑块料路面时,也可采用干性砂浆,如用干砂、细砂土、1:3 水泥干砂、3:7 细灰土等作结合层。砌筑时,先将粉砂材料在路面基层上平铺一层,其厚度为:干砂、细砂土 30 ~ 50 mm,水泥干砂、石灰砂、灰土 25 ~ 35 mm,铺好后找平,然后按照设计的砌块铺筑。路面每拼装好一小段，就用平直木板垫在路面，以铁锤在多处振击或用木槌直接振击路面，使所有砌块的顶面都保持在一个平面上，这样可将路面铺装得十分平整。路面铺好后，再用干燥的细砂、水泥粉、细石灰粉等撒在路面上并扫入砌块缝隙中，使缝隙填满，最后将多余的灰砂清扫干净。

五、铺筑面层

①广场砖面层铺装是园路铺装的一个重要的质量控制点，必须控制好标高，结合层的密实度及铺装后的养护。在完成的水泥混凝土面层上放样，根据设计标高和位置打好横向桩和纵向桩，纵向线每隔板块宽度 1 条，横向线按施工进展向下移，移动距离为板块的长度。

②将水泥混凝土垫层上扫净后，撒上一层水，略干后先将 1∶3 的干硬性水泥砂浆在稳定层上平铺一层，厚度为 30 mm 作结合层用，铺好后抹平。

③先将块料背面刷干净，铺贴时保持湿润。根据水平线、中心线（十字线），进行块料预铺，并应对准纵横缝，用木槌着力敲击板中部，振实砂浆至铺设高度后，将石板掀起，检查砂浆表面

图 5.26 混凝土块料路面铺筑

与砖底相吻合后，如有空虚处，应用砂浆填补。在砂浆表面先用喷壶适量洒水，再均匀撒一层水泥粉，把石板块对准铺贴。铺贴时四角要同时着落，再用木槌着力敲击至平正。面层每拼好一块，就用平直的木板垫在顶面，以橡皮锤在多处振击（或垫上木板，锤击打在木板上），使所有的砖的顶面均保持在一个平面上，如图 5.26 所示，这样可使块料铺装十分平整。注意留缝间隙按设计要求保持一致，水泥砂浆应随铺随刷，避免风干。

④铺贴完成 24 h 后，经检查块料表面无断裂、空鼓后，用稀水泥刷缝填饱满，并随即用干布擦净至无残灰、污迹为止。

⑤施工完成后，应多次浇水进行养生，达到最佳强度。

六、道牙、边条、槽块、台阶施工

道牙基础宜与地床同时填挖碾压，以保证有整体的均匀密实度。结合层用 1∶3 的白灰砂浆 2 cm。安道牙要平稳牢固，后用 M10 水泥砂浆勾缝，道牙背后要应用灰土夯实，其宽度为 50 cm，厚度为 15 cm，密实度为 90% 以上。

边条用于较轻的荷载处，且尺寸较小，一般 5 cm 宽，15～20 cm 高，特别适用于步行道、草地或铺砌场地的边界。施工时应减轻它作为垂直阻拦物的效果，增加它对地基的密封深度。边条铺砌的深度相对于地面应尽可能低些，如广场铺地，边条铺砌可与铺地地面相平。槽块分凹面槽和空心槽块，一般紧靠道牙设置，以利于地面排水，路面应稍高于槽块。

台阶是解决地形变化、造园地坪高差的重要手段。建造台阶除了必须考虑在机能上及实质上的有关问题外，也要考虑美观与调和的因素。

许多材料都可以作台阶，以石材来说就有自然石，如六方石、圆石、鹅卵石及整形切石、石板等。木材则有杉、桧等的角材或圆木柱。其他材料还包括红砖、水泥砖、钢铁等都可以选用。除此之外，还有各种贴面材料，如石板、洗石子、瓷砖、磨石子等。选用材料时要从各方面考虑，

基本条件是坚固耐用,耐湿耐晒。此外,材料的色彩必须与构筑物调和。

台阶的标准构造是踢面高度,在 8~5 cm 之间,长的台阶则宜取 10~12 cm 为好;台阶之踏面宽度宜取≥28 cm;台阶的级数宜在 8~11 级,最多不超过 19 级,否则就要在这中间设置休息平台,平台不宜小于 1 m。使用实践表明,台阶尺寸以 15 cm×35 cm 为佳,至少不宜小于 12 cm×30 cm。

七、竣工收尾

①各层的坡度、厚度、标高和平整度等应符合设计规定。

②各层的强度和密实度应符合设计要求,上下层结合应牢固。

③变形缝的宽度和位置、块材间缝隙的大小,以及填缝的质量等应符合要求。

④不同类型面层的结合以及图案应正确。

⑤各层表面对水平面或对设计坡度的允许偏差,不应大于 30 mm。供排除液体用的带有坡度的面层应作泼水试验,以能排除液体为合格。

⑥块料面层相差两块料间的高差,不应大于表 5.2 的规定。

表 5.2　各种块料面层相邻两块料的高低允许偏差

序　号	块料面层名称	允许偏差/mm
1	条石面层	2
2	普通黏土砖、缸砖和混凝土板面层	1.5
3	水磨石板、陶瓷地砖、陶瓷锦砖、水泥花砖和硬质纤维板面层	1
4	大理石、花岗石、大板、拼花木板和塑料地板面层	0.5

⑦水泥混凝土、水泥砂浆、水磨石等整体面层和铺在水泥砂浆上的板块面层以及铺贴在沥青胶结材料或胶黏剂上的拼花木板、塑料板、硬质纤维板面层与基层的结合应良好,应用敲击方法检查,不得空鼓。

⑧面层不应有裂纹、脱皮、麻面和起砂等现象。

⑨面层中块料行列(接缝)在 5 m 长度内直线度的允许偏差不应大于表 5.3 的规定。

表 5.3　各类面层块料行列(接缝)直线度的允许偏差

序　号	面层名称	允许偏差/mm
1	缸砖、陶瓷锦砖、水磨石板、水泥花砖、塑料板和硬质纤维板面层	3
2	活动地板面层	2.5
3	大理石、花岗石面层	2
4	其他块料面层	8

⑩各层厚度对设计厚度的偏差,在个别地方偏差不得大于该层厚度的 10%,在铺设时检查。

⑪各层的表面平整度,应用 2 m 长的直尺检查,如为斜面,则应用水平尺和样尺检查。

任务考核

序　号	任务考核	考核项目	考核要点	分　值	得　分
1	过程考核	施工放线	放线方法正确,精度符合要求	15	
2		修筑路槽	路槽素土夯实,达到混凝土作基础厚度的要求	15	
3		基层施工	使用设计标准材料,按照不同材料进行铺筑,厚度、方法正确	20	
4		面层施工	块料路面符合设计要求	20	
5	结果考核	道牙安装	符合设计要求	15	
6		道路外观	路面外观达到设计要求,并能投入使用,符合设计要求	15	

巩固训练

在某广场内,将于广场一侧铺筑一块料路面,其路面结构参照块料路面。让学生根据块料路面的施工工序参加全部的路面施工过程并完成任务。

一、材料及用具

(1)材料　广场砖、水泥、砂子、碎石等。

(2)机械设备　主要有土方机械、压实机械、混凝土机械等。

(3)施工工具　木桩、皮尺、绳子、模板、石夯、铁锹、铁丝、钎子、铁抹子等。

二、组织实施

①将学生分成4个小组,以小组为单位进行块料路面施工;

②按下列施工步骤完成施工任务:

定点放线、修筑路槽、基层施工、面层施工、道牙安装(勾灰缝)。

三、训练成果

①每人交一份训练报告,并参照上述任务考核进行评分;

②根据块料路面结构设计要求,完成施工。

拓展提高

广场工程施工

广场工程的施工程序基本与园路工程相同。但由于广场上还往往存在着花坛、草坪、水池等地面景物,因此它又比一般的道路工程内容更复杂。下面以广场的施工准备、场地处理和地面铺装三方面介绍广场的施工。

一、施工准备

(1)材料准备　准备施工机具、基层和面层的铺装材料,以及施工中需要的其他材料;清理施工现场。

(2)场地放线　按照广场设计图所绘施工坐标方格网,将所有坐标点测设到场地上并打桩定点。然后以坐标桩点为准,根据广场设计图,在场地地面上放出场地的边线,主要地面设施的范围线和挖方区、填方区之间的零点线。

(3)地形复核　对照广场竖向设计图,复核场地地形。各坐标点、控制点的自然地坪标高数据,有缺漏的要在现场测量补上。

二、场地平整与找坡

(1)挖方与填方施工　挖、填方工程量较小时,可用人力施工;工程量较大时,应该进行机械化施工。预留作草坪、花坛及乔灌木种植地的区域,可暂时不开挖。水池区域要同时挖到设计深度。填方区的堆填顺序,应当是先深后浅;先分层填实深处,后填浅处。每填一层就夯实一层,直到设计的标高处。挖方过程中挖出的适宜栽植的肥沃土壤,要临时堆放在广场外边,以后再填入花坛、种植池中。

(2)场地平整与找坡　挖、填方工程基本完成后,对挖填出的新地面进行整理。要铲平地面,使地面平整度变化限制在2 cm以内。根据各坐标桩标明的该点填挖高度数据和设计的坡度数据,对场地进行找坡,保证场地内各处地面都基本达到设计的坡度。土层松软的局部区域还要作地基加固处理。

(3)根据场地周边与建筑、园路、管线等的连接条件,确定边缘地带的竖向连接方式,调整连接点的地面标高。还要确认地面排水口的位置,调整排水沟管底部标高,使广场地面与周围地坪的连接更自然,排水、通道等方面的矛盾降到最低。

三、地面施工

(1)基层的施工　按照设计的广场地面层次结构与做法进行施工,可参照前面关于园路地基与基层施工的内容,结合地坪面积更宽大特点,在施工中注意基层的稳定性,确保施工质量,避免今后广场地面发生不均匀沉降。

(2)面层的施工　采用整体现浇面层的区域,可把该区域分成若干规则的地块,每一地块面积在7 m×9 m至9 m×10 m之间,然后一个地块一个地块施工。地块之间的缝隙做成伸缩缝,用沥青棉纱等材料填塞。采用混凝土预制块铺装的,可按照前面园路工程施工的有关部分进行施工。

（3）地面的装饰　依照设计的图案、纹样、颜色、装饰材料等进行地面装饰性铺装，其铺装方法也请参照前面有关内容。

四、常用广场、园路铺装材料

园路铺装根据材料的不同，具体可以分为柔性铺地和刚性铺地，下面根据此分类方法，介绍园路常用材料。

1）柔性铺地材料

柔性道路是各种材料完全压实在一起而形成的，会将交通荷载向下面各层传递。这些材料利用它们天然的弹性在荷载作用下轻微移动，因此在设计中应该考虑限制道路边缘的方法，防止道路结构的松散和变形。

柔性铺地材料的种类很多，从简单实用到装饰复杂的，从有机的自然物质到人工的产品，从昂贵的到便宜的，大多数柔性材料的铺装要比硬性材料经济得多，因为硬性材料的铺装需要坚固的砂浆地基。柔性的地面覆盖物，包括像砾石和木片那样的疏松材料、沥青那样的密实材料、各种各样的建筑块料和"干"垒在沙地上的建筑块料及木头那样的硬质地面。

所有这些柔性材料都具备适当的弹性。车辆经过时会将其压陷，但等车辆过后它又会恢复原样。

（1）砾石　是一种常用的铺地材料，它适合于在庭园各处使用，对于规则式和不规则式设计来说均适用。砾石包括3种不同的种类：机械碎石、圆卵石和铺路砾石。机械碎石是用机械将石头碾碎后，再根据碎石的尺寸进行分级。它凹凸的表面会给行人带来不便，但将它铺装在斜坡上却比圆卵石稳固。圆卵石是一种在河床和海底被水冲击而成的小鹅卵石，铺筑工艺要求较高，否则容易松动。铺路砾石是一种尺寸在 15～25 mm，由碎石和细鹅卵石组成的天然材料，通常铺在黏土中或嵌入基层中使用。

（2）沥青　沥青一种理想的铺装材料，它中性的质感是植物造景理想的背景材料。而且运用好的边缘材料可以将柔性表面和周围环境相结合。铺筑沥青路面时应用机械压实表面，且应注意将地面抬高，这样可以将排水沟隐藏在路面下。

（3）嵌草混凝土砖　许多不同类型的嵌草混凝土砖对于草地造景是十分有用的。它们特别适合那些要求完全铺草又是车辆与行人入口的地区。这些地面也可以作为临时的停车场，或作为道路的补充物。铺装这样的地面首先应在碎石上铺一层粗砂，然后在水泥块的种植穴中填满泥土和种上草及其他矮生植物。

2）刚性铺地材料

刚性道路是指现浇混凝土及预制构件所铺成的道路，有着相同的几何路面，通常需要在混凝土地基上铺一层砂浆，为的是形成一个坚固的平台，特别是应用那些细长的或易碎的铺地材料时。不管是天然石块还是人造石块、松脆材料和几何铺装材料的配置及加固都依赖于这个稳固的基础。

（1）混凝土人造石　水泥混凝土可塑造出不同种类的石块，做得好的可以以假乱真。这些人造石可用于铺筑装饰性地面的材料。混凝土在很多情况下还会加入颜料。有些是用模具仿造天然石，有些则利用手工仿造。当混凝土还在模具内时，可刷扫湿的混凝土面，以形成合适的凹栅及不打滑的表面;有的则是借机械用水压出多种涂饰和纹理。

（2）砖及瓷砖　砖是一种非常流行的铺地材料,它们能与天然石头或人造材料很好地结合起来,如混凝土或人造石板,它们能作为植物很好的陪衬,它们能够做出各种吸引人的图案。

砖和瓷砖是为表面铺装而设计的,所以必须要耐磨和耐冻。如果用作人行道的路面,在压实的素土层上加上碎石层、砂浆层和砌砖层就足够了。对行车道则要外加一层混凝土才比较保险,并且要用各种不同厚度的砖砌边作为耐磨线。

砖的纹理、形状和颜色是多种多样的。传统的砖块是用黏土烧制而成的,具有一种亲切、舒适的感觉,不像混凝土或砂和石灰混合物的颜色那样可以滤去或慢慢褪色。当砖块铺放在建筑物附近时,就应该尽可能与周围的环境相配。在边缘、阶梯或小品中使用砖块也能起到连接对比强烈的新式铺地和周围环境的作用。

瓷砖具有一定的形状和耐磨性,最硬的是用素烧黏土制成的瓷砖,它们很难切断,瓷砖也可以像砖那样在砂浆上拼砌。不是所有的瓷砖都具有抗冻性,所以常常要做一层混凝土基层。

（3）混凝土面层　撇开它呆板和冷漠的外表,混凝土面层令人满意的地面处理方式能够在庭院布景中达到出奇制胜的效果。与多种不光滑的装饰面层不同的是,这种面层可用砖、石块或木材在必要的地方创造出具有吸引力的细部,同时处理好伸缩缝。这些伸缩缝是混凝土面层抵抗热胀冷缩的核心。

（4）天然石块　不同类别的天然石块有着不同的质感和硬度。它们的使用寿命受切割和堆砌方式的影响。密度相同的硬石通常按一定规格切割,个别有纹理的石头可分割成平板石,以产生"劈裂"的表面。不管怎样,潮湿和霜冻都会对石头有影响,使石头一层层地剥落。

任务3　碎料路面工程施工

> 知识点:了解碎料路面工程的基础知识,掌握碎料路面工程施工的工艺流程和验收标准。
> 能力点:能根据施工图进行所料路面工程的施工、管理与验收。

任务描述

碎料路面是以各色碎石为主嵌成的路面。通常是借助碎石的形状、大小、色彩和排列的变化而形成各种图案花纹,具有很强的装饰性。这种路面耐磨性好,防滑,富有江南园路的传统特点。多用于花间小径、水旁、亭榭周围。

该工程是碎料卵石路面施工项目,所以在工程施工准备及施工过程中,要考虑碎料路面施工的知识。希望通过学习后能掌握碎料路面的分类特点与碎料路面的施工工艺。

任务分析

修建碎料路面,需要在方案设计的基础上进行碎料路面的施工图设计,即确定碎料路面的大小及类型,设计碎料路面的纵、横向坡度,并确定从路基到面层的具体做法以及对各层的尺寸要求。其施工步骤为:材料的选用、定点放线、基槽开挖、路基到面层的施工,并掌握碎料路面施工的技术标准。具体应解决好以下几个问题:

①正确认识碎料路面施工图,准确把握设计人员的设计意图。

②能够利用碎料路面的知识编制切实可行的碎料路面施工组织方案。

③能够根据碎料路面的施工特点,进行有效的施工现场管理、指导工作。

④做好碎料路面工程的成品修整和保护工作。

⑤做好碎料路面工程竣工验收的准备工作。

任务咨询

一、碎料路面种类

(1)花街铺地　花街铺地是指用碎石、卵石、瓦片、碎瓷等碎料拼成的路面。图案精美丰富,色彩素艳和谐,风格或圆润细腻或朴素粗犷,做工精细,具有很好的装饰作用和较高的观赏性,有助于强化园林意境,具有浓厚的民族特色和情调,多见于古典园林中,如图5.27所示。

(2)卵石路　卵石路是以各色卵石为主嵌成的路面。它借助卵石的色彩、大小、形状和排列的变化可以组成各种图案,具有很强的装饰性,能起到增强景区特色、深化意境的作用。这种路面耐磨性好,防滑,富有园路的传统特点,但清扫困难,且卵石易脱落,多用于花间小径、水旁亭榭周围,如图5.28所示。

图5.27　花街铺地

图5.28　卵石路

（3）雕砖卵石路面　雕砖卵石路面又被誉为"石子画"，是选用精雕的砖、细磨的瓦和经过严格挑选的各色卵石拼凑成的路面。其图案内容丰富，如以寓言、故事、盆景、花鸟虫鱼、传统民间图案等为题材进行铺砌加以表现。多用于古典园林中的道路，如故宫御花园甬路，精雕细刻，精美绝伦，不失为我国传统园林艺术的杰作，如图5.29所示。

二、卵石路的纵、横向坡度

（1）纵向坡度　纵断面上每两个变坡点之间连接的坡度称为纵向坡度，即卵石路沿其中心线方向的坡度。为保证路面水的排除与行人行走得舒适，卵石路面的纵坡坡度一般为0.5%~8%。

（2）横向坡度　即卵石路垂直于其中心线方向的坡度。为方便排水和使行走舒适，卵石路面的横坡坡度一般为1%~4%，且卵石路的横坡可为一面坡也可为两面坡。

三、卵石路的结构

卵石路一般由路面、路基组成，其中，路面从上至下又分为面层、结合层、基层和垫层等。路面各层的作用和设计要求如下：

图5.29　雕砖卵石路面

（1）面层　面层位于路面结构最上层。它直接承受人流和大气因素的作用和破坏性影响。因此，对面层的要求是坚固、平稳、耐磨、反光小，并具有一定的粗糙度和少尘性。修筑面层的卵石常用自然卵石，卵石面层有预制和现浇之分。设计卵石面层要求有很强的装饰性和寓意性。

（2）结合层　采用卵石铺筑面层时，在面层与基层之间为了黏接和找平而设置了结合层。结合层材料一般选用3~5 cm厚的水泥砂浆或混合砂浆。

（3）基层　基层位于结合层之下、垫层之上。基层主要承受由面层传来的荷载垂直力，并荷载扩散到垫层和路基中，故基层应有足够的强度和刚度。通常采用混凝土作为基层，也可采用当地的碎石、灰土或各种工业废渣（如煤渣、粉煤灰、矿渣、石灰渣等）作为基层。

（4）垫层　垫层在基层与路基之间，通常设在路基排水不良和有冰冻翻浆的路段，其功能是改善路基的湿度和温度状况，以便有利于排水，并保证面层和基层的强度和刚度的稳定性，使其不受冻胀翻浆的影响。常用的垫层材料有两类：一类是松散性材料，如砂、砾石、炉渣、片石、卵石等，它们组成透水性垫层；另一类是整体性材料，如石灰土或炉渣石灰土，它们组成稳定性垫层。

（5）路基　路基是保证路面强度和稳定性的重要条件，它不仅为路面提供一个平整的基面，还承受由路面传来的荷载。对于一般土壤，如黏土和砂性土，开挖后经过夯实，即可作方路基。在严寒地区，过湿的冻胀土或湿软土，宜采用2:8灰土加固路基，其厚度一般为15 cm。为了提高路面质量、降低造价，应尽量做到薄面、强基、稳基土，使卵石路结构经济、合理和美观。

任务实施

现浇混凝土卵石路的施工工艺流程如下：

施工准备→ 基础放样→ 准备路槽→ 铺筑土基→ 安装模板→ 铺筑碎石→ 铺筑水泥层→ 排放卵石→ 拆除模板→ 清洗路面→ 安装道牙。

一、施工准备工作

1）施工前的准备

（1）熟悉设计文件　施工前，负责施工的单位，应组织有关人员熟悉设计文件，以便编制施工方案，为施工任务创造条件。卵石园路建设工程设计文件，包括初步设计和施工图两部分。

（2）材料、工具及设备的准备

①材料：水泥、砂子、碎石、鹅卵石。

②施工机械设备：主要有压实机械和混凝土机械经调试合格备用。

③施工工具准备：木桩、皮尺、绳子、模板、石夯、铁锹、铁丝、钎子、运输工具等。

（3）编制施工方案　施工方案是指导施工和控制预算的文件，一般的施工方案在施工图阶段的设计文件中已经确定，但负责施工的单位，应做进一步的调查研究，根据工程的特点，结合具体施工条件，编制出更为深入而具体的施工方案。

2）现场准备工作

施工准备内容参照园路施工相关内容。需要注意卵石路要精心选择铺地的石子，挑选出的石子按照不同颜色、不同大小分类堆放，便于铺地拼花时使用。一般开工前材料进场应在70%以上。若有运输能力，运输道路畅通，在不影响施工的条件下可随用随运。在完成所有基层和垫层的施工之后，方可进入下一道工序的施工。

二、定点放线

根据现场控制点，测设出碎料路面园路中心线上的特征点，并打上木桩，在各中心桩上标明桩号，再以中心桩为准，根据碎料路面园路的宽度定出边桩。

三、挖路槽

按碎料路面园路的设计宽度，每侧加宽30 cm挖槽，路槽深度等于路面各层的总厚度，槽底的纵、横坡坡度应与路面设计的纵、横坡坡度一致。路槽挖好后，在槽底洒水湿润，然后夯实。碎料路面园路一般用蛙式夯夯压2～3遍即可。

四、铺筑基层

现浇100 mm厚C15混凝土，找平，振捣密实。铺筑碎料路面时，也可采用干性砂浆，如用干砂、细砂土、1∶3水泥干砂、3∶7细灰土等作结合层。砌筑时，先将粉砂材料在路面基层上平铺一层，其厚度为：干砂、细砂土30～50 mm，水泥干砂、石灰砂、灰土25～35 mm，铺好后找平，然后按照设计铺筑面层。

五、卵石面层施工

卵石面层施工步骤参照图 5.30 所示。

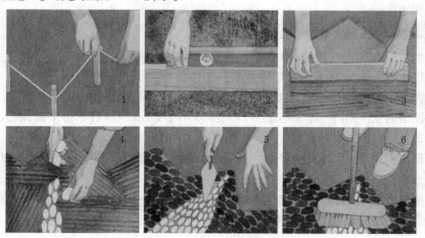

图 5.30　卵石路面施工操作示意图

（1）绘制图案　按照设计图所绘的施工坐标方格网,将所有坐标点测设到场地上并打桩定点。再用木条或塑料条等定出铺装图案的形状,调整好相互之间的距离,用铁钉将图案固定,图5.31 为正在进行花街铺地面层图案的绘制。

图 5.31　花街铺地面层图案的绘制

（2）铺设水泥砂浆结合材料　在垫层表面抹上一层 70 mm 的水泥砂浆,并用木板将其压实、整平。

（3）填充卵石　待结合材料半干时进行卵石施工。卵石要一块块插入水泥砂浆内,用抹子压实,根据设计要求,将各色石子按已绘制的线条,插出施工图设计图案,然后用清水将石子表面的水泥砂浆刷洗干净,卵石间的空隙填以水泥砂浆找平,如图 5.32 所示。

图 5.32　卵石面层施工

（4）拆除模板和后期管理　拆除模板后的空隙进行妥当处理，并洗去附着于石面的灰泥，第二天再用30%草酸液体洗刷表面，使石子颜色鲜明。养护期为7 d，在此期间内应严禁行人、车辆等走动和碰撞。

六、现浇混凝土卵石路的质量检验

①用观察法检查卵石的规格、颜色是否符合设计要求；

②用观察法检查铺装基层是否牢固并清扫干净；

③卵石黏结层的水泥砂浆或混凝土标号应满足设计要求；

④卵石镶嵌时大头朝下，埋深不小于2/3；厚度小于2 cm 的卵石不得平铺，嵌入砂浆深度应大于颗粒1/2；

⑤卵石顶面应平整一致，脚感舒适，不得积水，做到相邻卵石高差均匀、相邻卵石最小间距可通过观察、尺量方法检查；

⑥观察镶嵌成型的卵石是否及时用抹布擦干净，保持外露部分的卵石干净、美观、整洁；

⑦镶嵌养护后的卵石面层必须牢固。

任务考核

序　号	任务考核	考核项目	考核要点	分　值	得　分
1	过程考核	施工放线	放线方法正确，精度符合要求	15	
2		修筑路槽	路槽素土夯实，达到混凝土作基础厚度的要求	15	
3		基层施工	使用设计标准材料，按照不同材料进行铺筑，厚度、方法正确	20	
4		面层施工	碎料路面符合设计要求	20	
5	结果考核	道牙安装	符合设计要求	15	
6		道路外观	路面外观达到设计要求，并能投入使用，符合设计要求	15	

巩固训练

在某广场内，将于广场一侧铺筑一碎拼路面，其路面结构参照卵石路面。请根据卵石路面的施工工序参加全部的路面施工过程并完成任务。

一、材料及用具

碎料路面施工图、卵石、水泥、中砂、经纬仪、夯、手锤、镐、铁锹、木抹子、皮尺、水平尺、钢卷尺等。

二、组织实施

①将学生分成4个小组，以小组为单位进行路面施工；

②按下列施工步骤完成施工任务：

定点放线、修筑路槽、基层施工、面层施工、道牙安装（勾灰缝）。

三、训练成果

①每人交一份训练报告，并参照上述任务考核进行评分；

②根据碎料路面结构设计要求，完成施工。

拓展提高

特殊园路施工

特殊园路是指改变一般常见园路路面的形式，而以不同的方式形成的园路。它包括园林梯道、台阶、园桥、栈道和汀步等方式的园路。其特点是充分利用特殊地形资源形成各种不同的园路方式，增加园路的可变性，使其更加丰富多彩。

一、园林梯道

园林道路在穿过高差较大的上下层台地，或者穿行在山地、陡坡地时，都要采用踏步梯道的形式。即使在广场、河岸等较平坦的地方，有时为了创造丰富的地面景观，也要设计一些踏步或梯道，使地面的造型更加富于变化。园林梯道种类及其结构设计要点如下所述：

（1）砖石阶梯踏步 以砖或整形毛石为材料，M2.5混合砂浆砌筑台阶与踏步，砖踏步表面按设计可用1:2水泥砂浆抹面，也可做成水磨石踏面，或者用花岗石、防滑釉面地砖作贴面装饰，如图5.33所示。根据行人在踏步上行走的规律，一步踏的踏面宽度应设计为28～38 cm，适当再加宽一点也可以，但不宜宽过60 cm；二步踏的踏面可以宽90～100 cm。每一级踏步的高度也要统一起来，不得高低相间。一级踏步的高度一般情况下应设计为10～16.5 cm，因为低于10 cm时走路不安全，高于16.5 cm时行走较吃力。

儿童活动区的梯级道路，其踏步高应为10～12 cm，踏步宽不超过46 cm。一般情况下，园林中的台阶梯道都

图5.33 砖石阶梯踏步

要考虑伤残人轮椅车和自行车推行上坡的需要,要在梯道两侧或中带设置斜坡道。梯道太长时,应当分段插入休息缓冲平台;使梯道每一段的梯级数最好控制在25级以下;缓冲平台的宽度应在1.58 m以上,太窄时不能起到缓冲作用。在设置踏步的地段上,踏步的数量至少应为2～3级,如果只有一级而又没有特殊的标记,则容易被人忽略,使人绊跤。

(2)混凝土踏步　一般将斜坡上素土夯实,坡面用1:3:6三合土(加碎砖)或3:7灰土(加碎砖石)作垫层并筑实,厚6～10 cm;其上采用C10混凝土现浇做踏步。踏步表面的抹面可按设计进行。每一级踏步的宽度、高度以及休息缓冲平台、轮椅坡道的设置等要求,都与砖石阶梯踏步相同,如图5.34所示。

(3)山石蹬道　在园林土山或石假山及其他一些地方,为了与自然山水园林相协调,梯级道路不采用砖石材料砌筑成整齐的阶梯,而是采用顶面平整的自然山石,依山随势地砌成山石蹬道。山石材料可根据各地资源情况选择,砌筑用的结合材料可用石灰砂浆,也可用1:3水泥砂浆,还可以采用砂土垫平塞缝,并用片石刹垫稳当。踏步石踏面的宽窄允许有些不同,可在30～50 cm之间变动。踏面高度还是应统一起来,一般采用12～20 cm。设置山石蹬道的地方本身就是供登攀的,所以踏面高度大于砖石阶梯,如图5.35所示。

图5.34　混凝土踏步

图5.35　山石蹬道

(4)攀岩天梯梯道　这种梯道是在山地风景区或园林假山上最陡的崖壁处设置的攀登通道。一般是从下至上在崖壁凿出一道道横槽作为梯步,如同天梯一样。梯道旁必须设置铁链或铁管矮栏并固定于崖壁壁面,作为登攀时的扶手,如图5.36所示。

图5.36　攀岩天梯梯道

图5.37　栈道

二、栈道

栈道多在可利用山、水界边的陡峭地形上设立,其变化多样,既是景观又可完成园路的功能,图 5.37 为凌空的栈道。

三、汀步

汀步常见的有板式汀步、荷叶汀步和仿树桩汀步等,其施工因形式不同而异。

(1)板式汀步　板式汀步的铺砌板,平面形状可为长方形、正方形、圆形、梯形、三角形等。梯形和三角形铺砌板主要是用来相互组合,组成板面形状有变化的规则式汀步路面。铺砌板宽度和长度可根据设计确定,其厚度常设计为 80 ~ 120 mm。板面可以用彩色水磨石来装饰,不同颜色的彩色水磨石铺路板能够铺装成美观的彩色路面。也有用木板作板式汀步的,如图 5.38 所示。

(2)荷叶汀步　它的步石由圆形面板、支承墩(柱)和基础三部分构成。圆形面板应设计 2 ~ 4 种尺寸规格,如直径为 450 mm、600 mm、750 mm、900 mm 等。采用 C20 细石混凝土预制面板,面板顶面可仿荷叶进行抹面装饰。抹面材料用白色水泥加绿色颜料调成浅果绿色,再加绿色细石子,按水磨石工艺抹面。抹面前要先用铜条嵌成荷叶叶脉状,抹面完成后一并磨平。为了防滑,顶面一定不能磨得很光。荷叶汀步的支柱,可用混凝土柱,也可用石柱,其设计按一般矮柱处理。基础应牢固,至少要埋深 300 mm;其底面直径不得小于汀步面板直径的 2/3。

图 5.38　板式汀步

图 5.39　仿树桩汀步

(3)仿树桩汀步　它的施工要点是用水泥砂浆砌砖石做成树桩的基本形状,表面再用 1∶2.5 或 1∶3 有色水泥砂浆抹面并塑造树根与树皮形象。树桩顶面仿锯截状做成平整面,用仿本色的水泥砂浆抹面;待抹面层稍硬时,用刻刀刻画出一圈圈年轮环纹;清扫干净后,再调制深褐色水泥浆,抹进刻纹中;抹面层完全硬化之后,打磨平整,使年轮纹显现出来,如图 5.39 所示。

四、艺术压花地坪

艺术压花地坪是在摊铺好的混凝土表面上,在混凝土表面析水消失后,撒彩色强化剂(干粉)对混凝土表面进行上色和强化,并使用专用工具将彩色强化剂抹入混凝土表层,使其融为一体;待表面水分光泽消失时,均匀施撒彩色脱膜养护剂(干粉),并马上用事先选定的模具在混凝土表面进行压印,实现各种设计款式、纹理和色彩。待混凝土经过适当的清理和养护之后,在表面施涂密封剂(液体),使艺术地坪表面防污染、防滑、增加亮度并再次强化。完成后的艺术地坪除了具有很好的装饰性以外,其物理性能较稳定。如图 5.40 所示即为几种艺术压花地坪铺装实例。

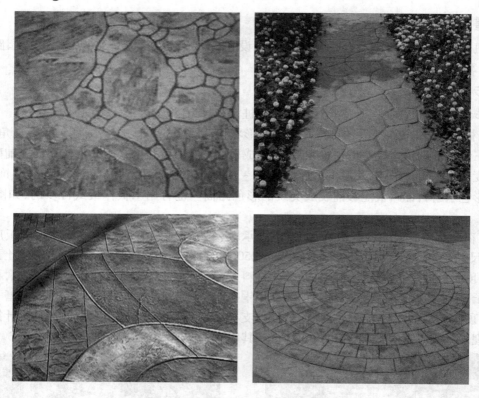

图 5.40　几种艺术压花地坪铺装

　　艺术压花地坪是具有较强的艺术性和特殊装饰要求的地面材料。具有易施工、一次成型、使用期长、施工快捷、修复方便、不易褪色、成本低、优质环保的优点,同时又弥补了普通彩色道板砖的整体性差、高低不平、易松动、使用周期短的不足。此外,还具有抗耐磨、防滑、抗冻、不易起尘、易清洁、高强度、耐冲击的特点,而且色彩和款式方面有广泛的选择性、灵活性,是目前园林、市政、停车场、公园小道、商业街区和文化娱乐设施领域的理想选择。

学习小结

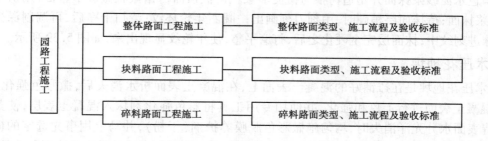

目标检测

一、复习题

（1）园林道路的特点是什么？

（2）整体路面的施工技术有哪些？

（3）块料路面的施工技术有哪些？

二、思考题

（1）如何利用园路的特殊效果来突出园林景观的特点？

（2）园林道路与园林景观的设计特点有哪些？

三、实训题

某地形园路施工实训

1）实训目的

（1）掌握园路的设计方法。

（2）通过某具体项目，掌握园林线性规划、结构设计及铺装方法及施工图的绘制。

（3）掌握路面铺装的形式、园路的结构；掌握园路与造景的关系；掌握园林道路、场地及汀步的技术设计知识。

2）实训方法

学生以小组为单位，进行场地实测、施工图设计、备料和放线施工。每组交报告一份，内容包括施工组织设计和施工记录报告。

3）实训步骤

（1）绘制园路铺装施工图。

（2）现场踏勘园路铺装，整理园路铺装施工图。

项目 6 园林假山工程施工

【项目目标】

❧ 掌握自然山石假山工程的概念及分类;

❧ 掌握园林工程中常见的自然山石分类、假山的材料和假山设计要点;

❧ 掌握自然山石假山工程的施工工艺及施工步骤;

❧ 掌握自然山石假山工程施工的验收养护。

【项目说明】

山水是园林景观中的主体,俗话说"无园不山、无园不石"。假山工程是利用不同的软、硬材料,结合艺术空间造型所堆成的土山或石山,是自然界中山水再现于景园中的艺术工程。假山施工是具有明显再创造特点的工程活动。在大中型的假山工程中,一方面要根据假山设计图进行定点放线和随时控制假山各部分的立面形象及尺寸关系,另一方面还要根据所选用石材的形状、皱纹特点,在细部的造型和技术处理上有所创造,有所发展。

小型的假山工程和石景工程有时则并不进行设计,而是直接在施工中临场发挥,一面施工一面构思,最后就可完成假山作品的艺术创造。本项目共分 3 个任务来完成:掇山工程施工;塑山工程施工;置石工程施工。

任务 1 掇山工程施工

知识点:了解掇山工程的基础知识,掌握掇山工程施工的工艺流程和验收标准。

能力点:能根据施工图进行掇山工程施工、管理与验收。

任务描述

掇山工程的施工,主要是通过吊装、堆叠、砌筑操作,完成假山的造型。由于假山可以采用不同的结构形式,因此在山体施工中也就相应要采用不同的堆叠方法。而在基本的掇山技术方法上,不同结构形式的假山也有一些共同之处。

图6.1是某公园自然山石假山工程施工平面图和正立面图,图6.2是自然山石假山施工东、西立面图和假山基础施工图。希望通过学习后能掌握自然山石假山工程施工图纸,并会掇山的总体布局和山体的局部理法,根据假山结构设计要求,正确进行假山施工。

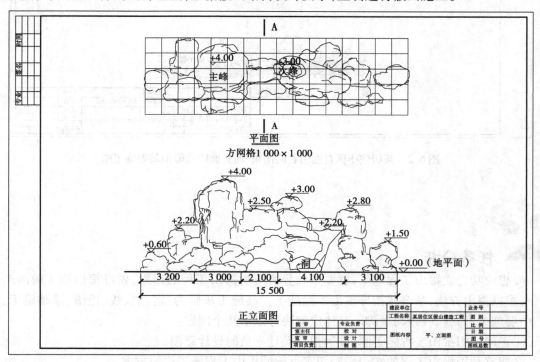

图6.1　某居住小区自然山石假山工程平面图、正面图

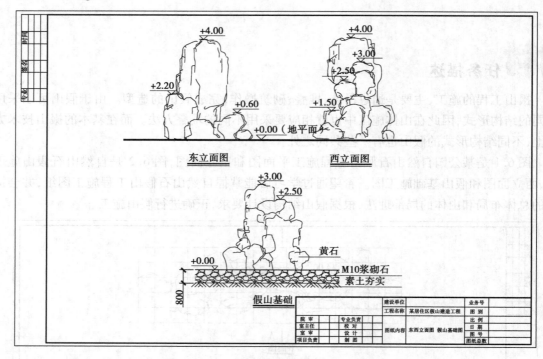

图6.2　某居住小区自然山石假山东、西立面图及假山基础施工图

任务分析

要想成功完成掇山工程施工,就要正确分析影响掇山工程的因素,做好掇山施工前的准备工作,根据掇山方法,学会并指导掇山工程施工。其施工步骤为:定点放线、挖槽、基础施工、拉底、中层施工、勾缝、收顶与做脚。具体应解决好以下几个问题:

①正确认识掇山工程施工图,准确把握设计人员的设计意图。

②能够利用掇山工程的知识编制切实可行的掇山工程施工组织方案。

③能够根据掇山工程的特点,进行有效的施工现场管理、指导工作。

④做好掇山工程的成品修整和保护工作。

⑤做好掇山工程竣工验收的准备工作。

任务咨询

一、假山的概念和分类

1)假山的概念

假山是指用人工的方法堆叠起来的山,是仿自然山水经艺术加工而制成的。一般意义的假山实际上包括假山和置石两部分。

（1）假山　假山是以造景、游览为主要目的，充分地结合其他多方面的功能作用，以土、石等为材料，以自然山水为蓝本并加以艺术的提炼和夸张，用人工再造山水景物的统称。假山一般体量比较大，可观可游，使人置身于自然山林之感，如图6.3所示。

（2）置石　置石是以山石为材料做独立性造景和做附属性的配置造景布置，主要表现山石的个体美或局部组合，不具备完整的山形。置石体量一般较小而分散，主要以观赏为主。

图6.3　自然山石假山结合水体

2）假山的分类

根据使用的土、石料的不同，假山可分为：

（1）土山　指完全用土堆成的山；

（2）土多石少的山　山石用于山脚或山道两侧，主要是固土并加强山势，也兼造景作用；

（3）土少石多的山　土形四周和山洞用石堆叠，山顶和山后则有较厚土层；

（4）石山　完全用石堆成的山。

二、假山的材料

山石的分类如下：

（1）太湖石（南太湖石）　太湖石是一种石灰岩的石块，因主产于太湖而得名。其中以洞庭湖西山消夏湾太湖石一带出产的湖石最著名。好的湖石有大小不同、变化丰富的窝或洞，有时窝洞相套，疏密相通，石面上还形成沟缝坳坎，纹理纵横。湖石在水中和土中皆有所产，尤其是水中所产者，经浪雕水刻，形成玲珑剔透、瘦骨突兀、纤巧秀润的风姿，常被用作特置石峰以体现秀奇险怪之势，如图6.4所示。

图6.4　太湖石　　　　　　　　　图6.5　房山石

（2）房山石（北太湖石）　房山石属砾岩，因产于北京房山区而得名，如图6.5所示。又因其某些方面像太湖石，因此也称北太湖石。这种石块的表面多有蜂窝状的大小不等的环洞，质地坚硬，有韧性，多产于土中，色为淡黄或略带粉红色，它虽不像南太湖石那样玲珑剔透，但端庄深厚典雅，别有一番风采。年久的石块，在空气中经风吹日晒，变为深灰色后更有俊逸、清幽之感。

（3）黄石与青石　黄石与青石皆墩状，形体顽夯，见棱见角，节理面近乎垂直。色橙黄者称黄石，色青灰者称青石，系砂岩或变质岩等。与湖石相比，黄石堆成的假山浑厚挺括、雄奇壮观、棱角分明、粗犷而富有力感，如图6.6、图6.7所示。

图6.6　黄石　　　　　　　　　　　　图6.7　青石

（4）青云片　青云片是一种灰色的变质岩，具有片状或极薄的层状构造。在园林假山工程中，横纹使用时称青云片。多用于表现流云式叠山，变质岩还可以竖纹使用如作剑石，假山工程中有青剑、慧剑等。

（5）象皮石　象皮石属石灰岩，在我国南北广为分布。石块青灰色，常夹杂着白色细纹，表面有细细的粗糙皱纹，很像大象的皮肤，因而得名。一般没有什么透、漏、环窝，但整体有变化。

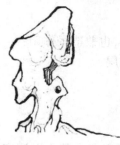

（6）灵璧石　灵璧石又名磬石，产于安徽灵璧县磬山，石产于土中，被赤泥渍满。用铁刀刮洗方显本色。石中灰色，清润，叩之铿锵有声，石面有坳坎变化。可顿置几案，也可掇成小景。灵璧石掇成的山石小品，峥岩透空，多有婉转之势，如图6.8所示。

（7）英德石　英德石属石灰岩，产于广东英德市含光、真阳两地，因此得名。粤北、桂西南也有。英德石一般为青灰色，称灰英。也有白英、黑英、浅绿英等数种，但均罕见。英德石形状瘦骨铮铮，嶙峋剔透，多皱褶的棱角，清奇俏丽。石体多皴皱，少窝洞，质稍润，坚而脆，叩之有声，也称音

图6.8　灵璧石

石，在园林中多用作山石小景。

（8）石笋和剑石　这类山石产地颇广，主要以沉积岩为主，采出后宜直立使用形成山石小景。园林中常见的有：

①子母剑或白果笋：这是一种角砾岩。在青色的细砂岩中，沉积了一些白色的角砾石，因此称子母石。在园林中作剑石用称"子母剑"。又因此石沉积的白色角砾岩很像白果（银杏的果），因此也称白果笋。

②慧剑：色黑如炭或青灰色、片状形似宝剑，称"慧剑"。

③钟乳石笋：将石灰岩经熔融形成的钟乳石用作石笋以点缀园景。北京故宫御花园中有用这种石笋作特置小品的。

（9）木化石　地质学上称硅化木。木化石是古代树木的化石。亿万年前，被火山灰包埋，因隔绝空气，未及燃烧而整株、整段地保留下来。再由含有硅质、钙质的地下水淋滤、渗透，矿物取代了植物体内的有机物，木头变成了石头。

以上是古典园林中常用的石品。另外还有黄蜡石、石蛋、石珊瑚等，也用于园林山石小品。总之，我国山石的资源是极其丰富的。

三、假山布置

（一）山石材料的选用

选石工作，需要掌握一定的识石和用石技巧。

（1）选石的步骤

①需要选到主峰或孤立小山峰的峰顶石、悬崖崖头石、山洞洞口石，选到后分别做上记号，

以备使用。

②要接着选留假山山体向前凸出部位的用石和山前山旁显著位置上的用石以及土山坡上的石景用石等。

③应将一些重要的结构用石选好,如长而弯曲的洞顶梁用石,拱券式结构所用的券石、洞柱用石、峰底承重用石、斜立式小峰用石等。

④其他部位的用石,则在叠石造山中随用随选,用一块选一块。

总之,山石选择的步骤应是:先头部后底部、先表面后里面、先正面后背面、先大处后细部、先特征点后一般区域、先洞口后洞中、先竖立部分后平放部分。

(2)山石尺度选择　在同一批运到的山石材料中,石块有大有小,有长有短,有宽有窄,在叠山选石中要分别对待。对于主山前面比较显眼位置上的小山峰,要根据设计高度选用适宜的山石,一般应尽量选用大石,以削弱山石拼合峰体时的琐碎感。在山体上的凸出部位或是容易引起视觉注意的部位,也最好选用大石。而假山山体内部以及山洞洞墙所选用的山石,则可小一些。

大块的山石中,敦实、平稳、坚韧的可用做山脚的底石,而石形变异大、石面皴纹丰富的山石则可以用于山顶,做压顶的石头。较小的、形状比较平淡而皴纹较好的山石,一般应该用在假山山体中段。山洞的盖顶石,平顶悬崖的压顶石,应采用宽而稍薄的山石。层叠式洞顶的用石或石柱垫脚石,可选矮墩状山石;竖立式洞柱、竖立式结构的山体表面用石,最好选用长条石,特别是需要做山体表面竖向沟槽和棱柱线条时,更要选用长条状山石。

(3)石形的选择　除了作石景用的单峰石外,并不是每块山石都要具有独立而完整的形态。在选择山石的形状中,挑选的根据应是山石在结构方面的作用和石形对山形样貌的影响情况。从假山自下而上的构造来分,可以分为底层、中腰和收顶三部分,这三部分在选择石形方面有不同的要求。

假山的底层山石位于基础之上,若有桩基则在桩基盖顶石之上。这一层山石对石形的要求主要应为顽夯、敦实的形状。选一些块大而形状高低不一的山石,具有粗犷的形态和简括的皴纹,可以适应在山底承重和满足山脚造型的需要。

中腰层山石在视线以下者,即地面上1.5 m高度以内的,其单个山石的形状也不必特别好,只要能够用来与其他山石组合刻造出粗犷的沟槽线条即可。石块体量也不需很大,一般的中小山石互相搭配使用就可以。

在假山1.5 m以上高度的山腰部分,应选形状有些变异、石面有一定褶皱和孔洞的山石,因为这种部位比较能引起人的注意,所以山石要选用形状较好的。

假山的上部和山顶部分、山洞口的上部,以及其他比较凸出的部位,应选形状变异较大,石面皴纹较美,孔洞较多的山石,以加强山景的自然特征。形态特别好且体量较大的,具有独立观赏形态的奇石,可用以"特置"为单峰石,作为园林内的重要石景使用。

(4)山石皴纹选择　石面皴纹、皱褶、孔洞比较丰富的山石,应当选在假山表面使用。石形规则、石面形状平淡无奇的山石,选作假山下部、假山内部的用石。

作为假山的山石和作为普通建筑材料的石材,其最大的区别就在于是否有可供观赏的天然石面及其皴纹。"石贵有皮"就是说,假山石若具有天然"石皮",即有天然石面及天然皴纹,就是可贵的,是制作假山的好材料。

在假山选石中,要求同一座假山的山石皴纹最好是同一种类,如采用了折带皴类山石的,则以后所选用的其他山石也要是相同折带皴类山石的;选了斧劈皴的假山,一般就不要再选用非斧劈皴的山石。只有统一采用一种皴纹的山石,假山整体上才能显得协调完整,可以在很大程度上减少杂乱感,增加整体感。

（5）石态的选择　在山石的形态中,形是外观的形象,而态却是内在的形象。形与态是一种事物无法分开的两个方面。山石的一定形状,总是要表现出一定的精神态势。瘦长形状的山石,能够给人有力的感觉;矮墩状的山石,给人安稳、坚实的印象;石形、皱纹倾斜的山石,让人感到运动;石形、皱纹平行垂立的山石,则能够让人感到宁静、安详、平和。为了提高假山造景的内在形象表现,在选择石形的同时,还应当注意到其态势、精神的表现。

（6）石质的选择　质地的主要因素是山石的密度和强度。如作为梁柱式山洞石梁、石柱和山峰下垫脚石的山石,必须有足够的强度和较大的密度。而强度稍差的片状石,则不能选用在这些地方,可用来做石级或铺地。外观形状及皱纹好的山石,有的是风化过的,其在受力方面就很差,有这样石质的山石就不要选用在假山的受力部位。

（7）山石颜色选择　叠石造山也要讲究山石颜色的搭配。不同类的山石色泽不一,而同一类的山石也有色泽的差异。"物以类聚"是一条自然法则,在假山选石中也要遵循。原则上的要求是,要将颜色相同或相近的山石尽量选用在一处,以保证假山在整体的颜色效果上协调统一。在假山的凸出部位,可以选用石色稍浅的山石,而在凹陷部位则应选用颜色稍深的山石。在假山下部的山石,可选颜色稍深的,而假山上部的用石则要选色泽稍浅的。

（二）山体局部理法

叠山重视山体局部景观创造。虽然叠山有定法而无定式,然而在局部山景的创造上（如崖、洞、涧、谷、崖下山道等）都逐步形成了一些优秀的程式。

（1）峰　掇山为取得远观的山势以及加强山顶环境的山林气氛,而有峰峦的创作。人工堆叠的山除大山以建筑来突出加强高峻之势（如北海白塔、颐和园佛香阁）外,一般多以叠石来表现山峰的挺拔险峻之势。山峰有主次之分,主峰居于显著的位置,次峰无论在高度、体积或姿态等方面均次于主峰。峰石可由单块石块形成,也可多块叠掇而成。

峰石的选用和堆叠必须和整个山形相协调,大小比例恰当。巍峨而陡峭的山形,峰态应尖削,具峻拔之势。以石横纹参差层叠而成的假山,石峰均横向堆叠,有如山水画的卷云皴,这样立峰有如祥云冉冉升起,能取得较好的审美效果。

（2）崖、岩　叠山而理岩崖,为的是体现陡险峭拔之美,而且石壁的立面上是题诗刻字的最佳处所。诗词石刻为绝壁增添了锦绣,为环境增添了诗情。如崖壁上再有枯松倒挂,更给人以奇情险趣的美感。

（3）洞府　洞,深邃幽暗,具有神秘感或奇异感。岩洞在园林中不仅可以吸引游人探奇、寻幽,还具有打破空间的闭锁、产生虚实变化、丰富园林景色、联系景点、延长游览路线、改变游览情趣、扩大游览空间等作用。

山洞的构筑最能体现传统假山合理的山体结构与高超的施工技术。山洞的结构一般有梁柱式和叠梁式两种,发展到清代,出现了戈裕良创造的拱券式山洞,使用钩带法,使山洞顶壁浑然一体,如真山洞壑一般,而且结构合理,扬州个园夏山即是此例。洞的结构有多种形式,有单梁式、挑梁式、拱券式等,如图6.9至图6.11所示。

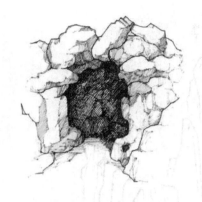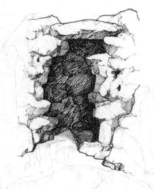

　图6.9　单梁式　　　　　　　图6.10　挑梁式　　　　　　图6.11　拱梁式

精湛的叠山技艺,创造了多种山洞形式结构,有单洞和复洞之分;有水平洞、爬山洞之分;有单层洞、多层洞之分;有岸洞、水洞之分等。

（4）谷　山谷是掇山中创作深幽意境的重要手法之一。山谷的创作,使山势宛转曲折,峰回路转,更加引人入胜。大多数的谷,两崖夹峙,中间是山道或流水,平面呈曲折的窄长形。凡规模较大的叠石假山,不仅从外部看具有咫尺山林的野趣,而且内部也是谷洞相连,不仅平面上看极尽迂回曲折,而且高程上力求回环错落,从而造成迂回不尽和扑朔迷离的幻觉。

（5）山坡、石矶　山坡是指假山与陆地或水体相接壤的地带,具平坦旷远之美。叠石山山坡一般山石与植被相组合,山石大小错落,呈出入起伏的形状,并适当地间以泥土,种植花木,看似随意的淡、野之美,实则颇具匠心。

石矶一般指水边突出的平缓的岩石。多数与水池相结合的叠石山都有石矶,使崖壁自然过渡到水面,给人以亲和感。

（6）山道　登山之路称山道。山道是山体的一部分,随谷而曲折,随崖而高下,虽刻意而为,却与崖壁、山谷融为一体,创造假山可游、可居之意境(图6.12是自然山石掇山示意图)。

（三）假山的基础设计

假山基础必须能够承受假山的重压,才能保证假山稳固。不同规模和不同重量的假山,对基础的抗压强度要求是不相同的。而不同类型的基础,其抗压强度也不相同。

1）基础类型

（1）混凝土基础　它是用混凝土浇筑而成的基础。这种基础材料易得、施工方便、抗压强度大。由于其材料是水硬性的,因而能够在潮湿的环境中使用,且能适应多种土地环境。目前,这种基础在规模较大的石假山中应用最广泛。

（2）浆砌块石基础　它是用水泥砂浆或石灰砂浆砌筑块石而成的基础。这种基础抗压强度较大,能适应水湿环境及其他多种环境,也是应用比较普遍的假山基础。

（3）灰土基础　它是用石灰与泥土混合而做成的基础。其抗压强度不大,但工程造价较低。在地下水位高的地方,灰土的凝固条件不好,应用有困难。

（4）桩基础　它是用混凝土桩或木桩打入地基做成的基础。桩基础主要用在土质疏松的地方。在古代,假山下多用木桩基础,混凝土桩基础则是现代假山工程中偶尔应用的基础形式。

（5）灰桩基础　它是在地面均匀地打孔,再用石灰填满孔洞并压实而构成的一种假山基础形式。桩孔里的石灰吸潮后膨胀凝固,从而使地面变得坚实。这种基础造价低廉、施工简便,但

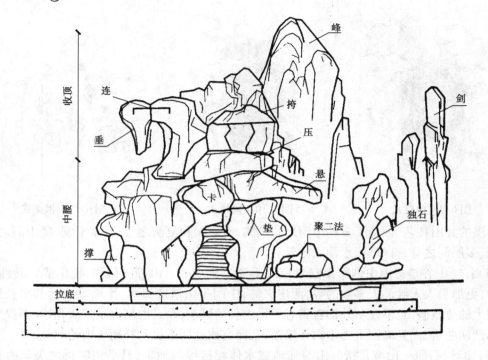

图 6.12   自然山石掇山示意图

抗压强度不大,一般用做小体量假山的简易基础。

(6)石钉夯土基础   它是用尖锐的石块密集打入地面,再在其上铺一层灰土夯实而成。这种基础造价很低,但抗压强度不大,一般用来作为低矮假山的基础。

2)基础设计

假山基础的设计要根据假山的大小而定。低矮的小石山一般不需要基础,山体直接在地面上堆砌。高度在 3 m 以上的大石山,需要设置适宜的基础。通常,沉重、高大的大型石山,应选用混凝土基础或块石浆砌基础;重量和高度适中的石山,可用灰土基础或桩基础。

下面介绍 4 种假山基础的设计要点:

(1)混凝土基础设计   最底下是夯实的素土地基,素土夯实层之上,可做成 30 ~ 70 mm 厚的砂石垫层,砂石垫层上即为混凝土基础层。在陆地上,混凝土层的厚度可设计为 100 ~ 200 mm,其强度等级可采用 C10、C15。在水下,混凝土层的厚度则应设计为 500 mm 左右,强度等级应采用 C20。

(2)浆砌块石基础设计   地基应做素土夯实处理,夯实的地基上可铺 30 mm 厚粗砂做找平层,找平层上用 1∶2.5 或 1∶3 水泥砂浆砌一层块石,厚度为 300 ~ 500 mm,水下则应用 1∶2 水泥砂浆砌筑。

(3)灰土基础设计   灰土是用石灰和素土按 3∶7 的比例混合而成。每铺一层厚度为 30 cm 的灰土,并夯实到 15 cm 厚时,则称为一步灰土。设计灰土基础时,要根据假山高度和体量大小来确定采用几步灰土。一般高度在 2 m 以下的假山,其灰土基础可按一步素土加一步灰土设计;2 m 以上的假山,则应设计为一步素土加两步灰土。

(4)桩基础设计   在古代,常用直径为 10 ~ 15 cm,长为 1 ~ 2 m 的杉木桩或柏木桩做桩基础,木桩下端为尖头状。当代假山已基本不用木桩基础,只在地基土质松软时偶尔采用混凝土桩基础。做混凝土桩基础,先要设计并预制混凝土桩,其下端也为尖头状。

(四)山体内部结构设计

1)结构形式与结构设计

山体内部的结构形式主要有4种,即环透式结构、层叠式结构、竖立式结构和填充式结构。

(1)环透式结构　环透式结构的假山石材多为太湖石,在叠山手法上,为了突出太湖石玲珑剔透的特征,一般多采用拱、斗、卡、安、搭、连、飘等手法。所以,采用环透式结构的假山,其山体孔洞密布,显得玲珑剔透。

(2)层叠式结构　层叠式结构的假山石材一般用片状的山石,一层层山石叠砌为山体,山形朝横向伸展,常有"云山千叠"般的飞动感。所以,假山结构若采用层叠式,假山立面的形象就具有丰富的层次感。

(3)竖立式结构　竖立式结构的假山石材,一般多是条状或长片状的山石,山石全都采用立式砌叠。这种结构形式可以形成假山挺拔、雄伟、高大的艺术形象。但要注意山体在高度方向上的起伏变化和在平面上的前后错落变化。

(4)填充式结构　填充式结构的假山的山体内部是由泥土、废砖石或混凝土材料填充起来的,因此,其结构上的最大特点就是填充的做法。带土石山和个别石山,或者在假山的某一局部山体中,都可以采用这种结构形式。

2)结构设施及其应用

为了保证假山结构的安全稳定,有时需要设置一些起辅助固定作用的内部结构设施,常见的假山内部结构设施有平稳垫片、铁吊架、铁扁担、铁爬钉、银锭扣等。

(1)平稳垫片　平稳垫片就是指质地坚硬、一边薄一边厚的石片,用它垫假山石底部,可起到固定山石、保持山石平稳的作用。它是假山结构中不可缺少的重要结构设施,是在每一座石假山的施工中都要用到的。

(2)铁吊架　铁吊架是用扁铁条打制的铁件设施,主要用来吊挂坚硬的山石。

(3)铁扁担　铁扁担可以用扁铁条、角钢、螺纹钢条来制作,其长度应根据实际需要确定,这种铁件主要用在假山的悬挑部位和作为假山洞石梁下面的垫梁,以加固洞顶的结构。

(4)铁爬钉　铁爬钉可用熟铁制成,也可用粗钢筋打制成两端翘起为尖头的铁爬钉,专用来连接质地较软的山石材料。

(5)银锭扣　银锭扣由熟铁铸造,其两端成燕尾状,故又称为燕尾扣。银锭扣有大、中、小3种规格,主要用来连接边缘比较平直的硬质山石。

以上所述结构设施,都应与水泥砂浆结合使用。

(五)山洞结构设计

1)假山山洞的形式

(1)单口洞　即只有一个洞口的洞室。一般做成某种具有实用功能的石室。

(2)单洞与复洞　单洞是只有一条洞道和两个洞口的假山洞。小型假山一般做成单洞。复洞是有两条并行洞道,或者还有岔洞和两个以上洞口的山洞。大型假山可设计为复洞,也可设计为单、复洞时分时合的形式。

(3)单层洞与多层洞　洞道没有分为上下两层的称为单层洞。洞道从下至上分为两层以上的称为多层洞,即洞上有洞,下层洞与上层洞之间由石梯相连。

(4)平洞与爬山洞　平洞是洞底道路基本为平路的山洞。爬山洞则是洞内道路有上坡和下坡,并且坡度较陡的山洞。

(5)旱洞与水洞　旱洞是洞内无水的假山洞。水洞是洞内有泉池、溪流的山洞。

(6)采光洞和换气洞　采光洞和换气洞是假山山洞内附属的两种小洞,主要是用来采光和通气。

(7)通天洞　假山内上下相通的竖向山洞称为通天洞。

2)假山山洞的布置

(1)洞口的布置　洞口布置最忌造成山洞直通透亮和从山前一直看到山后,因此,洞口的位置应相互错开。洞口的外形要有变化,特别是黄石做的洞口,其形状容易显得方正呆板,不太自然。所以要注意使洞口形状多一点圆弧线条的变化。

(2)洞道的布叠　洞道布置在平面上要有曲折变化,其曲折程度应比一般的园路大许多,同时,洞道也应有宽窄变化。洞顶不得太矮且要有许多高低变化。

(3)洞内景观的处理　洞内景观应尽量设置得丰富些,如扬州个园黄石秋山的主山洞,洞内有采光洞,且设有石桌、石凳、石床、石枕,布置得如同居室一般。为了提高观赏性,洞内还可设置一些趣味小品,如石灯、石笋、泉眼、溪涧等。

3)洞壁与洞底设计

洞壁是假山洞的承重结构部分,对山洞以至整座假山的安全性具有重要影响。

(1)洞壁的结构形式　洞壁的结构形式有两种,即墙式洞壁和墙柱式洞壁。墙式洞壁是以山石墙体为基本承重构件的。山石墙体是用假山石砌筑的不规则山石墙。墙柱式洞壁是由洞柱和柱间墙体构成的洞壁,在这种洞壁中,洞柱是主要的承重构件,而洞墙只承担少量的洞顶荷载。

(2)洞壁的设计　墙式洞壁的设计要根据假山山体所采用的结构形式来进行。例如,如果假山山体是采用层叠式结构的,那么洞壁石墙也应采用这种结构。要用山石一层一层不规则地层叠砌筑,直到设计的洞顶高度,这就做成了墙式洞壁。

墙柱式洞壁的设计关系到洞柱和柱间墙两种结构部分。

①洞柱设计:洞柱可分为直立石柱和层叠石柱两种。直立石柱是用长条形山石直立起来作为洞柱,柱底应有固定柱脚的座石,柱顶应有起联系作用的压顶石。层叠石柱是用块状山石错落地层叠砌筑而成,柱脚、柱顶也应有垫脚座石和压顶石。

②柱间墙设计:由于柱间墙只承担少量的洞顶荷载。因此柱间墙的布置比较灵活、方便,而且可以用较小的山石砌筑成薄墙,同时可加强洞壁的凹凸变化,使洞内形象更加自然。

(3)洞底设计　洞底路面可铺设不规则石片,在上坡和下坡处则设置块石阶梯。洞内路面宜有起伏,并应随着山洞的弯曲而弯曲。

4)山洞洞顶设计

(1)盖梁式洞顶　盖梁式就是石梁的两端直接放在山洞两侧的洞柱上,呈盖顶状。这种洞顶整体性强,结构比较简单,也很稳定,因此盖梁式是造山中最常用的结构形式之一。但是,由于受石梁长度的限制,采用盖梁式洞顶的山洞不能做得太宽,而且洞顶的形状往往太平整。为使洞顶自然,应尽量选用不规则的条形石材作洞顶石梁。

（2）挑梁式洞顶　挑梁式洞顶是用山石从两侧洞壁、洞柱向洞中央相对悬挑伸出并合拢而做成洞顶的。挑石的悬出长度，应为石长的 1/2 ~ 3/5，挑石的头部应略为向上仰，其后端则一定要用重石压实。洞顶的山石之间，可用 1：2.5 水泥砂浆作黏合材料，使洞顶山石结合成为整体。

（3）拱券式洞顶　拱券式洞顶是用块状山石作为券石，以水泥砂浆作为黏合剂，顺序起拱而做成拱形洞顶。这种结构形式多用于较大跨度的洞顶。

（六）山顶结构设计

山顶是假山立面最突出、最能集中视线的部位，对其进行精心设计很有必要。根据山顶常见的形象特征，假山顶部的基本造型可分为峰顶、峦顶、崖顶和平山顶4种类型。

1）峰顶设计

常见的假山山峰收顶形式有分峰式、合峰式、斧立式、剑立式、斜立式和流云式。

（1）分峰式峰顶　分峰式峰顶就是在一座山体上用两个以上的峰头收顶。在处理分峰时，主峰头要突出，其他峰头应有高有低，有宽有窄。

（2）合峰式峰顶　合峰式峰顶实际上是两个以上的峰顶合并为一个大峰顶，次峰、小峰的顶部融合在主峰的边坡中，成为主峰的肩部。在设计时，要避免主峰的左右肩部成为一样高一样宽的对称形状。

（3）斧立式峰顶　斧立式峰顶的峰石上大下小，犹如斧立，是直立状态的单峰峰顶。

（4）剑立式峰顶　剑立式峰顶的峰石上小下大，单峰直立，峰顶不分峰。剑立式收顶形式主要用于假山山体为竖立式结构的峰顶。

（5）斜立式峰顶　这种收顶形式峰石斜立，势如奔趋，具有明显的倾向性和动态感，最适宜山体结构，也采用斜立式的假山。

（6）流云式峰顶　这种收顶形式峰顶横向延伸，如层云横飞。采用流云式收顶的假山，其山体结构形式必为层叠式结构，不然峰顶与山体将极不协调。

2）峦顶设计

峦顶的假山顶部设计成不规则的圆丘状隆起，像低山丘陵景象。这种山顶的观赏性较差，一般不在主山和比较重要的客山上设计这种山顶，只在假山中的个别小山山顶偶尔采用。

3）崖顶设计

崖顶石向前悬出并有所下垂，致使崖壁下部向里凹进，这种山崖的收顶方式称悬垂式，也称悬崖式。悬崖顶部的悬出，在结构上常见的是出挑与立石相结合的做法。

为保证结构稳定，在做悬崖时应做到"前悬后压"，使悬崖的后部坚实稳定，即在悬挑山石的后端砌筑重石施加重压，使崖顶在力学上保持平衡。

4）平山顶设计

平顶的假山在中国古代园林中很常见。庭园假山之下如做有盖梁式山洞洞顶，其洞顶之上就多是平顶。在现代园林中，为了使假山可游、可憩，有时也做平顶的假山。常见的平山顶有平台式山顶和亭台式山顶两种。

（1）平台式山顶　平台式山顶就是将山顶设计成平台状，平台上可设置石桌、石凳，便于休息、观景。平台边缘则多用小块山石砌筑成高度为 30 ~ 70 cm 的矮石墙，以此来代替栏杆。

（2）亭台式山顶　亭台式山顶就是在平台式山顶上面设置亭子,这种山顶是用来造景、休息和观景的。设计时要注意使亭柱不要落在下方悬空之处,应落在其下面的洞柱上。

任务实施

一、施工准备

（1）技术准备　施工前要求技术人员熟读假山施工图纸等有关文件和技术资料,了解设计意图和设计要求。由于假山工程的特殊性,一般只能表现出山形的大体轮廓或主要剖面,此时施工人员应按照 $1:10 \sim 1:50$ 的比例制成假山石膏模型,使设计立意变为实物形象。

（2）现场准备　施工前必须反复详细地勘查现场,主要内容为"两看一相端"。一看土质、地下水位,了解基地土允许承载力,以保证山体的稳定。二看地形、地势、场地大小、交通条件、给排水的情况及植被分布等,一相端即相石。做好"四通一清",尤其是道路必须保证畅通,且具备承载较大荷载的能力,避免石材进场对路面造成破坏。

（3）材料准备　选用的黄石在块面、色泽上应符合设计要求,石质必须坚实、无损伤、无裂痕、表面无脱落。峰石的造型和姿态,应达到设计的艺术构思要求。

石材装运应轻装、轻吊、轻卸。对于峰石等特殊用途或有特殊要求的石材,在运输时用草包、草绳或塑料材料绑扎,防止损伤。石材运到施工现场后,应进行检查,凡有损伤的不得作面掌石使用。

石材运到施工现场后,必须对石材的质地、形态、纹理、石色进行挑选和清理,除去表面尘土、尘埃和杂物,分别堆放备用。

（4）工具与施工机械准备　根据工程量,确定施工中所用的起重机械。准备好施工机械、设备和工具,做好起吊特大山石的使用吊车计划。同时要准备足够数量的手工工具。按规定地点和方式存放,设专人对其维修保养,并使所有进场设备均处于最佳的运转状态。

（5）施工人员配备　假山工程是一门特殊造景技艺的工程,一般选择有丰富施工经验的假山师傅,组成专门的假山工程队,另外还有石工、起重工、泥工、普工等,人数在 $8 \sim 12$ 人。根据该工程的要求,由假山施工工长负责统一调度。

二、定点放线

①在假山平面设计图上按 $1\,m \times 1\,m$ 的尺寸绘出方格网,在假山周围环境中找到可以作为定位依据的建筑边线、围墙边线或园路中心线,并标出方格网的定位尺寸。

②按照设计图方格网及定位关系,将方格网放大到施工现场的地面。利用经纬仪、放线尺等工具将横纵坐标点分别测设到场地上,并在点上钉下坐标桩。放线时,用几条细线拉直连接各坐标桩,表示方格网。然后用白灰将设计图中的山脚线在地面方格网中放大绘出,将山石的堆砌范围绘制在地面上,施工边线要大于山脚线 500 mm,作为基础边线。

三、挖槽

基槽应根据基础大小与深度开挖,挖掘范围按地面的基础施工边线,挖槽深度为 800 mm厚,采用人工和机械开挖相结合的方式进行开槽,挖出的土方要堆放到合适的位置上,保证施工现场有足够的作业面,如图6.13所示。

四、基础施工

现代假山多采用浆砌块石或混凝土基础,浆砌块石基础也称毛石基础,砌石时用M10水泥砂浆,砌筑前要对原土进行夯实作业,夯实度达到标准后,即可进行基础施工,施工方法及要求同一般的园林工程基础。

五、拉底

所谓拉底,就是在山脚范围内砌筑第一层山石,即做出垫底的山石层。一般这一层选用大块的山石拉底,具有使假山的底层稳固和控制其平面轮廓的作用,因此被视为叠山之本。具体施工时先用山石在假山山脚沿线砌成一圈垫底石,埋入土下约20 cm深做埋脚,再用满拉底的方式,即在山脚线的范围内用毛石铺满一层,垫成后即成为本假山工程的底层,如图6.14所示。

图6.13　人工清理基槽　　　　　　　　图6.14　大块石拉底

六、中层施工

中层叠石在结构上要求平稳连贯,交错压叠,凹凸有致,并适当留空,以做到虚实变化,符合假山的整体结构和收顶造型的要求。这部分结构占体量最大,是假山造型的主要部分。施工过程中应对每一块石料的特性有所了解,观察其形状、大小、重量、色泽等并熟记于心,在堆叠时先在想象中进行组合拼叠,然后在施工时能信手拈来并发挥灵活机动性,寻找合适的石料进行组合。掇山造型技艺中的山石拼叠实际上就是相石拼叠的技艺。

操作的流程:相石选石→想象拼叠→实际拼叠→造型相形。中层施工关键在于假山师傅的技艺定,如图6.15所示。

图6.15　中层施工

七、勾缝

勾缝一般用1:1的水泥砂浆,用小抹子进行,有勾明缝和暗缝两种做法。一般水平方向勾明缝,竖直方向采用暗缝。勾缝时不宜过宽,最好不要超过 2 cm,如缝隙过宽,可用石块填充后再勾缝。一般采用"柳叶抹"做勾缝的工具。砂浆可适当掺加矿物质颜料随山石色,勾缝时随勾随用毛刷带水打点,尽量不显抹纹痕迹。暗缝应凹入石面 1.5~2 cm,外观越细越好。

八、收顶与做脚

收顶是假山最上层轮廓和峰石的布局,由于山顶是显示山势和神韵的主要部分,也是决定整座假山重心和造型的主要部分,所以至关重要,它被认为是整座假山的魂。收顶一般分为峰、峦和平顶三种类型,尖曰峰,圆曰峦,山头平坦则曰顶。总之收顶要掌握山体的总体效果,与假山的山势、走向、体量、纹理等相协调,处理要有变化,收头要完整。

做脚就是用山石堆叠山脚,它是在掇山施工大体完成以后,于紧贴拉底石外缘部分拼叠山脚,以弥补拉底造型的不足。

九、假山养护

掇山完毕后,重视勾缝材料的养护期,没有足够的强度时不允许拆支撑的脚手架。在凝固期间禁止游人靠近或爬到假山上游玩,防止发生意外和危险。凝固期过后要冲洗石面,彻底清理现场,包括山体周边山脉点缀、局部调整与补缺、勾缝收尾、与地面连接、植物配置等再对外开放,供游人观赏游览。

任务考核

序　号	任务考核	考核项目	考核要点	分　值	得　分
1		定点放线	假山平面位置及边线符合要求	10	
2		挖槽	素土夯实符合要求	10	
3		基础施工	混凝土配比及基础规格符合要求,浇筑方法正确	15	
4	过程考核	拉底	施工符合工艺流程,方法正确	10	
5		中层施工	符合设计要求,方法正确	15	
6		勾缝	符合工程规范,勾缝符合要求	10	
7		收顶与做脚	符合工程规范,收顶与做脚符合要求	20	
8	结果考核	假山外观	假山外观达到设计要求,具有观赏和使用功能	10	

在某休闲公园内,选择适当位置建造一处假山,其假山结构参照假山施工图(图6.2)。让学生根据假山的施工工序参加全部的假山施工过程并完成任务。

一、材料及用具

根据该工程施工特点,主要材料包括黄石、毛石、普通水泥、白水泥、石子、粗砂、中砂、细砂等。

主要的工具及设备包括斧头、钎子、铁锹、镐、锤子、撬棍、小抹子、毛竹片、放线尺、脚手架、经纬仪、水准仪、挖掘机、运输车辆、打夯机等。

二、组织实施

①将学生分成5个小组,以小组为单位进行假山施工;

②按下列施工步骤完成施工任务:

定点放线、挖槽、基础施工、拉底、中层施工、勾缝、收顶与做脚。

三、训练成果

①每人完成一份训练报告,并参照上述任务考核进行评分;

②根据假山构造设计要求,完成施工。

FRP假山施工工艺

FRP(Fiber Glass Reinforced Plastics)是玻璃纤维强化树脂的简称,它是由不饱和聚酯树脂与玻璃纤维结合而成的一种重量轻、质地韧的复合材料。不饱和聚酯树脂由不饱和二元羧酸与一定量的饱和二元羧酸、多元醇缩聚而成。在缩聚反应结束后,趁热加入一定量的乙烯基单体配成黏稠的液体树脂,俗称玻璃钢。

一、FRP工艺的特点

(1)优点　成型速度快,质薄而轻,刚度好,耐用,价廉,方便运输,可直接在工地施工,适用于异地安装。

(2)存在的主要问题　树脂液与玻纤的配比不易控制,对操作者的要求高;劳动条件差,树脂溶剂为易燃品;工厂制作过程中有毒和气味;玻璃钢在室外强日照下,受紫外线的影响,易导致表面酥化,寿命为20—30年。

二、FRP塑山施工程序

泥模制作→翻制石膏→玻璃钢制作→模件运输→基础和钢骨架制作→玻璃钢(预制件)元件拼装→修补打磨、油漆→成品。

(1)泥模制作　按设计要求制作泥模。一般在(1∶15)~(1∶20)的小样基础上制作。泥模制作应在临时搭设的大棚(规格可采用 50 m×20 m×10 m)内进行。制作时要避免泥模脱落或冻裂。因此,温度过低时要注意保温,并在泥模上加盖塑料薄膜。

(2)翻制石膏　一般采用分割翻制,这主要是考虑翻模和今后运输的方便。分块的大小和数量根据塑山的体量来确定,其大小以人工能搬动为好。每块要按一定的顺序标注记号。

(3)玻璃钢制作　玻璃钢原料采用 191 号不饱和聚酯及固化体系,一层纤维表面毯和五层玻璃布,以聚乙烯醇水溶液为脱模剂。要求玻璃钢表面硬度大于 34,厚度 4 cm,并在玻璃钢背面粘配钢筋。制作时注意预埋铁件以便供安装固定之用。

(4)基础和钢骨架制作　基础用钢筋混凝土,基础大小根据山体的体量确定。框架柱梁可用槽钢焊接,根据实际需要选用,必须确保整个框架的刚度与稳定。框架和基础用高强度螺栓固定。

(5)玻璃钢(预制件)元件拼装　根据预制大小及塑山高度先绘出分层安装剖面图和立面分块图,要求每升高 1~2 m 就要绘一幅分层水平剖面图,并标注每一块预制件 4 个角的坐标位置与编号,对变化特殊之处要增加控制点。然后按顺序由下往上逐层拼装,做好临时固定。全部拼装完毕后,由钢框架伸出的角钢悬挑固定。

(6)打磨、油漆　接装完毕后,接缝处用同类玻璃钢补缝、修饰、打磨,使之浑然一体。最后用水清洗,罩以相应颜色玻璃钢油漆即成。

任务 2　塑山工程施工

知识点:了解塑山工程的基础知识,掌握塑山工程施工的工艺流程和验收标准。

能力点:能根据施工图进行塑山工程的施工、管理与验收。

任务描述

岭南地区的园林中常用人工方法塑石或塑山,这是因为当地原来多以英德石为山,但英德石很少有大块料,所以也就改用水泥材料来人工塑造山石。做人造山石,一般以铁条或钢筋为骨架做成山石模胚与骨架,然后再用小块的英德石贴面,贴英德石时注意理顺皱纹,并使色泽一致,最后塑造成的山石也比较逼真。

某公园要做一塑山,其施工图分别为:塑石假山施工平面图(图 6.16),塑石假山施工立面图(图 6.17)塑石假山施工结构图(图 6.18)。根据塑山结构设计要求,正确进行假山施工。希望通过学习能够熟读人工塑造山石施工图纸,正确指导人工塑造山石工程施工。

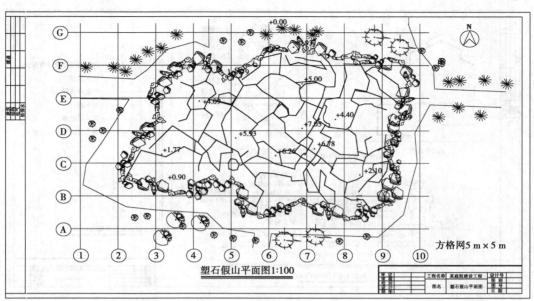

图 6.16 塑石假山平面图

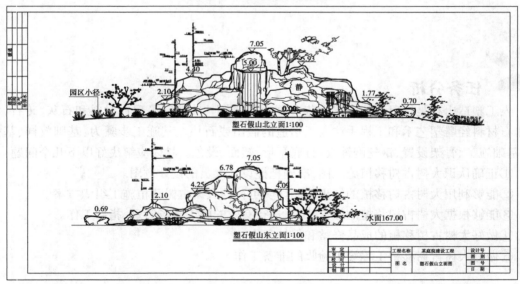

图 6.17 塑石假山立面图

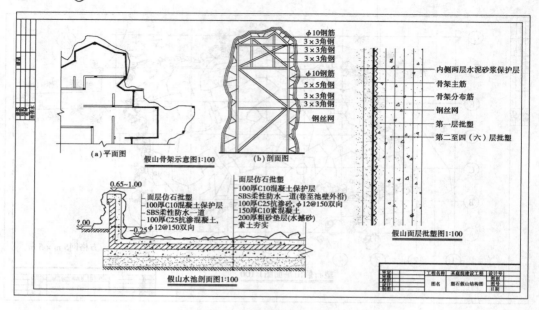

内侧两层水泥砂浆保护层
骨架主筋
骨架分布筋
钢丝网
第一层批塑
第二至四（六）层批塑

假山面层批塑图1:100

图6.18　塑石假山结构图

任务分析

　　人工塑造山石是指以天然山岩为蓝本,采用混凝土、玻璃钢等现代材料和石灰、砖石、水泥等非石材料经雕塑艺术和工程手法人工塑造的假山或石块。其施工步骤为:基础放样、基槽开挖、基础施工、骨架设置、钢丝网铺设、打底塑形、塑面、设色。具体应解决好以下几个问题:

　　①正确认识大树古树移植施工图,准确把握设计人员的设计意图。

　　②能够利用大树古树移植的知识编制切实可行的大树古树移植施工组织方案。

　　③能够根据大树古树移植的施工特点,进行有效的施工现场管理、指导工作。

　　④做好大树古树移植的成品修整和保护工作。

　　⑤做好大树古树移植工程竣工验收的准备工作。

任务咨询

一、人工塑造山石的概念及特点

1)人工塑造山石的概念

　　这是除了运用各种自然山石材料堆掇外的另一种施工工艺,这种工艺是在继承发扬岭南庭园的山石景园艺术和灰塑传统工艺的基础上发展起来的,具有用真石搬山、置石同样的功能,北京动物园的狮虎山、哈尔滨太阳岛的假山即由此工艺塑造而成,如图6.19和图6.20所示。

图6.19 北京动物园狮虎山　　　　图6.20 哈尔滨太阳岛人工塑造山

2)人工塑造山石的特点

（1）优点

①好的塑山无论在色彩上，还是在质感上都能取得逼真的石山效果，可以塑造较理想的艺术形象，雄伟、磅礴、富有力感的山石景，特别是能塑造难以采运和填叠的原型奇石；

②人工塑造山石所用的砖、石、水泥等材料来源广泛，取用方便，可就地解决，无须采石、运石之烦，故在非产石地区非常适用此法建造假山石；

③人工塑造山石工艺在造型上不受石材大小和形态的限制，可以完全按照设计意图进行造型，并且施工灵活方便，不受地形、地物限制，在重量很大巨型山石不宜进入的地方，如室内花园、屋顶花园等，仍可塑造出壳体结构的、自重较轻的巨型山石；

④人工塑造山石采用的施工工艺简单、操作方便，所以塑山工程的施工工期短，见效快；

⑤可以预留位置栽培植物，进行绿化等。

（2）缺点

①由于山的造型、皴纹等细部处理主要依靠施工人员的手工制作，因此对于塑山施工人员的个人艺术修养及制作手法、技巧要求很高；

②人工塑造的山石表面易发生龟裂，影响整体刚度及表面仿石质感的观赏性；

③面层容易褪色，需要经常维护，不利于长期保存，使用年限较短。

二、人工塑造山石的分类

人工塑造山石根据其结构骨架材料的不同可分为：钢筋结构骨架塑山和砖石结构骨架塑山两种。

1)钢筋结构骨架塑山

以钢材、铁丝网作为塑山的结构骨架，适用于大型假山的雕塑、屋顶花园塑山等，其结构如图6.21所示。

先按照设计的造型进行骨架的制作，常采用直径为10～12 mm的钢筋进行焊接和绑扎，然后用细目的铁丝网罩在钢骨架的外面，并用绑线捆扎牢固。做好骨架后，用1∶2水泥砂浆进行内外抹面，一般抹2～3遍，使塑造的山石壳体厚度达到4～6 cm即可，然后在其外表面进行面层的雕刻、着色等处理。

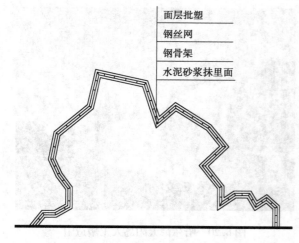

图6.21　钢筋结构骨架塑山

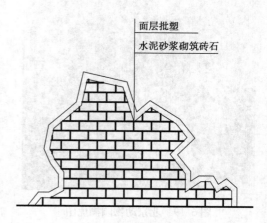

图6.22　砖石结构骨架塑山

2)砖石结构骨架塑山

以砖石作为塑山的结构骨架,适用于小型塑山石,其结构如图6.22所示。

施工时首先在拟塑山石土体外缘清除杂草和松散的土体,按设计要求修饰土体,沿土体外开沟做基础,其宽度和深度视基地土质和塑山高度而定,接着沿土体向上砌砖,砌筑要求与挡土墙相仿,但砌筑时应根据山体造型的需要而变化,如表现山岩的断层、节理和岩石表面的凹凸变化等。再在表面抹水泥砂浆,修饰面层,最后着色。其塑形、塑面、设色等操作工艺与钢骨架塑山基本相同。

实践中,人工塑造山石骨架的应用比较灵活,可根据山形、荷载大小、骨架高度和环境的情况不同而灵活运用,如钢筋结构骨架、砖石结构骨架混合使用,钢骨架、砖石骨架与钢筋混凝土并用等形式。

任务实施

一、施工准备

(1)现场准备　在工程进场施工前派有关人员进驻施工现场,进行现场的准备,其重点是对各控制点、控制线、标高等进行复核,做好"四通一清",本工程临时用电设施由业主解决,在现场设置二级配电箱,实现机具设备"一机、一箱、一闸、一漏"。施工用水接入点从现有供水管网接入,采用48 mm钢管接至现场。场区内用水采用DN25水管,局部地方采用软管,确保施工便捷,达到工程施工的要求。

(2)技术准备　组织全体技术人员认真阅读假山施工图纸等有关文件和技术资料,并会同设计、监理人员进行技术交底,了解设计意图和设计要求,明确施工任务,编制详细的施工组织设计,学习有关标准及施工验收规范。

(3)机具准备　根据施工机具需要量计划,按施工平面图要求,组织施工机械、设备和工具进场,按规定地点和方式存放,设专人对其维修保养,并使所有进场设备均处于最佳的运转状态。

（4）材料准备　根据各项材料需要量计划,组织其进场,按规定地点和方式储存或者堆放。

确认砂浆、混凝土实际配合比、钢筋的原材料试验,取拟定工程中使用的砂骨料、石子骨料、水泥送配比实验室,制作设计要求各种标号砂浆、混凝土试验试块,由试验机械确定实际施工配合比。同时,根据设计使用的各种规格钢筋按规范要求取样,制作钢筋原材料试件、钢筋焊接试件,送试验室进行测试,符合设计要求后再行采购供应,并确定焊接施工的焊条、焊机型号等。

（5）人员准备　按照工程要求,组织相关管理人员、技术人员等,由于人工塑造山石假山工程的特殊性,要求技术工人必须具备较高的个人艺术修养和施工水平。

二、基础放样

假山施工首先是定位与放线,按照假山施工平面图中所绘的施工坐标方格网,如图6.16所示。一般选择与地面有参照的可靠固定点作为放线定位点,利用经纬仪、放线尺等工具将横纵坐标点分别测设到场地上,如图6.23所示。在每个交点处立桩木并在坐标点上打桩定点,假山水池放样要求较细致的地方,可在设计坐标方格网内加密桩点。然后以坐标桩点为准,根据假山平面图,用白灰在场地地面上放出边轮廓线。然后根据设计图中的标高设计,找出在假山北侧路面上的标

图6.23　基础放样

高基准点 ±0.00,利用水准仪测设定出坐标桩点标高及轮廓线上各点标高,可以确定挖方区、填方区的土方工程量。

三、基槽开挖

基槽开挖前,对原土地面组织测量并与设计标高比较,根据现场实际情况,考虑降低成本,尽量不土方外运而就地回填消化。考虑基槽开挖的深度不大,在挖土时采用推土机、人工结合的方式进行,开挖基槽时,用推土机从两端或顶端开始(纵向)推土,把土推向中部或顶端,暂时堆积,然后再横向将土推离基槽的两侧,在机械施工挖不到的土方,配合人工随时进行挖掘,并用手推车把土运到机械挖到的地方,以便及时用机械挖走。挖方工程基本完成后,对挖出的新地面进行整理,要铲平地面,根据各坐标桩标明的该点填挖高度和设计的坡度数据,对场地进行找坡,保证场地内各处地面都基本达到设计的坡度。

在基槽开挖施工中应注意:挖基槽要按垫层宽度每边各增加 30 cm 工作面;在基槽开挖时,测量工作应跟踪进行,以确保开挖质量;土方开挖及清理结束后及时验收隐蔽,避免地基土裸露时间过长。

四、基础施工

在做假山基础时,应先将地基夯实,然后再按设计摊铺和压实基础的各结构层,只有做桩基础可以不夯实地基,而直接打下基础桩。基础施工完成后,要进行第二次定位放线。第二次放线应依据布置在场地边缘的龙门桩进行,要在基础层的顶面重新绘出假山的山脚线。同时还要绘出主峰、客山和其他陪衬山的中心点位置。如果山内有山洞,还要将山洞每个洞柱的中心位

置找到,并打下小木桩标出,以便于山脚和洞柱柱脚的施工。

本工程基础施工主要为水池部分施工,根据施工结构图、假山水池剖面图,按照以下流程进行:

素土夯实→200厚粗砂垫层→150厚C10垫层混凝土→底板钢筋绑扎、池壁竖筋预留→抗渗混凝土浇筑→养护→池壁绑扎钢筋→池壁浇混凝土→养护、拆模→SBS卷材施工→100厚C10混凝土保护层施工。

在基础施工时,须将给排水管道及电缆线路预埋管等穿插施工进行预埋,且要注意防腐。详细做法详见项目七中任务一水池喷泉工程施工。

五、骨架设置

人工塑造山石假山骨架可根据山形、体量和其他条件选择分别采用的基架结构,如砖基架、钢架、混凝土基架或者是三者的结合。本工程假山骨架采用的是钢骨架,如图6.18所示假山骨架示意图。

用5×5的角钢做假山骨架的竖向支撑,用3×3的角钢做横向及斜向支撑,根据图6.16所示假山平面图及图6.17所示假山立面图所需的各种形状进行焊接,制作出假山的主要骨架,作为整个山体的支撑体系,并在此基础上进行山体外形的塑造,根据假山造型的细节表现,预先制作分块骨架,加密支撑体系的框架密度,使框架的外形尽可能接近设计的山体的形状,附在形体简单的主骨架上,变几何形体为凸凹的自然外形,如图6.24所示。

由于本工程的假山是与水景、水池结合应用,故在骨架制作完成后,对所有的金属构件刷防锈漆两遍。

六、钢丝网铺设

铺设钢丝网是塑山效果好坏的关键因素,绑扎钢筋网时,选择易于挂泥的钢丝网,需将全部钢筋相交点扎牢,避免出现松扣、脱扣,相邻绑扎点的绑扎钢丝扣成八字开,以免网片歪斜变形,不能有浮动现象。钢丝网根据设计要求用木锤和其他工具成型,如图6.25所示。

图6.24　塑山钢骨架设置

图6.25　钢丝网绑扎

七、打底塑形

塑山骨架及钢丝网完成后,在钢丝网上抹水泥砂浆,掺入纤维性附加料以增加表面抗拉的力量,可减少裂缝,水泥砂浆达到黏稠度易抹黏网的程度为好,然后把拌好的水泥砂浆用小型灰抹子在托板上反复翻动,抹灰时将水泥砂浆挂在钢丝网上,注意不要像抹墙那样用力,手要轻,要轻轻地把灰挂住即可,技巧主要是要用灰与网留有空间的力来完成。抹灰必须布满网上,最为重要的是各型体的边角一定填满抹牢,因为它主要起到形体力的作用,如图6.26所示。然后于其上进行山石皴纹造型。在配制彩色水泥砂浆时,颜色应比设计的颜色稍深一些,待塑成山石后其色度会稍稍变得浅淡,尽可能采用相同的颜色。

以往常用M7.5水泥砂浆作初步塑形,用M15水泥砂浆罩面最后成型。现在多以特种混凝土作为塑形、成型的材料,其施工工艺简单、塑性良好。

八、塑面

塑面是指在塑体表面进一步细致地刻画山石的质

图6.26　打底塑形施工

感、色泽、纹理,必须表现出皴纹、石裂、石洞等。质感和色泽根据设计要求,用石粉、色粉按适当的比例配白水泥或普通水泥调成砂浆,按粗糙、平滑、拉毛等塑面手法处理。纹理刻画宜用"意笔"手法,概括简练;自然特征的处理宜用"工笔"手法,精雕细琢。这些表现完成主要技巧是用刮、劈、砍、抢等手段来完成,砍出自然的断层,劈出自然的石裂,刮出自然的石面,抢出自然的石纹,山石山体所表现的真实性与技法、技巧的运用有着密切的关系,同样是观察自然的结果,来源于自然山石的表现,如图6.27所示。

塑面修饰重点在山脚和山体中部。山脚应表现粗犷,有人为破坏、风化的痕迹,并多有植物生长。山腰部分,一般在1.8~2.5 m处,是修饰的重点,追求皴纹的真实,应做出不同的面,强化力感和棱角,以丰富造型。注意层次,色彩逼真。主要手法有印、拉、勒等。山顶,一般在2.5 m以上,施工时做得不必太细致,以强化透视消失,色彩也应浅一些,以增加山体的高大和真实感。

九、设色

设色主要包括泼色工艺和甩点工艺两种。

图6.27　塑面施工

(1)泼色工艺　这种工艺采用水性色浆,色浆的配比详见表6.1。一般调制3~4种颜色,主体色、中间色、黑色、白色,颜色要仿真,可以有适当的艺术夸张,色彩要明快,调释后从山石、山体上部泼浇,几种颜色交替数遍,着色要有空气感,如上部着色略浅,纹理凹陷部色彩要深,直至感觉有自然顺条石纹即可,这个技巧需要通过反复练习才能掌握。

表6.1　色浆的配比表

颜　色	水　泥		颜　料		107胶
	类型	用量/g	名称	用量/g	
红色	普通	500	铁红	20~40	适量

续表

颜　色	水　泥		颜　料		107 胶
	类型	用量/g	名称	用量/g	
咖啡色	普通	500	铁红	15	适量
			铬黄	20	
黄色	白水泥	500	铁红	10	适量
			铬黄	25	
苹果绿	白水泥	1 000	铬黄	150	适量
			钴蓝	50	
青色	普通	500	铬绿	0.25	适量
	白水泥	1 000	铬蓝	0.1	适量
灰黑色	普通	500	炭黑	适量	适量
通用色	白水泥	350			适量
	普通	150			

（2）甩点工艺　这是一种比较简单的工艺,采用这种工艺处理雕塑形体是比较简单和粗糙的,用甩点工艺来遮盖不经意的缺陷。最后可选用真石漆进行罩面,采用水性真石漆用水调释后,用喷枪、喷壶喷至着色后的山体上,主要作用是更能表现颜色的真实性,同时使颜色透进水泥层,来达到不掉色、防水的作用。

应注意光泽,可在石的表面涂还氧树脂或有机硅,重点部位还可打蜡。青苔和滴水痕的表现也应注意,时间久了,会自然地长出真的青苔。另外还应注意种植池的问题。种植池的大小应根据植物（含土球）总重量决定池的大小和配筋,并注意留排水孔。

由于新材料、新工艺的不断推出,打底塑形、塑面和设色往往合并处理。如将颜料混合于灰浆中,直接抹上加工成型。也有先在加工厂制作出一块块仿石料,运到施工现场缚挂或焊挂在基架上,当整体成型达到要求后,对接缝及石脉纹理进一步加工处理,即可成山。

十、养护

在水泥初凝后开始养护,要用麻袋片、草帘等材料覆盖养护,避免阳光直射,并每隔 2～3 h 浇水一次。浇水时,要注意轻淋,不能直接冲射。如遇到雨天,也应用塑料布等进行遮盖。养护期不少于半个月,在气温低于 5 ℃时应停止浇水养护,采取防冻措施,如遮盖稻草、草帘、草包等。假山内部钢骨架等一切外露的金属构件每年均应做一次防锈处理。

十一、竣工收尾

①假山造型有特色,近于自然。

②假山的石纹勾勒逼真。

③假山内部结构合理坚固,接头严密牢固。

④假山的山壁厚度达到 3～5 cm,山壁、山顶受到蹿踢、蹬击无裂纹损伤。

⑤假山内壁的钢筋铁网用水泥砂浆抹平。

⑥假山表面无裂纹、砂眼,无外露的钢筋头、丝网线。

⑦假山山脚与地面、堤岸、护坡或水池底结合严密自然。

⑧假山上水槽出水口处呈水平状,水槽底、水槽壁不渗水。

⑨假山山体的设色有明暗区别,协调匀称,手摸不沾色,水冲不掉色。

任务考核

序 号	任务考核	考核项目	考核要点	分 值	得 分
1	过程考核	基础放样	假山平面位置及边线符合要求	10	
2		基槽开挖	素土夯实符合要求	10	
3		基础施工	混凝土配比及基础规格符合要求,浇筑方法正确	10	
4		骨架设置	符合工艺流程,方法正确	10	
5		钢丝网铺设	符合设计要求,方法正确	10	
6		打底塑形	符合工程规范,塑形符合要求	10	
7		塑面	符合工程规范,塑面符合要求	20	
8		设色	符合设计要求,方法正确	10	
9	结果考核	假山外观	假山外观达到设计要求,具有观赏和使用功能	10	

巩固训练

在某校园内,选择适当位置建造一处假山,用钢骨架与砖石骨架的混合骨架景石,并按工艺要求,在学校绿地内完成塑造施工。让学生根据假山的施工工序参加全部的假山施工过程并完成任务。

一、材料及用具

根据该工程施工特点,主要材料包括普通水泥、白水泥、石子、粗砂、中砂、细砂、钢筋、钢丝网、SBS防水卷材、防水剂、铁红、铁黄、放线材料等。

主要的工具及设备包括斧头、钎子、铁锹、镐、挖掘机、运输车辆、打夯机、脚手架、经纬仪、水准仪、放线尺等。

二、组织实施

①将学生分成 5 个小组,以小组为单位进行假山施工;

②按下列施工步骤完成施工任务:

基础放样、基槽开挖、基础施工、骨架设置、钢丝网铺设、打底塑形、塑面、设色。

三、训练成果

①每人交一份训练报告,并参照上述任务考核进行评分;

②根据假山构造设计要求,完成施工。

拓展提高

GRC 假山施工工艺

GRC(Glass Fiber Reinforced Cement)是玻璃纤维强化水泥的简称。它是将抗碱玻璃纤维加入到低碱水泥砂浆中硬化后产生的高强度的复合物。随着科技的发展,20 世纪 80 年代在国际上出现了用 GRC 建造假山,为假山艺术创作提供了更广阔的空间和可靠的物质保证,为假山技艺开创了一条新路,使其达到了"虽为人作,宛若天开"的艺术境界。

一、GRC 工艺塑石的特点

①用 GRC 建造假山石,石的造型、皱纹逼真,具岩石坚硬润泽的质感,模仿效果好。

②用 GRC 建造假山石,材料自身质量轻,强度高,抗老化且耐水湿,易进行工厂化生产,施工方法简便、快捷、造价低,可在室内外及屋顶花园等处广泛使用。

③GRC 假山造型设计、施工工艺较好,可塑性大,在造型上需要特殊表现时可满足要求,加工成各种复杂形体,与植物、水景等配合,可使景观更富于变化和表现力。

④GRC 建造假山可利用计算机进行辅助设计,结束过去假山工程无法做到石块定位设计的历史,使假山不仅在制作技术,而且在设计手段上取得了新突破。

⑤具有环保特点,可取代真石材,减少对天然矿产及林木的开采。

二、GRC 建造假山程序

GRC 建造假山的制作主要有两种方法:一为席状层积式手工生产法;二为喷吹式机械生产法。现就喷吹式工艺进行简单介绍,其操作工艺流程为:

模具制作→ 假山石块制作→ 石块组装→ 表面处理→ 成品。

(1)模具制作　根据生产"石材"的种类、模具使用的次数和野外工作条件等选择制模的材料,常用模具的材料可分为软模(如橡胶膜、聚氨酯模、硅模等)和硬模(如钢模、铝模、GRC 模、FRP 模、石膏模等)。制模时应以选择天然岩石皱纹好的部位为本和便于复制操作为条件,脱制模具。

(2)GRC 假山石块的制作　将低碱水泥与一定规格的抗碱玻璃纤维同时均匀分散地喷射于模具中,凝固成型。在喷射时应随吹射随压实,并在适当的位置预埋铁件。

(3)GRC 的组装　将 GRC"石块"元件按设计图进行假山的组装,焊接牢固,修饰、做缝,使其浑然一体。

（4）表面处理 主要是使"石块"表面具憎水性，产生防水效果，并具有真石的润泽感。

任务3 置石工程施工

知识点：了解置石工程的基础知识，掌握置石工程施工的工艺流程和验收标准。

能力点：能根据施工图进行置石工程的施工、管理与验收。

 **任务描述**

置石即人们习惯通称的"建造假山"，实际上包括掇山和置石两个部分。置石是以山石（自然石和用水泥等材料塑造的石块）为材料做独立性或附属性的造景布置，其特点是以观赏为主，体量较小且分散。置石相对于掇山，工作量要小得多。

某公园置石工程施工平面图和正立面图（图6.1），置石施工东、西立面图（图6.2），见本项目任务一。根据置石设计要求，正确进行置石施工。根据该施工图设计，完成置石工程的施工。

 任务分析

要想成功完成置石工程施工，就要正确分析影响置石工程的因素，做好置石施工前的准备工作，根据置石方法，学会并指导置石工程施工。其施工步骤为：定位放线、选石、景石吊运、拼石、基座设置、景石吊装、修饰与支撑。具体应解决好以下几个问题：

①正确认识置石工程施工图，准确把握设计人员的设计意图。

②能够利用置石的知识编制切实可行的置石工程施工组织方案。

③能够根据置石工程的特点，进行有效的施工现场管理、指导工作。

④做好置石工程的成品修整和保护工作。

⑤做好置石工程竣工验收的准备工作。

 **任务咨询**

一、置石工程

1）山石种类和选石的要点

在长期的造园实践中，置石常用的石种大致如下：

（1）湖石　石材线条浑圆流畅，洞穴通空灵巧，适宜特置或叠石。

（2）石笋　变质岩类，产于浙赣交界的常山、玉山一带。颜色有灰绿、褐红、土黄等，宜作点景、对景用。

（3）英石　产于广东英德县。成分为碳酸钙，该石材千姿百态，意趣天然，为园林造景的理想用石。

（4）黄石　主要产于常熟虞山。其石形体顽憨，棱角分明，雄浑沉实。

（5）化石　由于地壳运动或火山爆发而形成的动、植物化石。

（6）人工塑石　利用混凝土、玻璃钢、有机树脂、GRC 假山材料进行塑石，其优点为造型随意；体量可大可小，特别适用于施工条件受限制或屋顶花园结构条件受限制的地方。

置石的选石要点：要选择具有原始意味的石材。例如，未经切割，被河流、海洋强烈冲击或侵蚀、生有锈迹或苔藓的岩石。这类石头能显示出平实、沉着的感觉。具有动物等象形的石头或具有特殊纹理的石头最为珍贵。造景选石时无论石材的质量高低，石种必须统一，不然会使局部与整体不协调，导致总体效果不伦不类、杂乱不堪。造景选石无贵贱之分，应该"是石堪堆"。就地取材，随类赋型，最有地方特色的石材也最为可取。置石造景不应沽名钓誉或用名贵的奇石生拼硬凑，而应以自然观察之理组合山石成景才富有自然活力。

总之，在选石过程中，应首先熟知石性、石形、石色等石材特性，其次要准确把握置石的环境，如建筑物的体量、外部装饰、绿化等因素，在现代园林设计中必须从整体出发，以少胜多，这样才能使置石与环境相融洽，形成自然和谐之美。

2）园林置石常用的方法及其特点

一般置石的布局要点有：造景目的明确、格局谨严、手法洗练、寓浓于淡、有聚有散、有断有续、主次分明、高低起伏、顾盼呼应、疏密有致、虚实相间、层次丰富、以少胜多、以简胜繁、小中见大、比例合宜、假中见真、片石多致、寸石生情。常用的几种置石的方法及其特点如下：

（1）特置　又称孤置山石、孤赏山石，也有称其为峰石的。特置山石大多由单块山石布置成独立性的石景，常在环境中作局部主题。特置常在园林中作入口的障景和对景，或置于视线集中的廊间、天井中间、漏窗后面、水边、路口或园路转折的地方。此外，还可与壁山、花台、草坪、广场、水池、花架、景门、岛屿、驳岸等结合起来使用。

特置山石作为视线焦点或局部构图中心，应与环境比例合宜，本身应具有比较完整的构图关系。古典园林中的特置山石常刻题咏和命名。特置在我国园林史上也是运用得比较早的一种置石形式。例如，现存杭州的绉云峰，上海豫园的玉玲珑，苏州的瑞云峰、冠云峰，北京颐和园的青芝岫等都是特置石中的名品。这些特置石都有各自的观赏特征，绉云峰因有深的皱纹而得名；玉玲珑以千穴百孔、玲珑剔透而出众；瑞云峰以体量特大姿态不凡且遍布窝、洞而著称；冠云峰兼备透、漏、瘦于一石，亭亭玉立，高矗入云而名噪江南。可见特置山石必须具备独特的观赏价值，并不是什么山石都可以作为特置用的。

特置选石宜体量大，轮廓线突出，姿态多变，色彩突出，具有独特的观赏价值。石最好具有透、瘦、漏、皱、清、丑、顽、拙等特点。

特置山石为突出主景并与环境相协调，使山石最富变化的那一面朝向主要观赏方向，并利用植物或其他方法弥补山石的缺陷，使特置山石在环境中犹如一幅生动的画面。特置山石还可以结合台景布置。台景也是一种传统的布置手法，利用山石或其他建筑材料做成整形的台，台内盛上土壤，底部有排水设施，然后在台上布置山石和植物，或仿作大盆景布置，让人欣赏这种

有组合的整体美。

（2）对置　把山石沿某一轴线或在门庭、路口、桥头、道路和建筑物入口两侧作对应的布置称为对置。对置由于布局比较规整，给人严肃的感觉，常在规则式园林或入口处多用。对置并非对称布置，作为对置的山石在数量、体量以及形态上无须对等，可挺可卧，可坐可偃，可仰可俯，只求在构图上的均衡和在形态上的呼应，这样既给人以稳定感，也有情的感染。

（3）散置　散置即所谓的"攒三聚五、散漫理之，有常理而无定势"的做法。常用奇数三、五、七、九、十一、十三来散置，最基本的单元是由三块山石构成的，每一组都有一个"3"在内。散置对石材的要求相对比特置低一些，但要组合得好。常用于园门两侧、廊间、粉墙前、竹林中、山坡上、小岛上、草坪和花坛边缘或其中、路侧、阶边、建筑角隅、水边、树下、池中、高速公路护坡、驳岸或与其他景物结合造景。它的布置特点在于有聚有散、有断有续、主次分明、高低起伏、顾盼呼应、一脉既毕、余脉又起、层次丰富、比例合宜、以少胜多、以简胜繁、小中见大。此外，散置布置时要注意石组的平面形式与立面变化。在处理两块或三块石头的平面组合时，应注意石组连线总不能平行或垂直于视线方向，三块以上的石组排列不能呈等腰、等边三角形和直线排列。立面组合要力求石块组合多样化，不要把石块放置在同一高度，组合成同一形态或并排堆放，要赋予石块自然特性的自由。

（4）群置　应用多数山石互相搭配布置称为群置，或称聚点、大散点。群置常布置在山顶、山麓、池畔、路边、交叉路口以及大树下、水草旁，还可与特置山石结合造景。群置配石要有主有从、主次分明，组景时要求石之大小不等、高低不等、石的间距远近不等。群置有墩配、剑配和卧配3种方式，不论采用何种配置方式，均要注意主次分明、层次清晰、疏密有致、虚实相间。

群置的关键手法在于一个"活"字。布置时应有主宾之分，搭配自然和谐，同时根据"三不等"原则（即石之大小不等，石之高低不等，石之间距不等）进行配置。北京北海琼华岛南山西路山坡上有用房山石作的群置，处理得比较成功，不仅起到护坡的作用，同时也增添了山势。

（5）山石器设　用山石作室内外的家具或器设是我国园林中的传统做法。山石几案不仅有实用价值，而且又可与造景密切结合，特别是用于有起伏地形的自然式布置地段，很容易和周围环境取得协调。山石器设一般布置在林间空地或有树庇荫的地方，为游人提供休憩场所。

山石器设在选材方面与一般假山用材不相矛盾，应力求形态质量。一般接近平板或方墩状的石材在假山堆叠中可能不算良材，但作为山石几案却非常合适。只要有一面稍平即可，不必进行仔细加工，顺其自然以体现其自然的外形。选用材料体量应大一些，使之与外界空间相称，作为室内的山石器设则可适当小一些。

山石器设可以随意独立布置，在室外可结合挡土墙、花台、水池、驳岸等统一安排，在室内可以用山石叠成柱子作为装饰。

二、山石与园林建筑、植物相结合的布置

1）山石踏跺和蹲配

山石踏跺和蹲配是中国传统园林的一种装饰美化手法，用于丰富建筑立面，强调建筑出入口。中国传统的建筑多建于台基之上，出入口的部位就需要有台阶作为室内外上下的衔接部分。这种台阶可以做成整形的石级，而园林建筑常用自然山石作成踏跺，不仅具有台阶的功能，而且有助于处理从人工建筑到自然环境之间的过渡。石材宜选择扁平状的，以各种角度的梯形甚至是不等边的三角形，则会更富于自然的外观。每级在 10～30 cm，有的还可以更高一些。

每级的高度和宽度不一定完全一样,应随形就式,灵活多变。山石每一级都向下坡方向有2%的倾斜坡度以便排水。石级断面要上挑下收,以免人们上台阶时脚尖碰到石级上沿。同时石级表面不能有"兜脚"。用小块山石拼合的石级,拼缝要上下交错,以上石压下缝。踏跺有石级规则排列的,也有相互错开排列的,有径直而上的,也有偏斜而入的。

蹲配常和踏跺配合使用。高者为"蹲",低者为"配",一般蹲配在建筑轴线两旁有均衡的构图关系。从实用功能上来分析,它兼备垂带和门口对置的石狮、石鼓之类装饰品的作用。蹲配在空间造型上则可利用山石的形态极尽自然变化。

2) 抱角、镶隅和粉壁置石

建筑的墙面多成直角转折,这些拐角的外角和内角的线条都比较单调、平滞,故常以山石来美化这些墙角。对于外墙角,山石成环抱之势紧抱基角墙面,称为抱角。对于墙内角则以山石填镶其中,称为镶隅。经过这样处理,本来是在建筑外面包了一些山石,却又似建筑坐落在自然的山岩上。山石抱角和镶隅的体量均须与墙体所在的空间取得协调。

一般园林建筑体量不大,所以无须做过于臃肿的抱角。当然,也可以用以小衬大的手法用小巧的山石衬托宏伟、精致的园林建筑。山石抱角的选材应考虑如何使石与墙接触的部位,特别是可见的部位能吻合起来。

粉壁置石即以墙作为背景,在面对建筑的墙面、建筑山墙或相当于建筑墙面前基础种植的部位作石景或山景布置,因此也有称"壁山""粉壁理石"。

3) 廊间山石小品

园林中,为了争取空间的变化、使游人从不同角度去观赏景色,廊的平面设计往往做成曲折回环的半壁廊。在廊与墙之间形成一些大小不一、形体各异的小天井空隙地,可以发挥山石小品"补白"的作用,使之在很小的空间里也有层次和深度的变化。同时诱导游人按设计的游览顺序入游,丰富沿途的景色,使建筑空间小中见大,活泼无拘。

4) 门窗漏景

门窗漏景又称为"尺幅窗"和"无心画",为了使室内外景色互相渗透常用漏窗透石景。这种手法是清代李渔首创的。他把内墙上原来挂山水画的位置开成漏窗,然后在窗外布置山石小品之类,使真景入画,较之画幅生动百倍。

5) 山石花台

(1)山石花台的作用　山石花台是用自然山石堆叠挡土墙,形成花台,其内种植花草树木。其主要作用有三:

①降低地下水位,使土壤排水通畅,为植物生长创造良好的条件;

②可以将花草树木的位置提高到合适的高度,以免太矮不便观赏;

③山石花台的形体可随机应变,小可占角,大可成山,花台之间的铺装地面即是自然形式的路面。这样,庭院中的游览路线就可以运用山石花台来组合。山石花台布置的要领和山石驳岸有共通的道理,不同的只是花台是从外向内包,驳岸则多是从内向外包,如为水中岛屿的石驳岸则更接近花台的做法。

(2)特置山石布置特点

①特置选石宜体量大,轮廓线突出,姿态多变,色彩突出,具有独特的观赏价值。石最好具有透、瘦、漏、皱的特点。

②特置山石为突出主景并与环境相协调,利用植物或其他方法弥补山石的缺陷,使特置山石在环境中犹如一幅生动的画面。

③特置山石作为视线焦点或局部构图中心,应与环境比例合宜。

应用范围:特置山石大多由单块山石布置成为独立性的石景,常在园林中用作入门的障景和对景,或置视线集中的廊间、天井中间、漏窗后面、水边、路口或园路转折的地方,也可以和壁山、花台、岛屿、驳岸等结合使用。新型园林多结合花台、水池或草坪、花架来布置。

任务实施

一、施工准备

(1)施工设备　景石施工常常需要吊装一些巨石,因此其施工设备必须有汽车起重机、吊称起重架、起重绞磨机、葫芦吊等起重机械。除了大石采用机械进行吊装之外,多数中小山石还是常要以人抬肩扛的方式进行安装,因而还需一定数量的手工工具。

(2)施工材料　施工材料应在施工之前全部运进施工现场。主要有假山石,填充料:砂石、卵石、毛石、块石、碎砖石,配制各种砂浆、混凝土,用于基础或垫衬。

二、景石组景手法

景石组景的特点是以少胜多,以简胜繁,格局谨严,手法精练。根据造景作用和观赏效果的不同,景石组景手法有特置、群置、散置、景石与植物及景石与建筑协调等。

三、施工过程

定位放线→ 选石→ 景石吊运→ 拼石→ 基座设置→ 景石吊装→ 修饰与支撑。

(1)选石　选石是景石施工中一项很重要的工作,其要点为:

①选择具有原始意味的石材。例如,未经切割过,并显示出风化的痕迹的石头;被河流、海洋强烈冲击或侵蚀的石头;生有锈迹或苔藓的岩石。这样的石头能显示出平实、沉着的感觉。

②最佳的石料颜色是蓝绿色、棕褐色、红色或紫色等柔和的色调。白色缺乏趣味性,金属色彩容易使人分心,应避免使用。

③具有动物等象形的石头或具有特殊纹理的石头最为珍贵。

④石形选择要选自然形态的,纯粹圆形或方形等几何形状的石头或经过机器打磨的石头均不为上品。

⑤造景选石时无论石材的质量高低,石种必须统一,不然会使局部与整体不协调,导致总体效果不伦不类,杂乱不堪。

⑥选石无贵贱之分,应该:"是石堪堆"。就地取材,有地方特色的石材最为可取。

总之,在选石过程中,应首先熟知石性、石形、石色等石材特性,其次应准确把握置石的环境,如建筑物的体量、外部装饰、绿化、铺地等诸多因素。

(2)景石吊运　选好石品后,按施工方案准备好吊装和运输设备,选好运输路线,并查看整条运输线路是否有桥梁,桥梁能否满足运输荷载需要。在山石起吊点采用汽车起重机吊装时,要注意选择承重点,做到起重机的平衡。景石吊到车厢后,要用软质材料,如黄泥、稻草、甘蔗叶等填充,山石上原有的泥土杂草不要清理。整个施工现场要注意工作安全。

(3)拼石　当所选到的山石不够高大,或石形的某一局部有重大缺陷时,就需要使用几块同种的山石拼合成一个足够高大的峰石。如果只是高度不够,可按高差选到合适的石材,拼合到大石的底部,使大石增高。如果是由几块山石拼合成一块大石,则要严格选石,尽量选接口处形状比较吻合的石材,并且在拼合中特别要注意接缝严密和掩饰缝口,使拼合体完全成为一个整体。拼合成的山石形体仍要符合瘦、漏、透、皱的要求。

(4)基座设置　基座可由砖石材料砌筑成规则形状,基座也可以采用稳实的墩状座石做成。座石半埋或全埋于地表,其顶面凿孔作为榫眼。

埋于地下的基座,应根据山石预埋方向及深度定好基址开挖面,放线后按要求挖方,然后在坑底先铺混凝土一层,厚度不得少于15 cm,才准备吊装山石。

(5)景石吊装　景石吊装常用汽车起重机或葫芦吊,施工时,施工人员要及时分析山石主景面,定好方向,最好标出吊装方向,并预先摆置好起重机,如碰到大树或其他障碍时,应重新摆置,使得起重机长臂能伸缩自如。吊装时要选派一人指挥,统一负责。当景石吊到预装位置后,要用起重机挂钩定石,不得用人定或支撑摆石定石。此时可填充块石,并浇注混凝土充满石缝。之后将铁索与挂钩移开,用双支或三支方式做好支撑保护,并在山石高度的2倍范围内设立安全标志,保养7 d后才能开放。

置石的放置应力求平衡稳定,给人以宽松自然的感觉。石组中石头的最佳观赏面均应当朝向主要的视线方向。对于特置,其特置石安放在基座上固定即可。对于散置、群置一般应采取浅埋或半埋的方式安置景石。景石布置好后,应当像是地下岩石、岩石的自然露头,而不要像是临时性放在地面上的。散置石还可以附属于其他景物而布置,如半埋于树下、草丛中、路边、水边等。

(6)修饰　一组置石布局完成后,可利用一些植物和石刻来加以修饰,使之意境深邃,构图完整,充满诗情画意。但必须注意一个原则:尽量减少过多的人工修饰。石刻艺术是我国文化宝库中的重要组成部分,园林人文景观的"意境"多以石刻题咏来表现。石刻应根据置石来决定字体形式、字体大小、阴刻阳刻、疏密曲直,做到置石造景与石刻艺术互为补充,浑然一体。植物修饰的主要目的是采用灌木或花草来掩饰山石的缺陷,丰富石头的层次,使置石更能与周边环境和谐统一。但种植在石头中间或周围泥土中的植物应能耐高温、干旱,如丝兰、麦冬、苏铁、蕨类等。

四、施工要点

(1)特置山石施工要点　特置山石布置的关键在于相石立意,山石体量与环境应协调。通过前置框景、背景衬托,以及利用植物弥补山石的缺陷等手法表现山石的艺术特征。

①特置石应选择体量大、造型轮廓突出、色彩纹理奇特、颇有动势的山石。

②特置石一般置于相对封闭的小空间,成为局部构图的中心。

③石高与观赏距离一般介于(1:3)~(1:2)。如石高3~6.5 cm则观赏距离为8~18 m在这个距离内才能较好地品玩石的体态、质感、线条、纹理等。

④特置山石可采用整形的基座,也可以坐落于自然的山石面上,这种自然的基座称为磐。峰石要稳定、耐久,关键在于结构合理。传统立峰一般用石榫头固定。石榫头必须正好在峰石的重心线上,并且榫头周边与基磐接触以受力。榫头只定位,并不受力。安装峰石时,在榫眼中浇灌少量黏合材料(如纯水泥浆)。待石榫头插入时,黏合材料便可自然充满空隙。

在没有合适的自然基座的情况下,也可采用混凝土基础方法加固峰石,方法是:先在挖好的基础坑内浇筑一定体量的块石混凝土基础,并预留出榫眼,待基础完全干透后,再将峰石吊装,

并用黏合材料黏合。

特置山石还可以结合台景布置。台景也是一种传统的布置手法。其做法为:用石料或其他建筑材料做成整形的台,内盛土壤,底部有排水设施,然后在台上布置山石和植物,模仿大盆景布置。

(2)群置山石施工要点　布置时要主从有别,宾主分明,搭配适宜,根据"三不等"原则(即石之大小不等,石之高低不等,石之间距不等)进行配置。构成群置状态的石景,所用山石材料要求不高,只要是大小相同、高低不同、具有风化石面的同种岩石碎块即可。

(3)散置山石施工要点

①造景目的性要明确,格局严谨。

②手法洗练,"寓浓于淡",有聚有散,有断有续,主次分明。

③高低曲折,顾盼呼应,疏密有致,层次丰富,散而有物,寸石生情。

(4)成品保护　景石安置后,在养护期间,应支撑保护,加强管理,禁止游人靠近,以免发生危险。

任务考核

序　号	任务考核	考核项目	考核要点	分　值	得　分
1	过程考核	定点放线	置山平面位置及边线符合要求	10	
2		选石	石性、石形、石色等符合要求	10	
3		景石吊运	景石吊运方法正确,符合工程规范	15	
4		拼石	施工符合工艺流程,方法正确	15	
5		基座设置	符合设计要求,方法正确	15	
6		景石吊装	符合工程规范,操作正确	10	
7		修饰	符合工程规范,修饰符合要求	15	
8	结果考核	置山外观	置山外观达到设计要求,具有观赏和使用功能	10	

巩固训练

根据所学的施工工艺,设计一组用置石堆砌的假山工程,并按施工要求,在学校绿地内完成置石假山的堆砌。

在某休闲公园内,选择适当位置进行置石施工,其假山结构参照假山施工图(图6.2)。让学生根据置石的施工参加全部的施工过程并完成任务。

一、材料及用具

置石施工图、假山石、碎石、水泥、中砂、经纬仪、水准仪、水准尺、葫芦吊、手锤、斧头、镐、铁锹、钢卷尺等。

二、组织实施

①将学生分成 5 个小组,以小组为单位进行施工;

②按下列施工步骤完成施工任务:

定点放线、景石调运、拼石、基座设置、景石吊装、修饰。

三、训练成果

①每人交一份训练报告,并参照上述任务考核进行评分;

②根据置石构造设计要求,完成施工。

拓展提高

置石在园林环境中的作用和存在的误区

一、置石的作用

1)置石的人文作用

我国人民对山石有着特殊的爱好,有"山令人古,水令人远,石令人静"的说法,给石赋予了拟人化的特征。置石虽是一种静物,却具有一种动势,在动态中呈现出活力,生气勃勃,能勃发出一种审美的精神效果。园林中常用置石创造意境,寓意人生哲理,使人们在环境中感受到积极向上的精神动力,具有积极的人文作用。

2)置石的使用作用

(1)作为艺术造景,供人们观赏游憩。现代社会人们想回到自然中去,由于条件限制或不想"苦其筋骨,劳其体肤",故在城市绿地中叠山置石,通过艺术加工,营造山林景色,供人们观赏、游憩。

(2)作为园林环境局部的主景乃至景观主题序列,并构建地形骨架。例如,苏州留园东花园的"冠云峰"以及上海豫园玉华堂前的"玉玲珑",都是自然式园林中局部环境的主景,具有压倒群芳之势。周围的配景置石起陪衬主题的作用,并营造局部环境地形骨架,使主景突出,主配相得益彰(湖石"冠云峰"作局部环境的主景)。

(3)置石在园林空间组合中起着重要的分隔、穿插、连接、导向及扩张空间的作用。例如,置石分隔水面空间,既不一览无余,又可丰富水面景观;置石还可障隔视线,组织空间,增加景深和层次。

(4)石材的纹理、轮廓、造型、色彩、意韵在环境中可起到点睛作用。

(5)园林绿地中为防止地表径流冲刷地面,常用置石作"谷方"和"挡水石",既可减缓水流冲力,防止水土流失,又可形成生动有趣的景观。

(6)运用山石小品点缀园林空间,常见的有以下几种:

①作铭牌石(也称指路石,如世博园之粤晖园入口迎宾蜡石上刻"粤晖园"三字);

②作驳岸、挡土墙、石矶、踏步、护坡、花台,既造景,又具实用功能;

③利用山石能发声的特点,可作为石鼓、石琴、石钟等;

④作为室外自然式的器设。如石屏风、石榻、石桌、石凳、石栏,或掏空形成种植容器、蓄水器等,具有很高的实用价值,又可结合造景,使园林空间充满自然气息;

⑤利用山石营建动物生活环境,如动物园用山石建造猴山、两栖动物生活环境;

⑥作为名木古树的保护措施或树池。

(7)置石与园林建筑相结合,陪衬建筑物,可在某种程度上打破建筑物的呆板、僵硬,使其趋于自然、曲折,常见的有以下几种:

①山石踏跺和蹲配;

②抱角和镶隅;

③粉壁置石;

④花架、回廊转折处的廊间山石小品;

⑤漏窗、门洞透景石;

⑥云梯。

此外,山石还可作为园林建筑的台基、支墩、护栏和镶嵌门窗、装点建筑物入口。

(8)用山石营建岩石园、岩生植物园、水生植物园等专类园。

二、现代园林置石存在的一些问题和误区

现代园林置石在继承传统园林置石理念的基础上,创造了新的置石风格特色,建造了众多现代置石作品,其中不乏美的佳作,但也有一部分是不成功的,存在这样那样的缺陷,概括起来有如下几点:

(1)布局缺少总体设计上的审美把握,显得堆砌罗列,杂乱无章,极不自然,缺少自然的意态神韵之美。

(2)盲目模仿,照搬照抄,没有个性,如风靡一时的假山、置石风。

(3)不考虑环境大小,置石体量不当,或局促闷塞,或空旷无物。

(4)刻意追求形状的相似,导致置石趋于形象媚俗。如有些园林中刻意仿制十二生肖、寓言、童话故事中的形象,如大闹天宫之类,这些刻意拼凑出来的置石形象,都是媚俗的表现。这类叠石或置石不是培养人们积极的眼睛,而是培养人们消极的视觉,它带给人们的不是创造性的想象,而是萎缩性的记忆,在审美上是不可取的。

(5)置石的放置浮浅搁置,石组不够均衡稳定,缺乏自然感。

(6)置石在环境中的位置过于居中,给人严整对称、矫揉造作之感。

(7)视觉效果不佳,返工率高。

(8)人工痕迹明显,无法达到"宛自天开"。

(9)盲目追求名石、奇石,不顾环境的要求,不能把置石与地形、建筑、植物、水体、铺地等有机结合,创造多样统一的空间。

学习小结

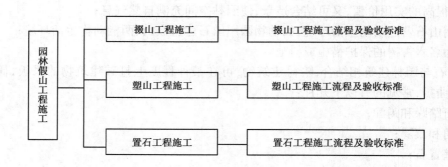

目标检测

一、复习题

（1）假山选石应掌握的要点是什么？

（2）请列举出常用假山石的种类。

（3）简述塑山的施工要点。

（4）假山堆叠施工拉底时应该注意哪些要求？

（5）假山施工前的准备工作有哪些？

二、思考题

（1）在园林施工中如何将假山和水景组合在一起？

（2）在建园过程中如何突出假山的位置和特点？

三、实训题

（1）某公园拟设计一组太湖石小景，要求根据置石布局原理完成设计，并画出环境总平面图，置石平面图、立面图、结构图。

（2）某公园一角拟设计一座黄石假山，要求假山石用地范围 30 m×25 m，并结合水景如自然式水池、跌水、瀑布等进行设计，要求完成总平面图、假山平面图、4 个方向的立面图、假山结构图。

（3）用小块假山石和水泥等材料，制作一个山石盆景。

项目 7 园林绿化工程施工

【项目目标】

- 掌握绿化工程的相关知识;
- 掌握绿地种植和养护的方法,能进行绿化工程的施工组织设计;
- 掌握绿地工程施工方法;
- 掌握绿地施工的流程及质量验收方法。

【项目说明】

　　绿化是园林建设的主要部分,没有绿的环境,就不能称其为园林。绿化工程施工是以植物作为基本的建设材料,按照绿化设计进行具体的植物栽植和造景。植物是绿化的主体,植物造景是造园的主要手段,由于园林植物种类繁多,习性差异很大,立地条件各异,为了保证其成活和生长,达到设计效果,栽植施工时必须遵守一定的操作规程,才能保证绿化工程施工质量。

　　园林绿化工程施工主要包括树木栽植、大树移植、花坛绿带种植、草坪建植施工中应该注意的问题和主要施工技术。本项目共分4个任务来完成:乔灌木栽植施工;大树移植施工;花坛栽植施工;草坪建植施工。

任务1　乔灌木栽植施工

知识点:了解乔灌木栽植施工的基础知识,掌握乔灌木栽植施工的工艺流程和验收标准。

能力点:能根据施工图进行乔灌木栽植施工、管理与验收。

任务描述

　　树木景观是园林和城市园林景观的主体部分,树木栽植工程则是园林绿化最基本、最重要的工程。在实施树木栽植之前,应先整理绿化现场,去除场地上的废弃杂物和建筑垃圾,换来肥沃的栽植壤土,并把土面整平耙细。然后按照一定的程序和方法进行栽植施工。

任务分析

　　要想成功完成乔灌木栽植施工,就要正确分析影响苗木栽植成活的因素,做好栽植前的准备工作,根据树木栽植方法,学会并指导乔木和灌木栽植施工。其工作步骤为:施工准备;场地平整;定点放线;选苗、掘苗及运输;挖种植穴;定植;植后养护。具体应解决好以下几个问题:
　　①正确认识乔灌木栽植施工图,准确把握设计人员的设计意图。
　　②能够利用树木栽植的知识编制切实可行的乔灌木栽植施工组织方案。
　　③能够根据乔灌木栽植的布置,进行有效的施工现场管理、指导工作。
　　④做好乔灌木栽植的成品修整和保护工作。
　　⑤做好乔灌木栽植工程竣工验收的准备工作。

任务咨询

一、影响苗木栽植成活的因素

　　由于影响苗木栽植成活的因素很多,所以要想使苗木栽植成活,需要采取多种措施,并在各个环节严把质量关,影响苗木栽植成活的因素总结如下:
　　(1)异地引进苗木　有些异地引进的苗木,由于不适应本地土质及气候条件,会渐渐死亡。
　　(2)受污染的苗木　移栽后的苗木被工厂排放的某种有害气体污染或对地下水质有敏感的,会出现死亡。
　　(3)栽植深度　苗木栽植深度不适宜,栽植过浅宜被干死;栽植过深则可能导致根部水浇不透或根部缺氧,从而引起苗木死亡。
　　(4)土球的影响　移植苗木时,由于土球太小,比规范要求小很多,根系受损严重,成活较难。常绿树木移植时必须带土球方可能成活。在生长季节移植时,落叶树种也必须带土球移植,否则就会死亡。
　　(5)浇水不透　浇水不透,表面上看着树穴内水已灌满,如果没有用铁锹捣之,很可能就浇不透,树会死。土球未被泡透,有时水已充满整个树穴,但因浇水次数少或水流失太快,因长时间运输而内部又硬又干的土球并未吃足水,苗木也会慢慢死去。

（6）未浇防冻水和返青水　对于当年新植的树木，土壤封冻前应浇防冻水，来年初春土壤化冻后应浇返青水，否则易死亡。

（7）土壤积水　树木栽在低洼之地，若长期受涝，不耐涝的品种很可能死亡。

二、移植季节的选择

树木是有生命的机体，在一般情况下，夏季树木生命活动最旺盛，冬天其生命活动最微弱或近乎休眠状态，因此树木的栽植是有很明显的季节性的。选择树木生命活动最微弱的时候进行移植，才能保证树木的成活。

（1）春季移植　寒冷地区以春季移植比较适宜，特别是在早春解冻后到树木发芽之前。这个时期树液刚刚开始萌动，枝芽尚未萌发，蒸腾作用微弱，土壤内水分充足，温度高，移植后苗木的成活率高。到了气候干燥和刮风的季节，或是气温突然上升的时候，由于新栽的树木已经长根成活，已具有抗旱、抗风的能力，可以正常生长。

（2）夏季移植　北方的常绿针叶树种也可在雨季初进行移植。

（3）秋冬季移植　在气候比较温暖的地区以秋、初冬移植比较适宜。这个时期的树木落叶后，对水分的需求量减少，而外界的气温还未显著下降，地温比较高，树木的地下部分并没有完全休眠，被切断的根系能够尽早愈合，继续生长生根。到了春季，这批新根能继续生长，又能吸收水分，可以使树木更好地生长。

由于某些工程的特殊需要，也常常在非植树季节移植树木，这就需要采取特殊处理措施。随着科学技术的发展，大容器育苗和移植机械的推出，使终年移植已成可能。

三、栽植前的准备

绿化栽植施工前必须做好各项准备工作，以确保工程顺利进行。

①明确设计意图及施工任务量；

②编制施工组织计划；

③施工现场准备。

若施工现场有垃圾、渣土、废墟、建筑垃圾等，要进行清除，一些有碍施工的市政设施、房屋、树木要进行拆迁和迁移，然后可按照设计图纸进行地形整理，主要使其与四周道路、广场的标高合理衔接，使绿地排水通畅。如果用机械平整土地，则事先应了解是否有地下管线，以免机械施工时造成管线的损坏。

四、定点放线

定点放线是在现场测出苗木栽植位置和株行距。由于树木栽植方式各不相同，定点放线的方法也有很多种，常用的有以下3种。

1）自然式配置乔、灌木放线法

（1）坐标定点法　根据植物配置的疏密度先按一定的比例在设计图及现场分别打好方格，在图上用尺量出树木在某方格的纵横坐标尺寸，再按此坐标在现场用皮尺确定栽植点在方格内的位置。

（2）仪器测放　用经纬仪依据地上原有基点或建筑物、道路将树群或孤植树依照设计图上的位置依次定出每株的位置。

（3）目测法　对于设计图上无固定点的绿化栽植，如灌木丛、树群等可用上述两种方法划出树群树丛的栽植范围，其中每株树木的位置和排列可根据设计要求在所定范围内用目测法进行定点,定点时应注意植株的生态要求并注意自然美观。定好点后,多采用白灰打点或打桩,标明树种、栽植数量(灌木丛、树群)及坑径。

2)整形式(行列式)放线法

对于成片整齐式栽植或行道树,定点的方法是先将绿地的边界、园路广场和小建筑物等的平面位置作为依据,量出每株树木的位置,钉上木桩,上写明树种名称。

一般行道树的定点是以路牙或道路的中心为依据,可用皮尺、测绳等,按设计的株距,每隔10株钉一木桩作为定位和栽植的依据,定点时如遇电杆、管道、涵洞、变压器等障碍物应躲开,不应拘泥于设计的尺寸,而应遵照与障碍物相距的有关规定来定位。

3)等距弧线的放线

若树木栽植为一弧线如街道曲线转弯处的行道树,放线时可从弧的开始到末尾以路牙或中心线为准,每隔一定距离分别画出与路牙垂直的直线。在此直线上,按设计要求的树与路牙的距离定点,把这些点连接起来就成为近似道路弧度的弧线,于此线上再按株距要求定出各点来。

五、苗木准备

(1)选苗　在掘苗之前,首先要进行选苗,苗木质量的好坏是影响其成活和生长的重要因素之一。除了根据设计提出对规格和树形的特殊要求外,还要注意选择生长健壮、无病虫害、无机械损伤、树形端正和根系发达的苗木。育苗期间没经过移栽的留床老苗最好不用,其移栽成活率比较低,移栽成活后多年的生长势都很弱,绿化效果不好。做行道树栽植的苗木分枝点应不低于2.5 m。城市主干道行道树苗木分枝点应不低于3.5 m。选苗时还应考虑起苗包装运输的方便,苗木选定后,要挂牌或在根基部位划出明显标记,以免挖错。

(2)掘苗前的准备工作　起苗时间最好是在秋天落叶后或土冻前、解冻后均可,因此时正值苗木休眠期,生理活动微弱,起苗对它们影响不大,起苗时间和栽植时间最好能紧密配合,做到随起随栽。

为了便于挖掘,起苗前1~3 d可适当浇水使泥土松软,对起裸根苗来说也便于多带宿土,少伤根系。

为了便于起苗操作,对于侧枝低矮和冠丛庞大的苗,如松柏、龙柏、雪松等,掘苗前应先用草绳拢冠,这样既可以避免在掘取、运输、栽植过程中损伤树冠,又便于起苗操作。

对于地径较大的苗木,起苗前可先在根系周边挖半圆预断根,深度根据苗木而定,一般挖深15~20 cm即可。

(3)起苗方法　起苗时,要保证苗木根系完整。裸根乔、灌木根系的大小,应根据掘苗现场的株行距及树木高度、干径而定。一般情况下,乔木根系可按其高度的1/3左右确定,而常绿树带土球移植时,其土球的大小可按树木胸径的10倍左右确定。

起苗的方法常有两种:裸根起苗法和土球起苗。裸根起苗适用于处于休眠状态的落叶乔木、灌木和藤本。起苗时应尽量多保留较大根系,留些宿土。如掘出后不能及时运走,为避免风吹日晒应埋土假植,土壤要湿润。

掘土球苗木时,土球规格视各地气候及土壤条件不同而各异。对于特别难成活的树种一定要考虑加大土球。土球的高度一般可比宽度少5~10 cm。土球的形状可根据施工方便而挖成方形、圆形、半球形等,但是应注意保证土球完好。土球要削光滑,包装要严,草绳要打紧,不能松脱,土球底部要封严,不能漏土。

六、包装运输和假植

落叶乔、灌木在掘苗后装车前应进行粗略修剪,以便于装车运输和减少树木水分的蒸腾。苗木的装车、运输、卸车、假植等各项工序,都要保证树木的树冠、根系、土球的完好,不应折断树枝、擦伤树皮和损伤根系。

落叶乔木装车时,应排列整齐,使根部向前,树梢向后,注意树梢不要拖地。装运灌木可直立装车。凡远距离的裸根苗运送时,常把树木的根部浸入事先调制好的泥浆中然后取出,用蒲包、稻草、草席等物包装,并在根部衬以青苔或水草,再用苫布或湿草袋盖好根部,以有效地保护根系而不致使树木干燥受损,影响成活。装运高度在2 m以下的土球苗木,可以立放,2 m以上的应斜放,土球向前,树干向后,土球应放稳,垫牢挤严。

苗木运到现场,如不能及时栽植,裸根苗木可以平放地面,覆土或盖湿草即可,也可在距栽植地较近的阴凉背风处,事先挖好宽1.5~2 m,深0.4 m的假植沟,将苗木码放整齐,逐层覆土,将根部埋严。如假植时间过长,则应适量浇水,保持土壤湿润。带土球苗木临时假植时应尽量集中,将树直立,将土球垫稳、码严,周围用土培好。如时间较长,同样应适量喷水,以增加空气湿度,保持土球湿润。此外,在假植期还应注意防治病虫害。

七、挖栽植穴

挖穴质量的好坏对植株以后的生长有很大的影响。在栽苗木之前应以所定的灰点为中心沿四周向下挖坑,坑的大小依土球规格及根系情况而定,一般应在施工计划中事先确定。带土球的应比土球大16~20 cm,栽裸根苗的坑应保证根系充分舒展,坑的深度一般比土球高度稍深些(10~20 cm),坑的形状一般为圆形或正方形,但无论何种形状,必须保证上下口大小一致,不得挖成上大下小或锅底形状,以免根系不能舒展或填土不实。

(1)堆放　挖穴时,挖出的表土与底土应分别堆放,待填土时将表土填入下部,底土填入上部和作围堰用。

(2)地下物处理　挖穴时如遇地下管线时,应停止操作,及时找有关部门配合解决,以免发生事故。发现有严重影响操作的地下障碍物时,应与设计人员协商,适当改动位置。

(3)施肥与换土　土壤较贫瘠时,先在穴部施入有机肥料做基肥。将基肥与土壤混合后置于穴底,其上再覆盖上5 cm厚表土,然后栽树,可避免根部与肥料直接接触引起烧根。

土质不好的地段,穴内需换客土。如石砾较多,土壤过于坚硬或被严重污染,或含盐量过高,不适宜植物生长时,应换入疏松肥沃的客土。

(4)注意事项

①当土质不良时,应加大穴径,并将杂物清走。如遇石灰渣、炉渣、沥青、混凝土等不利于树木生长的物质,将穴径加大1~2倍,并换好土,以保证根部的营养面积。

②绿篱等株距较小者,可将栽植穴挖成沟槽。

八、栽植

(1)栽植前的修剪　在栽植前,苗木必须经过修剪,其主要目的是减少水分的散发,保证树势平衡,使树木成活。

修剪时其修剪量依不同树种要求而有所不同,一般对常绿针叶树及用于植篱的灌木不多剪,只剪去枯病枝、受伤枝即可。对于较大的落叶乔木,尤其是生长势较强,容易抽出新枝的树木如杨、柳、槐等可进行强修剪,树冠可剪去1/2以上,这样可减轻根系负担,维持树木体内水分平衡,也使得树木栽后稳定,不致招风摇动。对于花灌木及生长较缓慢的树木可进行疏枝,短截去全部叶或部分叶,去除枯病枝、过密枝,对于过长的枝条可剪去 1/3～1/2。

修剪时要注意分枝点的高度。灌木的修剪要保持其自然树形,短截时应保持外低内高。

树木栽植之前,还应对根系进行适当修剪,主要是将断根、劈裂根、病虫根和过长的根剪去。修剪时剪口应平而光滑,并及时涂抹防腐剂以防水分蒸发、干旱、冻伤及病虫危害。

(2)栽植方法　苗木修剪后即可栽植,栽植的位置应符合设计要求。

栽植裸根乔、灌木的方法是一人用手将树干扶直,放入坑中,另一人将坑边的好土填入。在泥土填入一半时,用手将苗木向上提起,使根茎交接处与地面相平,这样树根不易卷曲,然后将土踏实,继续填入好土,直到与地平或略高于地平为止,并随即将浇水的土堰做好。

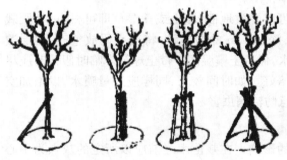

栽植带土球树木时,应注意使坑深与土球高度相符,以免来回搬动土球。填土前要将包扎物去除,以利根系生长,填土时应充分压实,但不要损坏土球。

(3)栽植后的养护管理　栽植较大的乔木时,在栽植后应设支柱支撑,以防浇水后大风吹倒苗木,见图 7.1。

图 7.1　支柱的方法

栽植树木后 24 h 内必须浇上第一遍水,水要浇透,使泥土充分吸收水分,树根紧密结合,以利根系发育。树木栽植后,每株每次浇水量可参考表 7.1。

表 7.1　树木栽植后浇水量

乔木及常绿树胸径/cm	灌木高度/m	绿篱高度/m	树堰直径/cm	浇水量/kg
	1.2～1.5	1～1.2	60	50
	1.5～1.8	1.2～1.5	70	75
3～5	1.8～2	1.5～2	80	100
5～7	2～2.5		90	200
7～10			110	250

树木栽植后应时常注意树干四周泥土是否下沉或开裂,如有这种情况应及时加土填平踩实。此外,还应进行及时的中耕,扶直歪斜树木,并进行封堰。封堰时要使泥土略高于地面,要注意防寒,其措施应按树木的耐寒性及当地气候而定。

任务实施

一、施工准备

①主要材料包括各种苗木、支柱架材、铁丝、蒲包、草绳等。所需要的设备工具包括铁锹、

镐、运输车辆、经纬仪等。

②采用机械加人工平整场地，并翻耕土壤0.5 m，翻耕的同时清理其中的瓦砾、石块、塑料袋等，然后把土粒打碎至2 cm左右。

二、乔木栽植施工

（1）定点放线　本工程乔木栽植采用自然式群落配置，放线较为复杂，采用方格网法进行。基本程序是在图纸上画出10 m×10 m的方格，然后在图上用尺量出树木在方格的纵横坐标尺寸，并测设到相应的现场上，用灰点标记，并立上木桩写明树种名称及规格。

（2）选苗、起苗与运输　本工程所采用的所有苗木由苗木公司统一供应。为使整个工程能快速成型，收到好的绿化效果，除满足设计要求的规格外，苗木还应选择株型饱满统一、无病虫害、根系发达的苗木。苗木选择选派专人负责。樟子松、糠椴、丹东桧柏起掘时带土球0.6～1 m，均用草绳、蒲包包扎土球，旱柳、花楸、糖槭、丁香等仅带少量土球，用塑料袋装好，橡皮筋捆扎。采用敞式货车运输。

（3）挖栽植穴　与上一工序同时进行。以所定的灰点为中心沿四周向下挖坑，乔木的坑深为1.10 m，坑为圆形，上下口大小一致，如图7.2所示。栽植穴挖好后，要把写有应栽植树种的木桩放在穴内，以免混淆或丢失而增加工作量。

（4）栽植　苗木运到现场后马上进行栽植，两人一组，一人用手将树干扶植，放入坑中，另一人将旁边的好土填入，填到一半左右，稍微将树干提起，然后再将土踏实，继续填土，直到与地面相平，做好土堰。栽植时可按树种依次栽植，也可以由专人负责一种树种同时进行栽植。若苗木不能及

图7.2　挖栽植穴

时栽植，裸根苗木平放地面用土覆盖；带土球苗木将树直立，土球垫稳、码严，周围用土培好。

（5）养护　樟子松、糠椴等较大的乔木栽植完后用3根支柱绑扎树干支撑，以防浇水后被大风吹倒。栽植完成后立即浇一遍透水，检查树干四周泥土是否下沉或开裂，树木是否歪斜等，并立即进行加土填平或扶直，如图7.3所示。

三、灌木栽植施工

本工程中栽植的灌木主要有云杉、金山绣线菊、金焰绣线菊、圆柏、铺地柏，均采用灌木丛的栽植方法。在做好施工准备、平整场地基础上进行定点放线。

（1）定点放线　和乔木放线一样，采取方格网法，方格网为10 m×10 m，并测设到场地上划出各灌木丛的种植范围，用白灰线标出，在所定范围内目测铺地柏、圆柏、榆等每株的位置和排列。

图7.3　围土堰浇水

活动场地旁边的3条模纹线，在每条曲线上间隔找出10个点，包括两个端点，确定其横坐

标和纵坐标,然后把它测绘到实地上,用木桩做出标注,然后用测绳在场地上作圆滑连接,连接完成后,打上白灰,对照施工图纸目测是否准确。

(2)起苗及运输　所有灌木苗木均按设计图纸要求规格选苗,云杉、金山绣线菊、金焰绣线菊、圆柏、铺地柏、榆起苗时只带少量土球,用塑料袋捆扎,采用货车运输,可随用随起随栽。若苗木运到现场后不能及时栽植,应在背风阴凉处挖宽 1.5 ~ 2 m、深 0.4 m 的假植沟,将苗木码放整齐,逐层覆土,将根部埋严。

(3)挖沟槽与栽植　云杉、金山绣线菊、金焰绣线菊按 25 株/m²,圆柏、榆、铺地柏按 9 株/m²,栽植穴深 0.6 m,随挖随栽,都采用密植,宜不见裸露地面为原则,周围无须筑土堰。

(4)养护　养护主要是浇水,灌木栽植完成后立即进行,第一遍水浇透,浇水时不能只淋在密植花木的叶片上,水的冲刷力不要太大。以后根据天气情况,派专人负责浇水。

任务考核

一、乔木种植施工

序　号	任务考核	考核项目	考核要点	分　值	得　分
1	过程考核	施工准备	正确并熟读施工图表达内容,了解设计意图;施工机具准备充足;场地清理干净,高程符合要求	20	
2					
3		定点放线	放线方法合理,乔木位置定位正确	15	
4		选苗、起苗及运输	所选苗木优良;起苗方法正确,根系完好;运输途中保护措施得当	15	
5		挖栽植穴	栽植穴标准,大小符合要求	15	
6		栽植	栽植操作得当,树木直立,栽植牢固	15	
7		养护	设支柱牢固、浇水时间及时、浇水量充足	10	
8	结果考核	乔木栽植效果	乔木栽植符合设计要求,树木生长良好	10	

二、灌木种植施工

序　号	任务考核	考核项目	考核要点	分　值	得　分
1		施工准备	正确并熟读施工图表达内容,了解设计意图;施工机具准备充足;场地清理干净,高程符合要求	20	
2					
3	过程考核	定点放线	放线方法合理、正确,灌木栽植范围定位准确,模纹图案符合要求	15	
4		选苗、起苗及运输	所选苗木优良;起苗方法正确,根系完好;运输途中保护措施得当	15	
5		挖沟槽	栽植沟槽深度符合要求	15	
6		栽植	随挖随栽,栽植操作得当,密度合理	15	
7		养护	浇水时间及时,浇水量充足,适时修剪	10	
8	结果考核	灌木栽植效果	栽植符合设计要求,灌木生长良好	10	

巩固训练

图7.4是某丁香专类园栽植施工图,结合乔灌木栽植施工,让学生参加树木栽植施工工程全部或几个施工阶段并完成相应任务。

一、材料及用具

主要材料包括各种苗木、支柱架材、铁丝、蒲包、草绳、放线材料等。所需要的设备工具包括铁锹、镐、运输车辆、经纬仪等。

二、组织实施

①将学生分成4个小组,以小组为单位,完成乔灌木的栽植;

②按下列施工工艺流程完成施工任务:

施工准备→ 定点放线→ 选苗、起苗及运输→ 挖栽植穴→ 栽植→ 养护。

三、训练成果

①每人交一份训练报告,并参照上述任务考核情况进行评分;

②根据该工程景观绿化要求,完成乔灌木栽植施工。

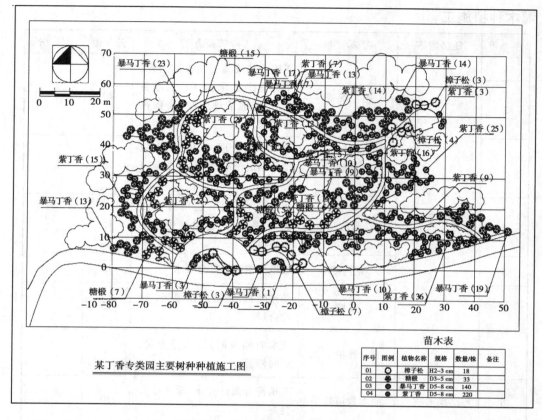

某丁香专类园主要树种种植施工图

序号	图例	植物名称	规格	数量/株	备注
01	◎	樟子松	H2~3 cm	18	
02	✿	糖槭	D3~5 cm	33	
03	❀	暴马丁香	D5~8 cm	140	
04	✤	紫丁香	D5~8 cm	220	

苗木表

图7.4　某丁香专类园栽植施工图

拓展提高

风景树栽植

一、孤立树栽植

　　孤立树可以被配植在草坪上、岛上、山坡上等处,一般是作为重要风景树栽种的。选用作孤植的树木,要求树冠广阔或树势雄伟,或者是树形美观、开花繁盛也可以。栽植时,具体技术要求与一般树木栽植基本相同;但种植穴应挖得更大一些,土壤要更肥沃一些。根据构图要求,要调整好树冠的朝向,把最美的一面向着空间最宽最深的一方。还要调整树形姿态,树形适宜横卧、倾斜的,就要将树干栽成横、斜状态。栽植时对树形姿态的处理,一切以造景的需要为准。树木栽好后,要用木杆支撑树干,以防树木倒下,1 年以后即可以拆除支撑。

二、树丛栽植

　　风景树丛一般是用几株或十几株乔木灌木配植在一起;树丛可以由 1 个树种构成,也可以由 2 个以上直至 7~8 个树种构成。选择构成树丛的材料时,要注意选树形有对比的树木,如柱状的、伞形的、球形的、垂枝形的树木,各自都要有一些,在配成完整树丛时才好使用。一般来

说,树丛中央要栽最高的和直立的树木,树丛外沿可配较矮的和伞形、球形的植株。树丛中个别树木采取倾斜姿势栽种时,一定要向树丛以外倾斜,不得反向树丛中央斜去。树丛内最高最大的主树,不可斜栽。树丛内植株间的株距不应一致,要有远有近,有聚有散。栽得最密时,可以土球挨着土球栽,不留间距。栽得稀疏的植株,可以和其他植株相距 5 m 以上。

三、风景林栽植

风景林一般用树形高大雄伟的或树形比较独特的树种群植而成。如松树、柏树、银杏、樟树、广玉兰等,就是常用的高大雄伟树种;柳树、水杉、蒲葵、椰子树、芭蕉等,就是树形比较奇特的风景林树种。风景林栽植施工中主要应注意下述三方面的问题。

(1)林地整理　在绿化施工开始的时候,首先要清理林地,地上地下的废弃物、杂物、障碍物等都要清除出去。通过整地,将杂草翻到地下,把地下害虫的虫卵、幼虫和病菌翻上地面,经过低温和日照将其杀死,减少病虫对林木危害,提高林地树木的成活率。土质贫瘠密实的,要结合着翻耕松土,在土壤中掺合进有机肥料。林地要略为整平,并且要整理为1%以上的排水坡度。当林地面积很大时,最好在林下开辟几条排水浅沟,与林缘的排水沟联系起来,构成林地的排水系统。

(2)林缘放线　林地准备好之后,应根据设计图将风景林的边缘范围线放大到林地地面上。放线方法可采用坐标方格网法。林缘线的放线一般所要求的精确度不是很高,有一些误差还可以在栽植施工中进行调整。林地范围内树木种植点的确定有规则式和自然式两种方式。规则式种植点可以按设计株行距以直线定点,自然式种植点的确定则允许现场施工中灵活定点。

(3)林木配植　风景林内,树木可以按规则的株行距栽植,这样成林后林相比较整齐;但在林缘部分,还是不宜栽得很整齐,不宜栽成直线形;要使林缘线栽成自然曲折的形状。树木在林内也可以不按规则的株行距栽,而是在 2~7 m 的株行距范围内有疏有密地栽成自然式;这样成林后,树木的植株大小和生长表现就比较不一致,但却有了自然丛林般的景观。栽于树林内部的树,可选树干通直的苗木,枝叶稀少一点也可以;处于林缘的树木,则树干可不必很通直,但是枝叶还是应当茂密一些。风景林内还可以留几块小的空地不栽树木,铺种上草皮,作为林中空地通风透光。林下还可选耐阴的灌木或草本植物覆盖地面,增加林内景观内容。

四、水景树栽植

用来陪衬水景的风景树,由于是栽在水边,就应当选择耐湿地的树种。如果所选树种并不能耐湿,但又一定要用它,就要在栽植中做一些处理。对这类树种,其种植穴的底部高度一定要在水位线之上。种植穴要比一般情况下挖得深一些,穴底可垫一层厚度 5 cm 以上的透水材料,如炭渣、粗砂粒等;透水层之上再填一层壤土,厚度可在 8~20 cm;其上再按一般栽植方法栽种树木。树木可以栽得高一些,使其根茎部位高出地面。高出地面的部位进行壅土,把根茎旁的土壤堆起来,使种植点整个都抬高。水景树的这种栽植方法对根系较浅的树种效果较好,但对深根性树种来说,就只在两三年内有些效果,时间一长,效果就不明显了。

五、旱地树栽植

旱地生长的植物大多不能忍耐土壤潮湿,因此,栽种旱生植物的基质就一定要透水性比较强。如栽种苏铁,就不能用透水性差的黏土,而要用含沙量较高的沙土;栽种仙人掌类灌木一般也要用透水性好的沙土。一些耐旱而不耐潮湿的树木,如马尾松、黑松、柏木、刺槐、榆树、梅花、杏树、紫薇、紫荆,等等,可以用较贫瘠的黏性土栽种,但一般要将种植点抬高,或要求地面排水系统特别完整,保证不受水淹。

任务 2　大树移植施工

> 知识点:了解大树移植工程的基础知识,掌握大树移植施工的工艺流程和验收标准。
> 能力点:能根据施工图进行大树移植工程的施工、管理与验收。

任务描述

有些新建的园林绿地或城市重点街道,在刚建成时就马上要有较好的绿化效果,如果像一般绿化那样采用小树栽种,就不能达到预期的要求。这时就应当采取大树移植的方法来解决问题。由于城市及园林建设的需要,有时也会遇到要将原有的大树古树移植到新地方的情况。所以,大树移植也是园林绿化施工中的一项重要工程。

某高校拟在大门前两块空地上进行绿化栽植工程。根据设计要求将两株大树正确移植至该工程指定位置。希望通过学习后能正确运用软材包装移植法和木箱移植法进行大树移植。

任务分析

要想成功完成大树古树移植施工,就要正确分析影响大树古树栽植成活的因素,做好栽植前准备工作,根据大树古树移植栽植方法,学会并指导大树古树移植栽植施工。其工作步骤为:栽植前准备;土台挖掘;木箱包装;起吊;运输;吊卸栽植;养护管理。具体应解决好以下几个问题:

①正确认识大树古树移植施工图,准确把握设计人员的设计意图。
②能够利用大树古树移植的知识编制切实可行的大树古树移植施工组织方案。
③能够根据大树古树移植的施工特点,进行有效的施工现场管理、指导工作。
④做好大树古树移植的成品修整和保护工作。
⑤做好大树古树移植工程竣工验收的准备工作。

任务咨询

一、大树的选择

我们这里所讲的大树是指根干径在 10 cm 以上,高度在 4 m 以上的大乔木,但对具体的树种来说,也可有不同的规格。

(1)影响大树移植成活的因素 大树移植较常规苗木成活困难,原因主要有以下几个方面:

①大树年龄大,阶段发育老,细胞的再生能力弱,挖掘和栽植过程中损伤的根系恢复慢,新根发生能力差。

②由于幼壮龄树的离心生长的原因,树木的根系扩展范围很大(一般超过树冠水平投影范围),而且扎入土层很深,使有效的吸收根处于深层和树冠投影附近,造成挖掘大树时土球所带吸收根很少,且根多木栓化严重,凯氏带阻止了水分的吸收,根系的吸收功能明显下降。

③大树形体高大,枝叶的蒸腾面积大,为使其尽早发挥绿化效果和保持原有优美姿态而很少进行过重截枝。加之根系距树冠距离长,给水分的输送带来一定的困难,因此大树移植后很难尽快建立地上、地下的水分平衡。

④树木大,土球重,起挖、搬运、栽植过程中易造成树皮受损、土球破裂、树枝折断,从而危及大树成活。

(2)大树的选择 选择需移植的大树时,一般要注意以下几点:

①选择大树时,应考虑到树木原生长条件应和定植地的立地条件相适应,例如土壤性质、温度、光照等条件,树种不同,其生物学特性也有所不同,移植后的环境条件就应尽量地和该树种的生物学特性和环境条件相符。

②应该选择符合景观要求的树种,树种不同,形态各异,因而它们在绿化上的用途也不同。如行道树,应考虑干直、冠大、分枝点高、有良好的庇荫效果的树种,而庭院观赏树中的孤立树就应讲究树姿造型。

③应选择壮龄的树木,因为移植大树需要很多人力、物力。若树龄太大,移植后不久就会衰老,很不经济;而树龄太小,绿化效果又较差,所以既要考虑能马上起到良好的绿化效果,又要考虑移植后有较长时期的保留价值,故一般慢生树选 20~30 年生;速生树种则选用 10~20 年生,中生树可选 15 年生,果树、花灌木为 5~7 年生,一般乔木树高在 4 m 以上,胸径 12~25 cm 的树木则最合适。

④应选择生长正常的树木以及没有感染病虫害和未受机械损伤的树木。

⑤原环境条件要适宜挖掘、吊装和运输操作。

⑥如在森林内选择树木时,必须选疏密度不大的最近 5~10 年生长在阳光下的树,易成活,且树形美观,景观效果佳。

选定的大树,用油漆或绳子在树干胸径处做出明显的标记,以利于识别选定的单株和朝向;同时应建立登记卡,记录树种、高度、干径、分枝点高度、树冠形状和主要观赏面,以便进行分类和确定栽植顺序。

二、大树移植的时间

(1)春季移植 早春是移植大树的最佳时间。因为这时树体开始发芽、生长,挖掘时损伤的根系容易愈合和再生,移植后,经过从早春到晚秋的正常生长以后,树木移植时受伤的部分已复原,给树木顺利越冬创造了有利条件。在春季树木开始发芽而树叶还没有全部长成以前,树木的蒸腾还未达到最旺盛时期,这时进行带土球的移植,缩短土球暴露在空间的时间,栽植后进行精心的养护管理也能确保大树的存活。

(2)夏季移植 盛夏季节,由于树木的蒸腾量大,此时移植对大树的成活不利,在必要时可加大土球,加强修剪、遮阴,尽量减少树木的蒸腾量,也可以成活。由于所需技术复杂,费用较高,故尽可能避免。最好在北方的雨季,由于空气中的湿度较大,因而有利于移植,可带土球移植一些针叶树种。

(3)秋冬季移植　深秋及冬季,从树木开始落叶到气温不低于 -15 ℃这一段时间,树木虽处于休眠状态,但是地下部分尚未完全停止活动,移植时被切断的根系能在这段时间进行愈合,给来年春季发芽生长创造良好的条件。但是在严寒的北方,必须对移植的树木进行土面保护,以防冻伤根部。

三、大树移植前的准备工作

1)切根的处理

通过切根处理,促进侧须根生长,使树木在移植前即形成大量可带走的吸收根。这是提高移植成活率的关键技术,也可以为施工提供方便条件。常用下列方法:

(1)多次移植　此法适用于专门培养大树的苗圃中,速生树种的苗木可以在头几年每隔1~2年移植一次,待胸径达 6 cm 以上时,可每隔 3~4 年再移植一次。而慢生树待其胸径达3 cm 以上时,每隔 3~4 年移一次,长到 6 cm 以上时,则隔 5~8 年移植一次,这样树苗经过多次移植,大部分的须根都聚生在一定的范围,因而再移植时可缩小土球的尺寸和减少对根部的损伤。

(2)预先断根法　适用于一些野生大树或一些具有较高观赏价值的树木的移植。一般是在移植前 1~3 年的春季或秋季,以树干为中心,2.5~3 倍胸径为半径或以较小于移植时土球尺寸为半径划一个圆或方形,再在相对的两面向外挖 30~40 cm 宽的沟(其深度则视根系分布而定,一般为 50~80 cm),对较粗的根应用锋利的锯域剪,齐平内壁切断,然后用沃土(最好是砂壤土或壤土)填平,分层踩实,定期浇水,这样便会在沟中长出许多须根。到第二年的春季或秋季再以同样的方法挖掘另外相对的两面,到第三年时,在四周沟中均长满了须根,这时便可移走(图 7.5)。挖掘时应从沟的外缘开挖,断根的时间可按各地气候条件有所不同。

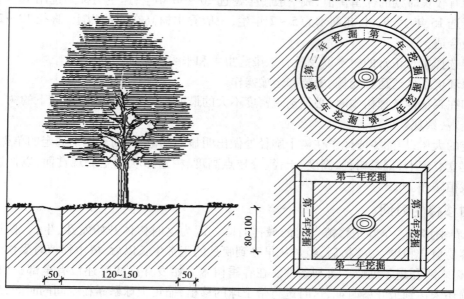

图 7.5　树木切根方法(单位:cm)

(3)根部环状剥皮法　同上法挖沟,但不切断大根,而采取环状剥皮的方法,剥皮的宽度为10～15 cm,这样也能促进须根的生长,这种方法由于大根未断,树身稳固,可不加支柱。

2)大树的修剪

为保证树木地下部分与地上部分的水分平衡,减少树冠水分蒸腾,移植前必须对树木进行修剪,修剪的方法各地不一,主要有以下几种:

(1)修剪枝叶　修剪时,凡病枯枝、过密交叉徒长枝、干扰枝均应剪去。此外,修剪量也与移植季节、根系情况有关。当气温高、湿度低、带根系少时应重剪;而湿度大,根系也大时可适当轻剪。此外,还应考虑到功能要求,如果要求移植后马上起到绿化效果的应轻剪,而有把握成活的则可重剪。

(2)摘叶　这是细致费工的工作,适用于少量名贵树种,移前为减少蒸腾可摘去部分树叶,移后即可再萌出新叶。

(3)摘心　此法是为了促进侧枝生长,一般顶芽生长的如杨、白蜡、银杏、柠檬桉等可用此法以促进其侧枝生长,但是如木棉、针叶树种都不宜摘心处理。

(4)其他方法　如采用剥芽、摘花摘果、刻伤和环状剥皮等也可以控制水分的过分损耗,抑制部分枝条的生理活动。

3)编号定向

编号是当移栽成批的大树时,为使施工有计划地顺利进行,可把栽植坑及要移栽的大树均编上一一对应的号码,使其移植时可对号入座,减少现场混乱及事故。

定向是在树干上标出南北方向,使其在移植时仍能保持它按原方位栽下,以满足它对庇荫及阳光的要求。

4)清理现场及安排运输路线

在起树前,应清除树干周围2～3 m以内的碎石、瓦砾堆、灌木丛及其他障碍物,并将地面大致整平,为顺利移植大树创造条件。然后按树木移植的先后次序,合理安排运输路线,以使每棵树都能顺利运出。

5)支柱、捆扎

为了防止在挖掘时由于树身不稳、倒伏引起工伤事故及损坏树木,在挖掘前应对需移植的大树进行支柱,一般是用3根直径15 cm以上的大戗木,分立在树冠分支点的下方,然后再用粗绳将3根戗木和树干一起捆紧,戗木底脚应牢固支持在地面,与地面呈60°左右。支柱时应使3根戗木受力均匀,特别是避风向的一面。戗木的长度不定,底脚应立在挖掘范围以外,以免妨碍挖掘工作。

6)工具材料的准备

根据不同的包装方法,准备所需的材料。表7.2、表7.3是木板方箱移植所需工具和材料,表7.4是软材包装所需材料。

表7.2　木板方箱移植所需工具

名　称	规格要求	用　途
铁锹	圆口锋利	开沟刨土
小平铲	短把、口宽、15 cm左右	修土球掏底
平铲	平口锋利	修土球掏底

续表

名　称	规格要求	用　途
大尖镐	一头尖、一头平	刨硬土
小尖镐	一头尖、一头平	掏底
钢丝绳机	钢丝绳要有足够长度,2根	收紧箱板
紧线器		
铁棍	刚性好	转动紧线器用
铁锤		钉铁皮
扳手		维修器械
锄头	短把、锋利	掏底
手锯	大、小各一把	断根
修枝剪		剪根

表 7.3　木板方箱移植所需材料

材　料		规格要求	用　途
木板	大号	上板长 2 m、宽 0.2 m、厚 0.03 m 底板长 1.75 m、宽 0.3 m、厚 0.05 m 边板上缘长 1.85 m、下缘长 1.7 m、宽 0.7 m、厚 0.05 m	移植土球规格可视土球大小而定
	小号	上板长 1.65 m、宽 0.3 m、厚 0.05 m 底板长 1.45 m、宽 0.3 m、厚 0.05 m 边板上缘长 1.5 m、下缘长 1.4 m、宽 0.65 m、厚 0.05 m	
方木		10 cm 见方	支撑
木墩		直径 0.2 m,长 0.25 m,要求料直而坚硬	挖底时四角支柱土球
铁钉		长 5 cm 左右,每棵树约 400 根	固定箱板
铁皮		厚 0.1 cm、宽 3 cm、长 50～75 cm,每距 5 cm 打眼,每棵树需 36～48 条	连接物
蒲包			填补漏洞

表 7.4　软材包装法所需材料表

土球规格 (土球直径×土球高度)/cm	蒲　包/个	草　绳
200×150	13	直径 2 cm,长 1 350 m
150×100	5.5	直径 2 cm,长 300 m
100×80	4	直径 1.6 cm,长 175 m
80×60	2	直径 1.3 cm,长 100 m

三、大树移植的方法

1)软材包装移植法

(1)土球大小的确定　土球的大小依据树木的胸径来决定。一般来说,土球直径为树木胸

径的 7～10 倍,土球过大,容易散球且会增加运输困难;土球过小,又会伤害过多的根系以影响成活。土球的具体规格参考表7.5。

表7.5 土球规格

树木胸径/cm	土球规格		
	土球直径/cm	土球高度/cm	留底直径
10～12	胸径 8～10 倍	60～70	土球直径的1/3
13～15	胸径 7～10 倍	70～80	

(2)土球的挖掘 挖掘前,先用草绳将树冠围拢,其松紧程度以不折断树枝又不影响操作为宜,然后铲除树干周围的浮土,以树干为中心,比规定的土球大 3～5 cm 划一圆,并顺着此圆圈往外挖沟,沟宽 60～80 cm,深度以到土球所要求的高度为止。

(3)土球的修整 修整土球要用锋利的铁锹,遇到较粗的树根时,应用锯或剪将根切断,不要用铁锹硬扎,以防土球松散。当土球修整到1/2深度时,可逐步向里收底,直到缩小到土球直径的1/3 为止,然后将土球表面修整平滑,下部修一小平底,土球就算挖好了。

(4)土球的包装 土球修好后,应立即用草绳、蒲包或蒲包片等进行包装。包装的方法主要有橘子包、井字包和五角包,其包装示意图见图7.6。

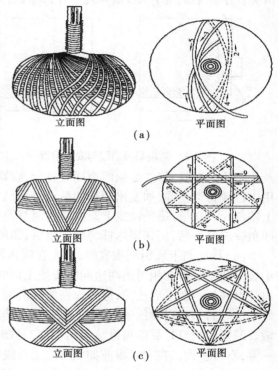

2)木箱包装移植法

这种方法一般用来移植胸径达 15～25 cm 的大树,少量的用于胸径 30 cm 以上的,其土台规格可达 2.2 m×2.2 m×0.8 m,土方量为3.2 m³。

(1)移植前的准备 移植前首先要准备好包装用的板材,如箱板、底板和上板,如图 7.7 所示。还应准备好所需的全部工具、材料、机械和运输车辆,并由专人管理。

图7.6 土球的包装方法
(a)橘子包;(b)井字包;(c)五角包
(实线表示土球面绳,虚线表示土球底绳)

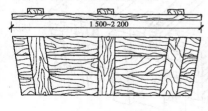

图7.7 箱包装移植板材

(2)包装 包装移植前应将树干四周地表的浮土铲除,然后根据树木的大小决定挖掘土台的规格,一般可按树木胸径的7～10 倍作为土台的规格,具体可见表7.6。然后,以树干为中心,以比规定的土台尺寸大 10 cm,划一正方形作土台的雏形,从土台往外开沟挖渠,沟宽 60～80 cm,以便于人下沟操作。挖到土台深度后,将四壁修理平整,使土台每边较箱板长 5 cm。

修整时,注意使土台侧壁中间略突出,以便上完箱板后,箱板能紧贴土台。

表7.6　土台规格

树木胸径/cm	15～18	18～24	25～27	28～30
木箱规格(上边长×高)/m×m	1.5×0.6	1.8×0.7	2.0×0.7	2.2×0.8

(3)立边板　土台修好后,应立即上箱板,以免土台坍塌。先将箱板沿土台的四壁放好,使每块箱板中心对准树干,箱板上边略低于土台1～2 cm,作为吊运时土台下沉的余量。在安放箱板时,两块箱板的端部在土台的角上要相互错开,可露出土台一部分(图7.8),再用蒲包片将土台包好,两头压在箱板下。然后在木箱的边板距上、下口15～20 cm处套好两道钢丝绳。每根钢丝绳的两头装好紧线器,两个紧线器要装在两个相反方向的箱板中央带上,以便收紧时受力均匀,见图7.9。

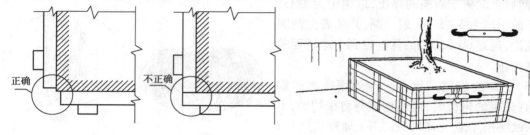

图7.8　两块箱板的端部安放位置　　　　图7.9　套好钢丝绳、安好紧线器准备收紧

　　紧线器在收紧时,必须两边同时进行,收紧速度下绳应稍快于上绳。收紧到一定程度时,可用木棍捶打钢丝绳,如发出嘣嘣的弦音表示已收紧,即可停止。箱板被收紧后即可在四角上钉上铁皮8～10道,每条铁皮上至少要有两对铁钉钉在带板上。钉子稍向外侧倾斜,以增加拉力。四角铁皮钉好后,用3根木杆将树支稳后,即可进行掏底。

(4)掏底与上底板　掏底时,首先在沟内沿着箱板下挖30 cm,将沟土清理干净,用特制的小板镐和小平铲在相对的两边同时掏挖土台的下部。当掏挖的宽度与底板的宽度相符时,在两边装上底板。在上底板前,应预先在底板两端各钉两条铁皮,然后先将底板一头顶在箱板上,垫好木墩。另一头用油压千斤顶顶起,使底板与土台底部紧贴。钉好铁皮,撤下千斤顶,支好支墩。两边底板钉好后即可继续向内掏底,见图7.10。要注意每次掏挖的宽度应与底板的宽度一致,不可多掏。在上底板前如发现底土有脱落或松动,要用蒲包等物填塞好后再装底板,底板之间的距离一般为10～15 cm,如土质疏松,可适当加密。

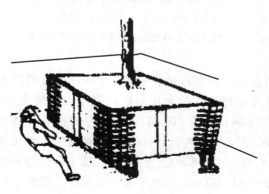

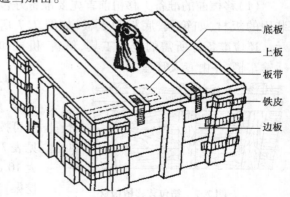

底板
上板
板带
铁皮
边板

图7.10　两边掏底　　　　　　　图7.11　木板箱整体包装示意图

（5）上盖板 于木箱上口钉木板拉结，称为"上盖板"。钉装上板前，将土台上表面修成中间稍高于四周，并于土台表面铺一层蒲包片。上板一般2~4块，某方向应与底板成垂直交叉，如需多次吊运，上板应钉成井字形，木板箱整体包装示意图如图7.11所示。

3）机械移植法

近年来在国内正发展一种新型的植树机械，名为树木移植机，主要用来移植带土球的树木，可以连续完成挖栽植坑、起树、运输、栽植等全部移植作业。

树木移植机分自行式和牵引式两类，目前各国大量发展的都为自行式树木移植机，它由车辆底盘和工作装置两大部分组成。车辆底盘一般都是选择现成的汽车、拖拉机或装载机等，稍加改装而成，然后再在上面安装工作装置，包括铲树机构、升降机构、倾斜机构和液压支腿四部分。

目前我国主要发展3种类型移植机：能挖土球直径160 cm的大型机，一般用于城市园林部分移植径级16~20 cm以下的大树；挖土球直径100 cm的中型机，主要用于移植径级10~12 cm以下的树木，可用于城市园林部门、果园、苗圃等处；能挖直径60 cm土球的小型机，主要用于苗圃、果园、林场等移植径级6 cm左右的大苗。其常见类型见图7.12。

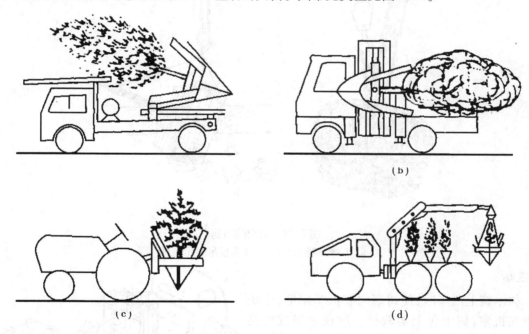

图7.12 树木移植机示意图
（a）大型移植机；（b）起重式移植机；（c）中型移植机；（d）小型移植机

4）冻土移植法

在我国北方寒冷地区较多采用，适宜移植耐寒的乡土树种。在土壤冻结期或者在土壤冻得不深时挖掘土球，并可泼水促冻，不必包装，利用冻结河道或泼水冻结的平土地，只用人工即可拉运的一种方法，具有节约经费、土球坚固、根系完好、便于成活、易于运输等优点。

四、大树的吊运

1）起吊

大树的吊运工作也是大树移植中的重要环节之一。吊运的成功与否，直接影响到树木的成活、施工的质量以及树形的美观等。目前,大树的调运主要通过起重机吊运和滑车吊运,在起吊的过程中,要注意不能破坏树形、碰坏树皮,更不能撞破土球。

吊运软材料包装的或带冻土球的树木时,为了防止钢丝绳勒坏土球,最好用粗麻绳。先将双股绳的一头留出 1 m 多长结扣固定,再将双股绳分开,捆在土球由上向下 3/5 的位置上绑紧,然后将大绳的两头扣在吊钩上,在绳与土球接触处用木块垫起,轻轻起吊后,再用脖绳套在树干下部,也扣在吊钩上即可起吊。之后,再开动起重机就可将树木吊起装车。

木箱包装吊运时,用两根钢索将木箱两头围起,钢索放在距木板顶端 20 ~ 30 cm 的地方(约为木板长度的 1/5),把 4 个绳头结在一起,挂在起重机的吊钩上,并在吊钩和树干之间系一根绳索,使树木不致被拉到,还要在树干上系 1 ~ 2 根绳索,以便在起运时用人力来控制树木的位置,避免损伤树冠,有利于起重机工作。在树干上束绳索处,必须垫上柔软材料,以免损伤树皮(图 7.13)。

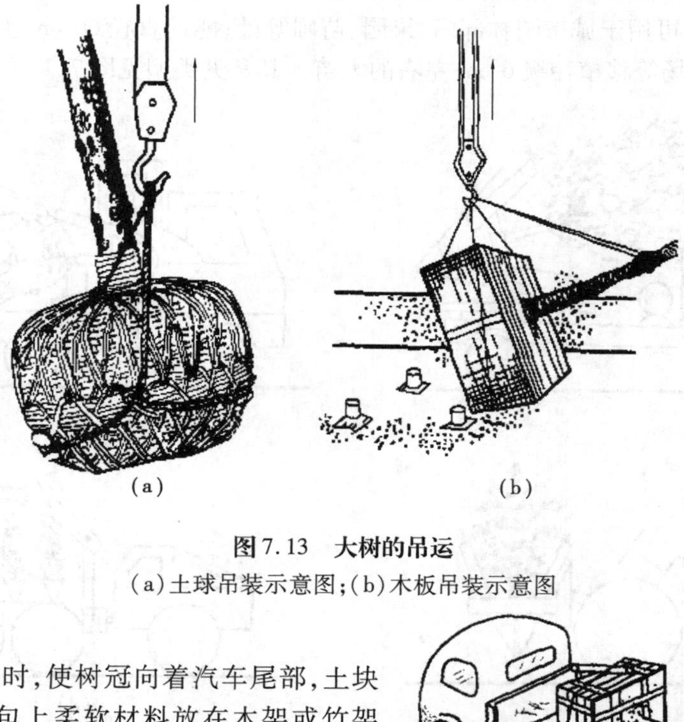

(a)　　　　(b)

图 7.13　大树的吊运

(a)土球吊装示意图;(b)木板吊装示意图

2)运输

树木装上汽车时,使树冠向着汽车尾部,土块靠近司机室,树干包上柔软材料放在木架或竹架上,用软绳扎紧,土块下垫一块木衬垫,然后用木板将上球夹住或用绳子将土球缚紧于车厢两侧(图 7.14)。

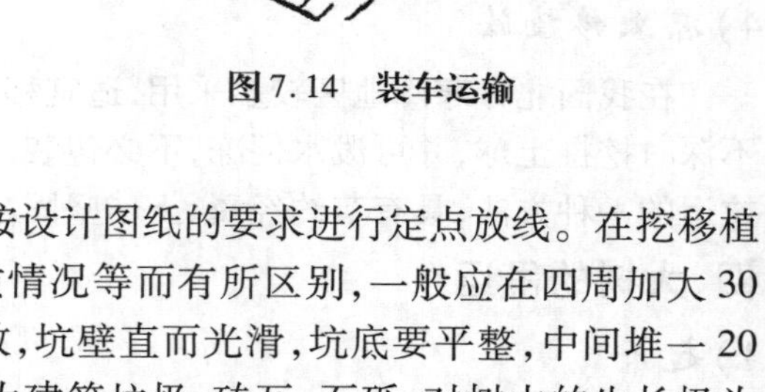

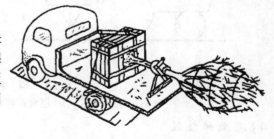

图 7.14　装车运输

五、大树的定植

1)准备工作

在定植前应首先进行场地的清理和平整,然后按设计图纸的要求进行定点放线。在挖移植坑时,要注意坑的大小应根据树种及根系情况、土质情况等而有所区别,一般应在四周加大 30 ~40 cm,深度应比木箱加 20 cm,土坑要求上下一致,坑壁直而光滑,坑底要平整,中间堆一 20 cm 宽的土埂。由于城市广场及道路的土质一般均为建筑垃圾、砖瓦、石砾,对树木的生长极为不利,因此必须进行换土和适当施肥,以保证大树的成活和有良好的生长条件,换土是用1∶1的泥土和黄沙混合均匀施入坑内。

$$用土量=(树坑容积-土球体积)\times1.3(多30\%的土是备夯实土之需)$$

2)卸车

树木运到工地后要及时用起重机卸放,一般都卸放在定植坑旁,若暂时不能栽下的则应放置在不妨碍其他工作进行的地方。

卸车时用大钢丝绳从土球下两块垫木中间穿过,两边长度相等,将绳头挂于吊车钩上,为使树干保持平衡可在树干分枝点下方拴一大麻绳,拴绳处可衬垫草,以防擦伤。大麻绳另一端挂在吊车钩上,这样就可把树平衡吊起,土球离开车后,速将汽车开走,然后移动吊杆把土球降至事先选好的位置。需放在栽植坑时,应由人掌握好定植方向,应考虑树姿和附近环境的配合,并应尽量符合原来的朝向。当树木栽植方向确定后,立即在坑内垫一土台或土埂,若树干不与地面垂直,则可按要求把土台修成一定坡度,使栽后树干垂直于地面以下再吊大树(图7.15)。当落地前,迅速拆去中间底板或包装蒲包,放于土台上,并调整位置。在土球下填土压实,并起边板,填土压实,如坑深在40 cm以上,应在夯实1/2时,浇足水,等水全部渗入土中再继续填土。

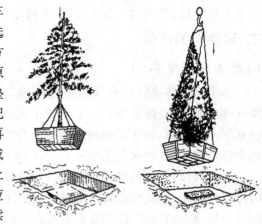

图7.15　大树垂直入穴

由于移植时大树根系会受到不同程度损伤,为促其增生新根,恢复生长,可适当使用生长素。

3)养护

定植大树以后必须加强养护管理工作,应采取下列措施:

(1)定期检查　主要是了解树木的生长发育情况,并对检查出的问题如病虫害、生长不良等要及时采取补救措施。

(2)浇水。

(3)为降低树木的蒸发量,在夏季太热的时候,可在树冠周围搭荫棚或挂草帘。

(4)摘除花序。

(5)施肥　移植后的大树为防止早衰和枯黄,以致于遭受病虫害侵袭,因而需2～3年施肥一次,在秋季或春季进行。

(6)根系保护　对于北方的树木,特别是带冻土块移植的树木移植后,定植坑内要进行土面保温,即先在坑面铺20 cm厚的泥炭土,再在上面铺500 m厚的雪或15 cm的腐殖土或20～25 cm厚的树叶。早春,当土壤开始化冻时,必须把保温材料拨开,否则被掩盖的土层不易解冻,影响树木根系生长。

任务实施

一、确定移栽时期

雪松在某市以春季移栽最为适宜,成活率较高。2—3月份气温已开始回升,雪松体内树液也开始流动,但针叶还没有生长,蒸发量较小,容易成活;每年7—8月份,正值雨季,雪松虽已进行了大量生长,但因空气湿度较高,蒸腾量相对降低,此时进行移栽成活率也高。

二、移植前的准备

1)挖掘现场准备

为了保证移植时在有限的土台内拥有更多的吸收根,提高移植成活率,分别于2010年、2011年的春季,以树干为中心,以3倍于胸径的长度为半径画圆,沿圆周外缘垂直向下挖宽0.4 m、深0.7 m的沟槽,每年只挖相对的两个1/4圆周。在挖掘过程中若遇到直径5~10 cm的侧根,用利器斩断;若遇到大型主根对其进行10 cm宽的环剥,剥口用0.01%的生长素涂抹。

为使移植施工有计划地顺利进行,把栽植穴及欲移植的大树——对应编上号码,使其移植时可对号入座,以减少现场混乱及事故。并且用油漆抹在树木南向胸径处,确保在定植时仍能保持它按原方向栽植,以满足它对蔽荫及阳光的要求。

2)栽植现场的准备

确保栽植现场周边的建筑物、架空线、地下管网等满足运输机械及吊装机械的作业面需要;在施工范围内,根据设计要求做好场地的清理工作,如拆除原有构筑物、清除垃圾、清理杂草、平整场地等;做好现场水通的准备,保证大树栽植后马上就能灌水。

三、挖栽植穴

该项工作可于大树挖掘的同时或者之前进行。按照施工图纸的要求进行定点放线,根据土球的规格确定栽植穴的要求,此工程采用木箱移植法,栽植穴的大小应与木箱一致,栽植穴的规格为2.5 m×2.5 m×1.0 m。栽植穴的位置要求非常准确,严格按照定点放线的标记进行。以标记为中心,以3.0 m为边长划一正方形,在线的内侧向下挖掘,按照深度1.0 m垂直刨挖到底,不能挖成上大下小的锅底坑。若现场的土壤质地良好,在挖掘栽植穴时,将上部的表层土壤和下部的底层土壤分开堆放,表层土壤在栽植时填在树的根部,底层土壤回填上部。若土壤为不均匀的混合土时,也应该将好土和杂物分开堆放,可堆放在靠近施工场地内一侧,以便于换土及树木栽植操作。

栽植穴挖好后,要在穴底堆一个0.8 m×0.5 m×0.2 m的长方形土台。若栽植穴土壤中混有大量灰渣、石砾、大块砖石时,应配置营养土,用腐熟、过筛的堆肥和部分土壤搅拌均匀,施入穴底铺平,并在其上铺盖6~10 cm种植土,以免烧根。

四、土台挖掘及木箱包装

起苗前应喷抗蒸腾剂,雪松移植应采用带土球移植法,土球好坏是影响雪松移栽成活的关键。土壤较干燥时,应提前3 d灌水以保证根部土壤湿润。挖起树木时根部土球不亦松散。

土台规格:根据大树移植施工技术规范标准,胸径30 cm的雪松确定土台为梯形台,上大下小,包装木箱上边长2.0 m,高为0.8 m。

土台确定后,应先用草绳把过长的影响施工的下部树枝绑缚起来,树干上缠绕草绳。然后以树干为中心,以2.1 m为边长,划一正方形作土台的雏形,然后除去正方形范围内的浮土,深度以不伤根部为宜。从土台往外开沟挖掘,沟宽60 ~ 80 cm。土台挖深到0.8 m深度后,用铁锹、铲子、锯等将四壁修理平整,使土台每边较箱板长5 cm,土台侧壁中间略突出。土台修好后,立即安装箱板。

安装箱板时先安装4个侧面的箱板,每块箱板中心对准树干。侧面箱板安装后,继续下挖约0.3 m,向内掏底,并上底板,边掏底边上底板。同时在底板四角用支墩支牢,避免发生危险。底板全部上完后,再上上板。

五、吊装运输

根据土台大小选用合适的吊车装卸,本工程使用25 t汽车起重机进行。首先将机车在方便作业的平整场地上调稳,并且在支腿下面垫木块。用两根钢丝绳将木箱两端围起,把4个绳头结在一起挂在起重机的吊钩上,轻轻起吊,待木箱离地前停车。用草绳缠绕一段树干,并在其外侧绑扎上小木块,用一根粗绳系在包裹处,另一端扣在吊车的吊钩上,防止起吊时树冠倒地。装车时,树冠向着汽车的尾部,木箱靠近驾驶室。采用汽车运输,每车装一株,并由专人在车押运。开车前,必须仔细检查装车情况,重点检查捆木箱的绳索是否绞紧、树冠是否扫地、支架与树干接触部位是否垫软物扎牢、树冠是否有超宽等。检查完毕后按照既定方案、运输路线进行运输。运输途中,司机应注意观察道路情况、横架空线、桥梁、公路收费站、建筑物、行人车辆等,押运人员随时检查木箱是否松动、树干是否发生摩擦,发现问题应马上靠边停车进行处理,以保证大树运输的质量。

六、定植

雪松运至施工现场时,立即进行吊卸栽植。将车辆开至指定位置,解开捆绑大树的绳索。用两根钢丝绳将树木兜底,每根绳索的两端分别扣在吊车的吊钩上,将树木直立且不伤干枝。先行拆下方箱中间3块底板,若土台已松散可不拆除方箱。起吊入坑,按原南向标记对好方向。大树落稳后,用木杆将树木支稳,撤出钢丝绳,拆除底板及上板,回填土至坑深1/3时,拆除四周箱板。之后分层回填夯实至平地,在树干周围地面上,做出围堰进行浇水。

七、栽后养护管理

1)设立支撑

定植时用木杆做支撑,是雪松栽植操作时的保障措施,在定植完毕后必须及时对树体支撑进行重新固定,以防地面土层湿软、风袭导致歪斜、倾倒,同时保证其不漏风,有利于根系生长。采用三支柱式进行稳固。支架与树干之间用草绳、麻袋、蒲包等透气软质材料进行包裹,以免磨伤树皮。

2)修剪

在定植后需要对枝条进行修剪,先去除病枝、重叠枝、内膛枝及个别影响树形的大枝,然后再修剪小枝。修建过程中应勤看、分多次修剪,且勿一次修剪成形,以免错剪枝条。修剪完成后及时用石蜡或防锈漆涂抹伤口,防止伤口遇水腐烂。移植不超过两个月的雪松如出现大量抽梢的情况,应及时去掉部分嫩梢,以免水分和营养的过分消耗。

3)浇水

为确保雪松成活,栽后应立即浇一次透水,3~5 d 后浇第二次水,10 d 后浇第三次水。为保证成活率,在栽植的第四天结合浇水用 100×10^{-6} 的 ABT 生根粉作灌根处理。每遍水后如有塌陷应及时补填土,待三遍透水后再行封堰,用地膜覆盖树穴并整出一定的排水坡度,防止因后期养护时喷雾造成根部积水。地膜可长期覆盖,以达到防寒和防止水分蒸发的作用。雪松忌低洼湿涝,雨季注意及时排水。

4)树体保湿

(1)树冠喷水　由于春季空气干燥,每天上午 10 点左右用高压喷雾器对雪松全株喷水雾,以叶片喷湿不滴水为度,不能出现根部积水的情况。

(2)绑裹草绳法　为了减少树皮水分蒸发,保证树木成活,对树干要采取保湿措施。方法是:用浸湿的草绳从树干基部缠绕至顶部,再用调制好的泥浆涂糊草绳,以后时常向树干喷水,使草绳始终处于湿润状态。

(3)喷抗蒸腾剂　具有抑制树木蒸腾的功用。

(4)做遮阴棚　夏季气温高,树体的蒸发量逐渐增加,此时可以用 70% 的遮阴网对树木架设遮阴棚,既避免了阳光直射,又保持了棚内的空气流动以及水分、养分的供需平衡。天气转凉后,可适时拆除阴棚。

5)输液

由于雪松枝叶较多,移植时根系损伤严重,无法提供足够的水分和营养保证其正常生理活动,所以需要使用外部输液法在其树势恢复期间补充水分和营养。本工程用的是国光大树施它活移栽吊针营养液,一次用药 2 袋。连续用药 2~3 次。具体方法为:在植株基部用木工钻由上向下呈 45°角钻输液孔 4 个,深至髓心。然后将营养液封口盖拧开,将输液管转换管插入封口拧紧,将袋子提高排除管内的空气,用力将针管塞入钻孔内,用钳子掐紧,使其不漏液。使用后袋子应回收,留作后用。伤口及时用泥土或波尔多液封堵,防止病虫侵入。

6)施肥及喷药

由于树木损伤大,第一年不能施肥,第二年根据树的生长情况施农家肥或叶面喷肥。第二年早春和秋季也至少施肥 2~3 次。肥料的成分以氮肥为主。

栽后的大树因起苗、修剪造成了各种伤口,加之新萌的树叶幼嫩,树体抵抗力弱,故较易感染病虫害,若不注意很可能导致树木死亡。可用多菌灵或托布津、敌杀死等农药根据需要混合喷施,达到防治目的。

任务考核

序　号	任务考核	考核项目	考核要点	分　值	得　分
1	过程考核	施工准备	施工工具准备充分；现场条件准备符合施工要求；不影响施工进度	10	
2					
3		挖栽植穴	穴大小符合要求，穴底堆一土台	10	
4		土台挖掘	土台挖掘方法正确，土台规格符合要求	15	
5		木箱包装	包装次序正确，包装符合要求	15	
6		起吊运输	方法正确，满足施工要求	15	
7		卸车定植	木箱拆卸方法正确；定植方法正确	15	
8		养护管理	措施得当、及时、有效	10	
9	结果考核	雪松栽植效果	栽植符合设计要求，雪松成活，生长良好	10	

巩固训练

结合本校校园绿化的实际情况，为达到快速绿化的效果，可对校园某处环境进行大树移植，让学生参加大树移植的全部施工或部分施工并完成相应任务。

一、材料及用具

铁锹、铁镐、铲、钢丝绳、紧线器、修枝剪、木板、铁皮、铁钉、蒲包、草绳、测绳、吊车、敞式货车等。

二、组织实施

①将学生分成4个小组，以小组为单位进行大树移植施工；

②按下列施工阶段完成施工任务：

施工准备、栽植穴挖掘、大树土台挖掘、土台包装、起吊运输、卸车定植、养护管理。

三、训练成果

①每人交一份训练报告，并参照上述任务考核进行评分；

②完成校园某处绿化中大树的移植。

拓展提高

垂直绿化施工

利用棚架、墙面、屋顶和阳台进行绿化,就是垂直绿化。垂直绿化的植物材料多数是藤本植物和攀援类灌木。

一、棚架植物栽植

在植物材料选择、具体栽种等方面,棚架植物的栽植应按下述方法处理。

(1)植物材料处理　用于棚架栽种的植物材料,若是藤本植物,如紫藤、常绿油麻藤等,最好选一根独藤长 5 m 以上的;如果是如木香、蔷薇之类的攀援类灌木,因其多为丛生状,要下决心剪掉多数的丛生枝条,只留 1~2 根最长的茎干,以集中养分供应,使今后能够较快地生长,较快地使叶盖满棚架。

(2)种植槽、穴准备　在花架边栽植藤本植物或攀援灌木。种植穴应当确定在花架柱子的外侧。穴深 40~60 cm,直径 40~80 cm,穴底应垫一层基肥并覆盖一层壤土,然后才栽种植物。不挖种植穴,而在花架边沿用砖砌槽填土,作为植物的种植槽,也是花架植物栽植的一种常见方式。种植槽净宽度在 35~100 cm,深度不限,但槽顶与槽外地坪之间的高度应控制在 30~70 cm 为好。种植槽内所填的土壤,一定要是肥沃的栽培土。

(3)栽植　花架植物的具体栽种方法与一般树木基本相同。但是,在根部栽种施工完成之后,还要用竹竿搭在花架柱子旁,把植物的藤蔓牵引到花架顶上。若花架顶上的檩条比较稀疏,还应在檩条之间均匀地放一些竹竿,增加承托面积,以方便植物枝条生长和铺展开来。特别是对缠绕性的藤本植物如紫藤、金银花、常绿油麻藤等更需如此,不然以后新生的藤条相互缠绕一起,难以展开。

(4)养护管理　在藤蔓枝条生长过程中,要随时抹去花架顶面以下主藤茎上的新芽,剪掉其上萌生的新枝,促使藤条长得更长,藤端分枝更多。对花架顶上藤权分布不均匀的,要作人工牵引,使其排布均匀。以后,每年还要进行一定的修剪,剪掉病虫枝、衰老枝和枯枝。

二、墙垣绿化施工

这类绿化施工有两种情况,一种是利用建筑物的外墙或庭院围墙进行墙面绿化,另一种是在庭园围墙、隔墙上作墙头覆盖性绿化。

(1)墙面绿化　常用攀附能力较强的爬墙虎、岩爬藤、凌霄、常春藤等作为绿化材料。表面粗糙度大的墙面有利于植物爬附,垂直绿化容易成功。墙面太光滑时,植物不能爬附墙面,就只有在墙面上均匀地钉上水泥钉或膨胀螺钉,用铁丝贴着墙顺拉成网,供植物攀附。爬墙植物都栽种在墙脚下,墙脚下应留有种植带或建有种植槽。种植带的宽度一般为 50~150 cm,土层厚度在 50 cm 以上。种植槽宽 50~80 cm、高 40~70 cm,槽底每隔 2~2.5 m 应留出一个排水孔。种植土应该选用疏松肥沃的壤土。栽种时,苗木根部应距墙根 15 cm 左右,株距采用 50~70 cm,而以 50 cm 的效果更好些。栽植深度,以苗木的根团全埋入土中为准;苗木栽下后要将根团周围的土壤压实。为了确保成活,在施工后一般时间中要设置篱笆、围栏等,保护墙脚刚栽上的

植物。以后当植物长到能够抗受损害时,才拆除围护设施。

(2)墙头绿化　主要用蔷薇、木香、三角花等攀援灌木和金银花、常绿油麻藤等藤本植物,搭在墙头上绿化实体围墙或空花隔墙。要根据不同树种藤、枝的伸展长度,来决定栽种的株距,一般的株距可为 1.5~3.0 cm。墙头绿化植物的种植穴挖掘、苗木栽种等,与一般树木栽植基本相同。

三、屋顶绿化施工

在屋顶上面进行绿化,要严格按照设计的植物种类、规格和对栽培基质的要求而施工。在屋顶的周边,可以修建稍高的种植槽或花台,填入厚达 40~70 cm 的栽培基质,栽种稍高大些的灌木;而在屋顶中部,则要尽量布置低矮的花坛或草坪;花坛与草坪内的栽培基质厚度应在 25 cm 以下。花坛、草坪、种植槽的最下面是屋面。紧贴屋面应垫一层厚度为 3~7 cm 的排水层。排水层用透水的粗颗粒材料如炭渣、豆石等平铺而成,其上面还要铺一屋塑料窗纱纱网或玻璃纤维布,作为滤水层。滤水层以上,就可填入泥土、锯木粉、蛭石、泥炭土等作为栽培基质。

四、阳台绿化

阳台由于面积比较小,常常还要担负其他功能,所以其绿化一般只能采取比较灵活的盆栽绿化方式。盆栽主要布置在阳台栏板的顶上,一定要有围护措施,防止盆栽下坠伤人。

任务3　花坛栽植施工

知识点:了解花坛栽植施工的基础知识,掌握花坛栽植施工的工艺流程和验收标准。
能力点:能根据施工图进行花坛栽植的施工、管理与验收。

　**任务描述**

花坛是一种古老的花卉应用形式,源于古罗马时代的文人园林。花坛的最初含义是在具有几何形轮廓的种植床内,种植各种不同色彩的花卉,运用花卉的群体效果来体现图案纹样,或观赏平面时绚丽景观的一种花卉应用形式。它以突出鲜艳的色彩或精美华丽的纹样来体现其装饰效果。色彩应与所在环境有所区别,既起到醒目和装饰作用,又与环境协调,融于环境之中,形成整体美。

某校园机关楼前有半径为 10 m 的花坛,按照设计要求进行花卉栽植,花坛边缘为砌筑好的砖砌结构。希望通过学习后能够熟读花坛施工图纸,根据花卉的栽植技术,能够独立完成或指导盛花花坛和模纹花坛的栽植施工。

任务分析

要想成功完成花坛栽植施工,就要正确分析影响花卉栽植成活的因素,做好栽植前准备工作,根据花卉栽植方法,学会并指导花坛栽植施工。其施工步骤为:种植床整理、图案放样、起苗、栽植、养护管理。具体应解决好以下几个问题:

①正确认识花坛栽植施工图,准确把握设计人员的设计意图。
②能够利用花坛栽植的知识编制切实可行的花坛栽植施工组织方案。
③能够根据花坛栽植的特点,进行有效的施工现场管理、指导工作。
④做好花坛栽植的成品修整和保护工作。
⑤做好花坛栽植工程竣工验收的准备工作。

任务咨询

一、花坛的概念

按照设计意图,在有一定几何形轮廓的植床内,以园林草花为主要材料布置而成的具有艳丽色彩或图案纹样的植物景观。花坛主要表现花卉群体的色彩美,以及有花卉群体所构成的图案美。花卉都有一定的花期,要保证花坛(特别是设置在重点园林绿化地区的花坛)有最佳景观效果,就必须根据季节和花期经常进行更换。

二、花坛的类型

(一)按照花材观赏特性分类

1)盛花花坛

盛花花坛主要由观花草本花卉组成,表现花盛开时群体的色彩美。这种花坛在布置时不要求花卉种类繁多,而要求图案简洁明了,对比度强。盛花花坛着重观赏开花时草花群体所展现出的华丽鲜艳的色彩,因此必须选用花期一致、花期较长、高矮一致、开花整齐、色彩艳丽的花卉,如三色堇、金鱼草、金盏菊、万寿菊、百日草、福禄考、石竹、一串红、矮牵牛、鸡冠花等。一些色彩鲜艳的一二年生观叶花卉也常选用,如羽衣甘蓝、地肤、彩叶草等。也可以用一些宿根花卉或球根花卉,如鸢尾、菊花、郁金香等,但栽植时一定要加大密度。同时花坛内的几种花卉之间的界线必须明显,相邻的花卉色彩对比一定要强烈,高矮不能相差悬殊。盛花花坛观赏价值高,但观赏期短,必须经常更换花材以延长观赏期。

2)模纹花坛

模纹花坛(图7.16)主要由低矮的观叶植物和观花植物组成,表现植物群体组成的复杂的图案美(图7.17)。由于要清晰准确地表现纹样,模纹花坛中应用的花卉要求植株低矮、株丛紧密、生长缓慢、耐修剪。这种花坛要经常修剪以保持其原有的纹样,其观赏期长,采用木本的可长期观赏。模纹花坛可分为毛毡花坛、浮雕花坛和时钟花坛。

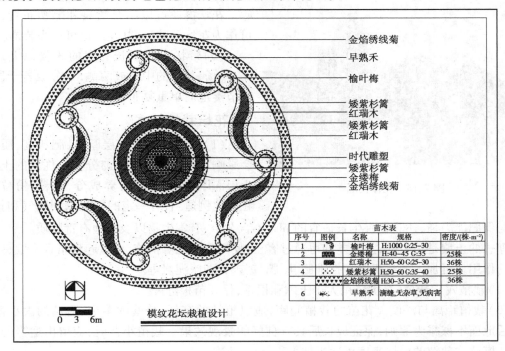

金焰绣线菊
早熟禾
榆叶梅
矮紫杉篱
红瑞木
矮紫杉篱
红瑞木
时代雕塑
矮紫杉篱
金缕梅
金焰绣线菊

苗木表				
序号	图例	名称	规格	密度/(株·m⁻²)
1		榆叶梅	H:1000 G:25～30	
2		金缕梅	H:40～45 G:35	25株
3		红瑞木	H:50～60 G:25～30	36株
4		矮紫杉篱	H:50～60 G:35～40	25株
5		金焰绣线菊	H:30～35 G:25～30	36株
6		早熟禾	满缝,无杂草,无病害	

模纹花坛栽植设计

0　3　6m

图7.16　模纹花坛栽植平面图

（1）毛毡花坛　由各种植物组成一定的装饰图案,表面被修剪的十分平整,整个花坛好像是一块华丽的地毯。

（2）浮雕花坛　表面是根据图案要求,将植物修剪成凸出和凹陷的式样,整体具有浮雕的效果。

（3）时钟花坛　图案是时钟纹样,上面装有可转动的时钟。

(二)按照花坛空间布局分类

（1）平面花坛　花坛表面与地面平行,主要观赏花坛的平面效果,包括沉床花坛和稍高出地面的花坛。

（2）斜面花坛　设置在斜坡或阶地上,也可搭建成架子摆放各种花卉,以斜面为主要观赏面。

（3）立体花坛　用花卉栽植在各种立体造型物上而形成竖向造型景观,可以四面观赏。一般作为大型花坛的构图中心,或造景花坛的主要景观,见图7.18。

图7.17　天安门广场上的模纹花坛

(三)按照设计布局和组合方式分类

（1）独立花坛　为单个花坛或多个花坛紧密结合而成。大多作为局部构图的中心,一般布置在轴线的焦点、道路交叉口或大型建筑前的广场上。

（2）组合花坛　由相同或不同形式的多个单体花坛组合而成,但在构图及景观上具有统一

图 7.18　立体花坛

性。花坛群应具有统一的底色,以突出其整体感。花坛群还可以结合喷泉和雕塑布置,后者可作为花坛群的构图中心,也可作为装饰。

（3）带状花坛　长为宽的 3 倍以上,在道路、广场、草坪的中央或两侧,划分成若干段落,有节奏地简单重复布置。

三、花坛栽植技术

（1）土壤条件　土层厚薄、肥沃度、质地等会影响花卉根系的生长与分布。优良的土质应土层深厚,富含各种营养成分,砂粒、粉粒和黏粒的比例适当,有一定的空隙以利通气和排水,持水与保肥能力强,还具花卉生长适宜的 pH,不含杂草、有害生物以及其他有毒物质。

理想的土壤是很少的,土质差的可通过客土、使用有机肥等措施,可以起到培育土壤良好结构性的作用。可加入的有机肥包括堆肥、厩肥、锯末、腐叶、泥炭等。

（2）栽植穴　栽植穴、坑应稍大于土球和根系,保证苗根舒展。

（3）栽植距离与深度　花苗的栽植间距,应以植株的高低、分蘖的多少、冠丛的大小而定,以栽后地面不裸露为原则,保证成长后具有良好的景观效果。栽植小苗时,应留出适当的生长空间。模纹式栽植的植株密度可适当加大。

花苗的栽植深度应充分考虑植物的生物学特性,一般以所埋之土与根茎处相齐为宜。球根花卉的覆土厚度应为球根高度的 1.2 倍。

（4）栽植顺序　栽植时,高的苗栽中间、矮的苗栽边缘,使花坛突出景观效果。栽入后,用手压实土壤,同时将余土耙平。

图案简单的单个独立花坛,应由中心向外的顺序退栽;坡式的花坛应由上向下栽植;图案复杂的花坛应先栽好图案的各条轮廓线,再栽内部填充部分。大型花坛宜分区、块栽植;植物高低不同的花卉混栽时,应先栽高的,后栽矮的;宿根、球根花卉与一二年生草花混栽时,应先栽宿根、球根花卉,后栽一二年生草花。

任务实施

一、盛花花坛的施工

（1）施工准备　主要材料、工具及设备,包括各种花卉、铁锹、镐、喷灌设施、运输车辆等。

（2）整地翻耕　在栽植花卉前进行整地,将土壤深翻 40～50 cm,挑出草根、石头及其他杂物,并施入适量的已腐熟的有机肥作为基肥。花坛中部填土要高一些,边缘部分填土应低一些。填土达到要求后,要把上面的土粒整细、耙平,以备栽植花卉。

（3）定点放线　栽花前,在花坛种植床上,对花坛图案进行定点放线。

图案简单的规则式花坛,根据设计图纸,直接用皮尺量好实际距离,并用灰点、灰线做出明

显的标记;如果花坛面积较大,可用方格网法,在图纸上画好方格,按比例放大到地面上。

该花坛面积较大,图案多为圆滑曲线,可用方格法放线。先在图纸上画1 m×1 m的方格,把重要拐点坐标量好,然后测设到地面上,点点之间按照图案设计曲线用白灰做圆滑连接。

(4)起苗　苗木从当地苗圃中取得,毛百合、芍药、菊花挖掘带土花苗,起苗时注意保持毛百合球根的完整,芍药、菊花根系丰满。彩叶草、孔雀草等选用盆栽苗木。

(5)栽植　带土球苗木运到后必须立即栽植,盆栽花先去除外面的营养钵后带土球栽植。栽植时,先从中央开始再向边缘部分扩展栽下去。先栽植中部的毛百合,其覆土厚度为鳞茎高度的1.2倍;然后栽植芍药、菊花等宿根花卉,再栽植一二年生花卉。栽植穴挖大一些,保证花苗根系舒展,栽入后用手压实土壤,并随手将余土整平。株行距以花株冠幅相接,不露出地面为准。

(6)养护及换花　花株栽植完后立即浇一次透水。平时应注意经常浇水保持土壤湿润,浇水最好在早晚进行。花苗长到一定高度要进行中耕除草,并剪除黄叶和残花。如花苗有缺株,应及时补栽。同时应根据需要,适当施用追肥,追肥后应及时浇水。应注意的是,花坛中间的毛百合不可施用未经充分腐熟的有机肥料,否则会造成球根腐烂。

盛花花坛中草花生长期短,为了保持花坛长期的观赏效果,应及时更换花苗,更换次数应根据花坛的等级及花苗的供应情况确定,一般每年至少更换1次,有条件的可更换2~3次,即保证一年四季都有盛开的鲜花可供观赏。

二、模纹花坛的施工

(1)整地翻耕　整地方法及基本要求同盛花花坛施工,但由于模纹花坛的平整要求比一般花坛高,为了防止花坛出现下沉和不均匀现象,在施工时应增加1~2次镇压。

(2)上顶子　模纹花坛的中心多数栽种苏铁及其他球形盆栽植物,也有在中心地带布置高低层次不同的盆栽植物,称为"上顶子"。本工程中花坛中心为一预制时代雕塑,安放好即可。

(3)定点放线　模纹花坛,要求图案、线条准确无误,故对放线要求极为严格,可以用较粗的铅丝按设计图纸的式样编好图案轮廓模型,检查无误后,在花坛地面上轻轻压出清楚的线条痕迹;也可用测绳摆出线条的雏形,然后进行移动,达到要求后再沿着测绳撒上白灰。

有连续和重复图案的模纹花坛,因图案是互相连续和重复布置,为保证图案的准确性,可以用硬纸板按设计图剪好图案模型,在地面上连续描画出来。

该工程中,先在图纸上测出榆叶梅的具体位置,用尺测设到花坛上,用白灰标记。榆叶梅之间的图案,用测绳摆出线条的雏形,然后进行移动,达到要求后再沿着测绳撒上白灰。中间的圆环图案,在图纸上测好每个圆环的半径,然后在花坛中心立桩,往外引线至准确距离时立木桩标记,围绕一周多做标记,最后用石灰圆滑连接。

(3)起苗　红瑞木、矮紫杉篱、金焰绣线菊等裸根苗应随起随栽,起苗应该注意保持根系完整。

榆叶梅等带土球苗,如花圃畦地干燥,应事先灌浇苗地,起苗时要注意保持根部土球完整,根系丰满。如苗床土质过于松散,可用手轻轻提捏实,然后用薄塑料袋包装土球,掘起后,最好于荫凉处置放1~2 d,再运往栽植。这样做,既可以防止花苗土球松散,又可以缓苗,有利于成活。

(4)栽植　栽植时,花坛中部先里后外,逐次进行。外侧图案先栽植榆叶梅,再栽植纹样中间的红瑞木,最后栽植矮紫杉篱。花坛外缘用金焰绣线菊镶边。早熟禾草坪栽植采用铺栽法,工序参照任务4的内容。

(5)养护管理　花株栽植完后立即浇1次透水。对模纹的花卉植株,要经常整形修剪,保证整齐的纹样,不使图案杂乱。栽好后可先进行 1 次修剪,以后每隔一定时间修剪 1 次。修剪时,为了不踏坏图案,可利用长条木板凳放入花坛,在长凳上进行操作。对花坛上的多年生花卉,每年应施肥 2 ~ 3 次。

任务考核

一、盛花花坛施工

序　号	任务考核	考核项目	考核要点	分　值	得　分
1	过程考核	施工准备	现场条件符合施工要求;施工工具准备充分;准备工作充分到位,不影响施工进度	10	
2		整地翻耕	施肥,土壤深翻,整细,耙平		
3		定点放线	花坛图案放样正确,符合设计要求	20	
4		起苗	所选苗木生长势好,起苗方法正确	20	
5		栽植	栽植顺序正确,栽植满足花卉生长要求	20	
6		养护管理	养护管理及时到位,定期除草、换花	10	10
7	结果考核	色彩效果	花卉成活率高,色彩搭配合理,观赏性强	10	

二、模纹花坛施工

序　号	任务考核	考核项目	考核要点	分　值	得　分
1	过程考核	施工准备	现场条件符合施工要求;施工工具准备充分;准备工作充分到位,不影响施工进度	10	
2		整地翻耕	施有机肥,土壤深翻 60 ~ 80 cm	10	
3		上顶子	位置正确,处理得当	10	
4		定点放线	花坛图案放样正确,符合设计要求	15	
5		起苗	起苗方法正确	15	

续表

序　号	任务考核	考核项目	考核要点	分　值	得　分
6	过程考核	栽植	栽植程序正确,满足花卉生长要求	20	
7		养护管理	符合管护标准,定期进行花卉修剪	10	
8	结果考核	图案效果	图案完整,线条流畅,花卉生长良好	10	

 **巩固训练**

结合生产或节庆日,根据本校校园绿化的实际情况,利用时令花卉在校园或实习基地的某一空地上进行盛花花坛的设计和施工。

一、材料及用具

各种花材、铁锹、铁镐、铲、蒲包、草绳、测绳、敞式货车、喷水管等。

二、组织实施

①将学生分成4个小组,以小组为单位进行花坛栽植施工;

②按下列施工阶段完成施工任务:

施工准备、种植床平整、定点放线、起苗、栽植、养护管理。

三、训练成果

①每人交一份训练报告,并参照上述任务考核进行评分;

②完成盛花花坛的栽植施工。

 拓展提高

绿带施工技术

一般所谓的绿带,主要指林带、道路绿化带以及树墙、绿篱等隔离性的带状绿化形式。绿带在城市园林绿化中所起的作用,主要是装饰、隔离、防护、掩蔽园林局部环境。

一、林带施工

(1)整地　通过整地,可以把荒地、废弃地等非宜林地改变成为宜林地。整地时间一般应在营造林带之前3~6个月,以"夏翻土,秋耙地,春造林"的效果较好。现翻、现耙、现造林对林木栽植成活效果不很好。整地方式有人工和机械两种。人工整地是用锄头挨着挖土翻地,翻土深度为20~35 cm;翻土后经过较长时间的暴晒,再用锄头将土坷垃打碎,把土整细。机械翻土,则是由拖拉机牵引三铧犁或五铧犁翻地,翻土深度 25～30 cm。耙地是用拖拉机牵引铁耙进行。对沙质土壤,用双列圆盘耙;对黏重土质的林地则用缺口重耙。在比较窄的林带地面,用直线运行法耙地;在比较宽的地方,则可用对角线运行法耙地。耙地后,要清除杂物和土面的草根,以备造林。

(2)放线定点　首先根据规划设计图所示林带位置,将林带最里边一行树木的中心线在地面放出,并在这条线上按设计株距确定各种植点,用白灰做点标记。然后依据这条线,按设计的行距向外侧分别放出各行树木的中心线,最后再分别确定各行树木的种植点。林带内,种植中的排列方式有矩形和三角形两种,排列方式的选用应与主导风向相适应(图7.19)。

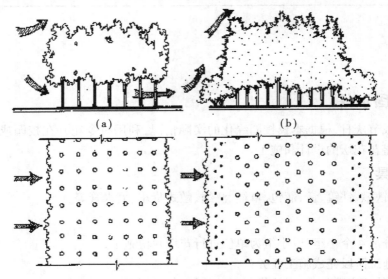

图7.19　林带种植点的排列方式
(a)透风林带;(b)挡风林带

林带树木的株行距一般小于园林风景的株行距,根据树冠的宽窄和对林带透风率的要求,可采用 1.5 m×2 m、2 m×2 m、2 m×2.5 m、2.5 m×2.5 m、2.5 m×3 m、3 m×3 m、3 m×4 m、4 m×4 m、4 m×5 m 等株行距。林带的透风率,就是风通过林带时能够透过多少风量的比率,可用百分比来表示。一般起防风作用的林带,透风率应为 25%～30%;防沙林带,透风率 20%;园林边沿林带,透风率可为 30%～40%。透风率的大小,可采取改变株行距、改变种植点排列方式和选用不同枝叶密实度的树种等方法来调整。

(3)栽植　园林绿地上的林带一般要用 3～5 年生以上的大苗造林,只有在人迹较少,且又容许造林周期拖长的地方,造林才可用 1～2 年生小苗或营养杯幼苗。栽植时,按白灰点标记的种植点挖穴、栽苗、填土、插实、做围堰、灌水。施工完成后,最好在林带的一侧设立临时性的护栏,阻止行人横穿林带,保护新栽的树苗。

二、道路绿带施工

城市道路绿带是由人行道绿化带和分车绿带组成的。在绿带的顶空和地下,常常都敷设有许多管线。因此,街道绿带施工中最重要的工作就是要解决好树木与各种管线之间的矛盾关系。

(1)人行道绿带施工　人行道绿带的主要部分是行道树绿化带,另外还可能有绿篱、草花、

草坪种植带等。行道树可采用种植带式或树池式两种栽种方式。种植带的宽度不小于1.2 m,长度不限。树池形状一般为方形或长方形,少有圆形。树池的最短边长度不得小于1.2 m;其平面尺寸多为1.2 m×1.5 m、1.5 m×1.5 m、1.5 m×2 m、1.8 m×2 m,等等。行道树种植点与车行道边缘道牙石之间的距离不得小于0.5 m。行道树的主干高度不小于3 m。栽植行道树时,要注意解决好与地上地下管线的冲突,保证树木与各种管线之间有足够的安全间距。表7.7是行道树与街道架空电线之间应有的间距,表7.8则是树木与地下管线的间距参考数值,行道树与距离旁建筑物、构筑物之间应保持的距离,则可见7.9中所列。为了保护绿带不受破坏,在人行道边沿应当设立金属的或钢筋混凝土的隔离性护栏,阻止行人踏进种植带。

表7.7　行道树与架空电线的间距

电线电压/kV	水平间距/m	垂直间距/m
1	1.0	1.0
1～20	3.0	3.0
35～110	4.0	4.0
154～220	5.0	5.0

表7.8　行道树与地下管道的水平间距

沟管名称	至中心最小间距/m	
	乔木	灌木
给水管、闸井	1.5	不限
污水管、雨水管、探井	1.0	不限
排水盲沟	1.0	
电力电缆、探井	1.5	
热力管、路灯电杆	2.0	1.0
弱电电缆沟,电力、电讯杆	2.0	
乙炔氧气管、压缩空气管	2.0	2.0
消防龙头、天然瓦斯管	1.2	1.2
煤气管、探井、石油管	1.5	1.5

表7.9　行道树与建筑、构筑物的水平间距

道路环境及附属设施	至乔木主干最小间距/m	至灌木中心最小间距/m
有窗建筑外墙	3.0	1.5
无窗建筑外墙	2.0	1.5
人行道边缘	0.75	0.5
车行道路边缘	1.5	0.5

续表

道路环境及附属设施	至乔木主干最小间距/m	至灌木中心最小间距/m
电线塔、柱、杆	2.0	不限
冷却塔	塔高1.5倍	不限
排水明沟边缘	1.0	0.5
铁路中心线	8.0	4.0
邮筒、距牌、站标	1.2	1.2
警亭	3.0	2.0
水准点	2.0	1.0

（2）分车绿带施工　由于分车绿带位于车行道之间，绿化施工时特别要注意安全，在施工路段的两端要设立醒目的施工标志。植物种植应当按照道路绿化设计图进行，植物的种类、株距、搭配方式等，都要严格按设计施工。分车绿带一般宽1.5～5 m，但最窄也有0.7 m。1.5 m宽度以下的分车带，只能铺种草皮或栽成绿篱；1.5 m以上宽度的，可酌情栽种灌木或乔木。分车带上种草皮时，草种必须是阳性耐干旱的，草皮土层厚度在25 cm以上即可，土面要整细以后才播种草籽。分车带上种绿篱的，可按下面关于绿篱施工内容中的方法栽植。分车带上配植绿篱加乔木、灌木的，则要完全按照设计图进行栽种。分车带上栽植乔灌木，与一般树木的栽植方法一样，可参照进行。

三、绿篱施工

绿篱既可用在街道上，也可用在园林绿地的其他许多环境中，绿篱的苗木材料要选大小和高矮规格都统一的、生长垫健旺的、枝叶比较浓密而又耐修剪的植株。施工开始的时候，先要按照设计图规定的位置在地面放出种植沟的挖掘线。若绿篱是位于路边或广场边，则先放出最靠近路面边线的一条挖掘线，这条挖掘线应与路边线相距15～20 cm；然后，再依据绿篱的设计宽度，放出另一条挖掘线。两条挖掘线均要用白灰在地面画出来。放线后，挖出绿篱的种植沟，沟深一般20～40 cm，视苗木的大小而定。

栽植绿篱时，栽植位点有矩形和三角形两种排列方式，株行距视苗木树冠宽窄而定；一般株距为20～40 cm，最小可为15 cm，最大可达60 cm（如珊瑚树绿篱）。行距可和株距相等，也可略小于株距。一般的绿篱多采取双行三角形栽种方式，但最窄的绿篱则要采取单行栽种方式，最宽的绿篱也有栽成5～6行的。苗木一棵棵栽好后，要在根部均匀地覆盖细土，并用锄把插实；之后，还应全面检查一遍，发现有歪斜的就要扶正。绿篱的种植沟两侧，要用余下的土做成直线形围堰，以便于拦水。土堰做好后，浇灌定根水，要一次浇透。

定型修剪是规整式绿篱栽好后马上要进行的一道工序。修剪前，要在绿篱一侧按一定间距立起标志修剪高度的一排竹竿，竹竿与竹竿之间还可以连上长线，作为绿篱修剪的高度线。绿篱顶面具有一事实上造型变化的，要根据形状特点，设置两种以上的高度线。在修剪方式上，可采用人工和机械两种方式。人工修剪使用的是绿篱剪，由工人按照设计的绿篱形状进行修剪。机械修剪是使用绿篱修剪机进行修剪，效率当然更高些。

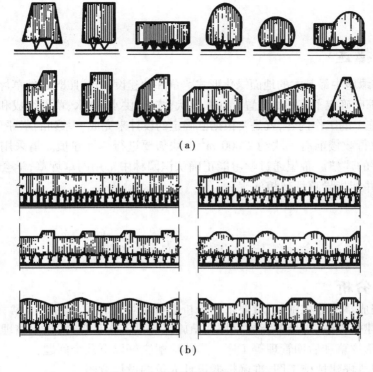

（a）

（b）

图7.20　绿篱修剪的断面形状

（a）横断面形式；（b）纵断面形式

　　绿篱修剪的纵断面形状有直线形、波浪形、浅齿形、城垛形、组合型等,横断面形状有长方形、梯形、半球形、截角形、斜面形、双层形、多层形,等等（图7.20）。在横断面修剪中,不得修剪成上宽下窄的形状,如倒梯形、倒三角形、伞形等,都是不正确的横断面形状（图7.21）。如果横断面修剪成上宽下窄形状,将会影响绿篱下部枝叶的采光和萌发新枝新叶,使以后绿篱的下部呈现枯秃无叶状。自然式绿篱不进行定型修剪,只将枯枝、病虫枝、杂乱枝剪掉即可。

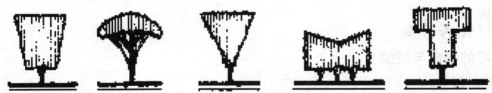

图7.21　不正确的绿篱横断面

任务4　草坪建植施工

　　知识点:了解草坪建植的基础知识,掌握草坪建植施工的工艺流程和验收标准。

　　能力点:能根据施工图进行草坪建植工程的施工、管理与验收。

任务描述

　　草坪是城市绿地中最基本的地面绿化形式。草坪的建设,应按照既定的草坪设计进行。在草坪设计中,一般都已确定了草坪的位置、范围、形状、坡度、供水、排水、草种组成和草坪上的树木种植情况;而草坪施工的工作内容,就是要根据已确定的设计来完成一系列的草坪开辟和种植过程。

　　某机关单位行政楼前有一块约 2 000 m² 地块需要进行草坪建植。请采用播种法或草皮铺栽法完成该草坪的建植。希望通过学习能正确认识园林中常用的草坪草,学会播种法和铺栽法进行草坪建植,并能指导草坪建植施工。

任务分析

　　要想成功完成草坪建植施工,就要正确分析影响草坪建植成活后的因素,做好栽植前准备工作,根据草坪建植方法,学会并指导草坪栽植施工。其工作步骤为:土地整理、放线定点、布置草坪设施、铺种草坪草和后期管理等工序。具体应解决好以下几个问题:

　　①正确认识草坪建植施工图,准确把握设计人员的设计意图。

　　②能够利用草坪建植的知识编制切实可行的草坪建植施工组织方案。

　　③能够根据草坪建植施工的特点,进行有效的施工现场管理、指导工作。

　　④做好草坪建植的成品修整和保护工作。

　　⑤做好草坪建植工程竣工验收的准备工作。

任务咨询

一、草坪的概念与类型

1)草坪的概念

　　草坪是人工建植、管理的,能够耐适度修剪和践踏的,具有使用功能和改善生态环境作用的草本植被。

2)草坪的类型

　　按照用途,草坪可分为以下几种类型:

　　(1)游憩型草坪　这类草坪多采用自然式建植,没有固定的形状,大小不一,允许人们入内活动,管理较粗放。选用的草种适应性强,耐践踏,质地柔软,叶汁不易流出以免污染衣服,如图7.22 所示。

图 7.22　游憩型草坪　　　　　　　　　　图 7.23　运动场草坪

（2）观赏型草坪　这类草坪栽培管理要求精细，严格控制杂草生长，有整齐美观的边缘并多采用精美的栏杆加以保护，仅供观赏，不能入内游乐。草种要求平整、低矮，绿色期长，质地优良。

（3）运动场草坪　专供开展体育活动用的。管理要求精细，要求草种韧性强，耐践踏，并耐频繁修剪，形成均匀整齐的平面，如图 7.23 所示。

（4）环境保护草坪　这类草坪的主要目的是发挥其防护和改善环境的功能，要求草种适应性强、根系发达、草层紧密、抗旱、抗寒、抗病虫害能力强，耐粗放管理。

二、园林中常用的草坪草

根据草坪植物对生长适宜温度的不同要求和分布区域，可分为暖季型草坪草和冷季型草坪草。

（1）暖季型草坪草　此类草坪草特点是早春返青后生长旺盛，进入晚秋遇霜茎叶枯落，冬季呈休眠状态，26～32 ℃为其最适生长温度。常用的有结缕草、野牛草、中华结缕草、狗牙根、地毯草、细叶结缕草、假俭草等，适合于我国黄河流域以南的华中、华南、华东、西南广大地区。

（2）冷季型草坪草　此类草坪草主要特征是耐寒性强，冬季常绿或仅有短期休眠，不耐夏季炎热高湿，春秋两季是最适宜的生长季节。常用的有草地早熟禾、加拿大早熟禾、高羊茅、紫羊茅、匍匐剪股颖、多年生黑麦草等，适合我国北方地区栽培，尤其适应夏季冷凉的地区。

三、草坪建植的方法

常用的有播种法、栽植法、铺植法等。

1）播种法

一般用于结籽量大而且种子容易采集的草种，如野牛草、羊茅、结缕草、苔草、剪股颖、早熟禾等都可用种子繁殖。优点是施工投资小，从长远看，实生草坪植物的生命力强；缺点是杂草容易侵入，养护管理要求高，形成草坪的时间比其他方法长。

2）栽植法

用植株繁殖较简单，能大量节省草源，一般 1 m² 的草块可以栽成 5～10 m² 或更多一些。与播种法相比，此法管理比较方便，因此已成为我国北方地区种植匍匐性强的草种的主要方法。

（1）种植时间　全年的生长季均可进行。但种植时间过晚，当年就不能覆满地面。最佳的种植时间是生长季中期。

（2）种植方法　分条栽与穴栽。草源丰富时可以用条栽，在整好的地面以 20～40 cm 为行距，开 5 cm 深的沟，把撕开的草块成排放入沟中，然后填土、踩实。同样，以 20～40 cm 为株行距穴栽也是可以的。

为了提高成活率,缩短缓苗期,移栽过程中要注意两点:一是栽植的草要带适量的护根土。二是尽可能缩短掘草到栽草的时间,最好是当天掘草当天栽。栽后要充分灌水,清除杂草。

3)铺植法

这种方法的主要优点是形成草坪快,可以在任何时候(北方封冻期除外)进行,且栽后管理容易。缺点是成本高,并要求有丰富的草源。

任务实施

一、准备工作

(1)土壤的准备　为使草坪生长良好,保持优良的质量及减少管理费用,应尽可能使土层厚度达到40 cm左右,最好不小于30 cm。在小于30 cm的地方应加厚土层。土壤的pH值应为6.5,正好适宜冷季型草坪草的生长。

(2)耕翻与平整　清除杂草和砖头、瓦块、石砾等杂物,深翻土壤达30~40 cm,并打碎土块,土粒直径小于1 cm。之后,撒施基肥再进行平整,此时,土壤疏松、通气良好有利于草坪草的根系发育,也便于播种或栽草。

(3)排水　在平整场地时,要结合考虑地面排水问题,不能有低凹处,以避免积水。此处草坪利用缓坡来排水,其最低下的一端可设雨水口接纳排出的地面水,并经地下管道排走。

二、播种法建植草坪

(1)种子处理　播种前选择的种子一般要求纯度在90%以上,发芽率在50%以上。有的种子发芽率不高并不是因为质量不好,而是因各种形态、生理原因所致。为了提高发芽率,达到苗全、苗壮的目的,在播种前可对种子加以处理。

草坪种子播种量越大,见效越快,播后管理越省工。种子有单播和2~3种混播的。单播时,一般用量为10~20 g/m²,应根据草种、种子发芽率而定。混播则是在依靠基本种子形成草坪以前的期间内,混种一些覆盖性快的其他种子,如早熟禾85%~90%与剪股颖15%~10%进行混播。

(2)播种　冷季型草种为秋播,北方最适合的播种时间是9月上旬。

播种方法有条播及撒播。条播有利于播后管理,撒播可及早达到草坪均匀的目的。条播是在整好的场地上开沟,深5~10 cm,沟距15 cm,用等量的细土或砂与种子拌匀撒入沟内。不开沟为撒播,播种人应做回纹式或纵横向后退撒播。

本草坪工程播种时,为了确保种子撒播均匀,应先将场地划成5 m宽的长条,计算每个长条的面积,根据20 g/m²的播种量,把种子分成若干份,在每份种子中掺入相当于种子重量1~2倍的干的细砂,然后用手摇播种器将种子均匀撒播。

(3)播后管理　种子播好后,施工人员立即用钉耙覆土,轻轻耙土镇压使种子入土0.2~1 cm,并用无纺布覆盖。播种后可根据天气情况每天或隔天喷水,幼苗长至3~5 cm时需揭开覆盖物,时间以傍晚为宜,但要经常保持土壤湿润,并要及时清除杂草。

三、铺植法建植草坪

(1)铲草皮　就近选定草源,要求草生长势强,密度高,而且有足够大的面积。然后铲草

皮,先把草皮切成平等条状,按需要切成块,大致为 60 cm×30 cm,草块厚度为 3～5 cm。草皮的需要量和草坪面积相同。

（2）铺植

①从笔直的边缘,如路缘处开始铺设第一排草皮,保持草块之间结合紧密平齐。

②在第一排草皮上放置一块木板,然后跪在上面,紧挨着毛糙的边缘像砌砖墙一样铺设下一排草皮。用同样的方式精确地将剩余的草皮铺完,不要在裸露的土壤上行走,草坪中心可以利用小块草皮填植。

③用 0.5～1.0 t 重的碾筒或木夯压紧和压平,消除气洞,确保根部与土壤完全接触。

④撒一点砂质壤土,用刷子把土刷入草皮块之间的空隙。第 1 次水要浇足、灌透。一般在灌水后 2～3 d 再次滚压,则能促进块与块之间的平整。

⑤草坪边缘进行直边、曲边的修整。

铺植流程如图 7.24 所示。

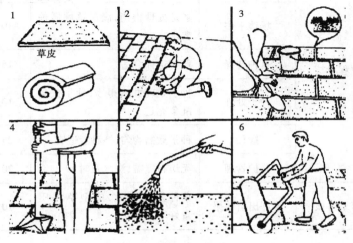

图 7.24　草皮铺植流程

四、草坪的养护

草坪的养护主要包括灌水、施肥、修剪、除杂草、更新复壮等环节。

（1）灌水　北方春季草坪萌发到雨季前,是一年中最关键的灌水时期。每次灌水的水量应根据土质、生长期、草种等因素而确定,以湿透根系层、不发生地面径流为原则。在封冻前灌封冻水也是必要的。

（2）施肥　草坪建成后在生长季需追氮肥,以保持草坪叶色嫩绿、生长繁密。寒季型草种的追肥时间最好在早春和秋季。

（3）修剪　修剪是草坪养护的重点,能控制草坪高度,促进分蘖,增加叶片密度,抑制杂草生长,使草坪平整美观。

草坪修剪一般应遵循 1/3 原则,即每次修剪时,剪掉的部分不能超过叶片自然高度（未剪前的高度）的 1/3。一般的草坪一年最少修剪 4～5 次。

（4）除杂草　草坪一旦发生杂草侵害,除用人工“挑除”外,还可用化学除草剂,如用 2,4-D、西马津、扑草净、敌草隆等。

（5）更新复壮　根据草坪衰弱情况,选择不同的更新方法。出现斑秃的,应挖去枯死株,及时补播或补栽。

任务考核

一、播种法建植草坪

序　号	任务考核	考核项目	考核要点	分　值	得　分
1	过程考核	施工准备	现场条件准备符合施工要求；准备工作充分到位	10	
2		场地平整	场地处理得当，满足草坪播种要求	10	
3		草种选择	草种选择合适	15	
4		种子处理	种子处理方法得当，种子数量准备充足	10	
5		播种	种子撒播均匀，播种量适宜	25	
6		养护管理	无纺布覆盖，浇水及时	20	
7	结果考核	草坪出苗效果	草种发芽一致，成型草坪质量好	10	

二、铺植法建植草坪

序　号	任务考核	考核项目	考核要点	分　值	得　分
1	过程考核	施工准备	现场条件准备符合施工要求；施工工具准备充分	10	
2		场地平整	场地处理得当，满足草坪建植要求	15	
3		选草皮	所选草皮质量优良	10	
4		铲草皮	草皮铲割整齐，大小一致	15	
5		草皮铺植	草皮接合无缝隙，紧贴地面	20	
6		养护管理	浇水、施肥、修剪等及时，管理到位	20	
7	结果考核	草坪建植效果	成型草坪质量好，无斑秃	10	

巩固训练

　　某职业学院学生餐厅楼前约 1 800 m² 的绿地欲用播种法进行草坪种植,让学生参加草坪种植的全部或部分施工并完成相应任务。

一、材料及用具

　　草坪种植平面图、铁锹、镐、铁耙、草种、播种机、除草剂、喷灌设施等。

二、组织实施

　　①将学生分成 4 个小组,以小组为单位进行草坪种植;
　　②按下列施工阶段完成施工任务:
　　场地耕翻与平整、种子选择、种子处理、播种、养护。

三、训练成果

　　①每人交一份训练报告,并参照上述任务考核进行评分;
　　②完成草坪建植施工。

拓展提高

突破季节限制的绿化施工

　　一般绿化植物的栽种时间,都在春季和秋季。但有时为了一些特殊目的而要进行突击绿化,就需要突破季节的限制进行绿化施工。而为了施工获得成功,就必须采取一些比较特殊的技术方法,来保证植物栽植成活。

一、苗木选择

　　在非适宜季节种树,需要选择合适的苗木才能提高成活率。选择苗木时应从以下几方面入手:
　　(1)选移植过的树木　最近两年已经移植过的树木,其新生的细根都集中在树蔸部位,树木再移植时所受影响较小,在非适宜季节中栽植的成活率较高。
　　(2)采用假植的苗木　假植几个月以后的苗木,其根蔸处开始长出新根,根的活动比较旺盛,在不适宜的季节中栽植也比较容易成活。
　　(3)选土球最大的苗木　从苗圃挖出的树苗,如果是用于非适宜季节栽种,其土球应比正常情况下大一些;土球越大,根系越完整,栽植越易成功。如果是裸根的苗木,也要求尽可能带有心土,并且所留的根要长,细根要多。
　　(4)用盆栽苗木下地栽种　在不适宜栽树的季节,用盆栽苗木下地栽种,一般都很容易成活。
　　(5)尽量使用小苗　小苗比大苗的移栽成活率更高,只要不急于很快获得较好的绿化效果,都应当使用小苗。

二、修剪整形

对选用的苗木,栽植之前应当进行一定程度的修剪整形,以保证苗木顺利成活。

(1)裸根苗木整剪 栽植之前,应对根部进行整理,剪掉断根、枯根、烂根,短截无细根的主根;还应对树冠进行修剪,一般要剪掉全部枝叶的 1/3~1/2,使树冠的蒸腾作用面积大大减小。

(2)带土球苗木的修剪 带土球的苗木不用进行根部修剪,只对树冠修剪即可。修剪时,可连枝带叶剪掉树冠的 1/3~1/2;也可在剪掉枯枝、病虫枝以后,将全树的每一个叶片都剪截 1/2~2/3,以大大减少叶面积的办法来降低全树的水分蒸腾总量。

三、栽植技术处理

为了确保栽植成活,在栽植过程中要注意以下一些问题并采取相应的技术措施。

(1)栽植时间确定 经过修剪的树苗应马上栽植。如果运输距离较远,则根蔸处要用湿草、塑料薄膜等加以包扎和保湿。栽植时间最好在上午 11 时之前或下午 16 时以后,而在冬季刚只要避开最严寒的日子就行。

(2)栽植 种植穴要按一般的技术规程挖掘,穴底要施基肥并铺设细土垫层,种植土应疏松肥活。把树苗根部的包扎物除去,在种植穴内将树苗立正栽好,填土后稍稍向上提一提,再插实土壤并继续填土至穴顶。最后,在树苗周围做出拦水的围堰。

(3)灌水 树苗栽好后要立即灌水,灌水时要注意不损坏土围堰。土围堰中要灌满水,让水慢慢浸下到种植穴内。为了提高定植成活率,可在所浇灌的水中加入生长素,刺激新根生长。生长素一般采用萘乙酸,先用少量酒精将粉状的萘乙酸溶解,然后掺进清水,配成浓度为 200×10^{-6} 的浇灌液,作为第一次定根水进行浇灌。

四、苗木管理与养护

由于是在不适宜的季节中栽树,因此,苗木栽好后就更加要强化养护管理。平时,要注意浇水,浇水要掌握"不干不浇、浇则浇透"的原则;还要经常对地面和树苗叶面喷洒清水,增加空气湿度,降低植物蒸腾作用。在炎热的夏天,应对树苗进行遮荫、避免强阳光直射。在寒冷的冬季,则应采取地面盖草、树侧设立风障、树冠用薄膜遮盖等方法,来保持土温和防止寒害。

学习小结

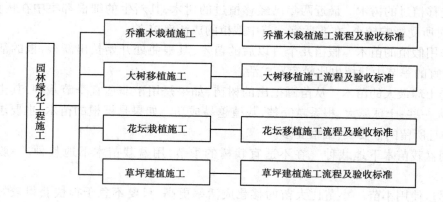

目标检测

一、复习题

(1)影响苗木移植成活的因素有哪些?

(2)园林绿化工程施工的内容有哪些?

(3)乔灌木种植时定点放线的原则是什么?

(4)大树移植的方法有哪些?

(5)垂直绿化工程后期养护管理的措施有哪些?

(6)草坪种植施工的技术要点有哪些?

(7)绿带施工的技术要点有哪些?

(8)绿篱工程施工的技术要点有哪些?

二、思考题

(1)非季节栽植保证成活率的措施有哪些?

(2)根据不同的土质条件谈谈绿化种植前土质改良的措施有哪些?

三、实训题

某地形种植施工设计

1)实训目的

掌握种植施工图的绘制方法和规范;明确种植设计的内容。

2)实训方法

学生以小组为单位,进行场地实测、施工图设计、备料和放线施工。每组交报告一份,内容包括施工组织设计和施工记录报告。

3)实训步骤

(1)绘制种植工程施工平面图;

(2)绘制花池或花钵施工图;

(3)调查校园10种乔木、5种灌木的规格及价格。

项目 **8** 园林照明工程施工

【项目目标】

- 掌握园林照明的相关知识；

- 掌握绿地照明的原则；能进行绿地照明工程配电线路的布置；

- 掌握园路照明工程施工方法；

- 掌握水景照明施工的流程。

【项目说明】

园林照明除了创造一个明亮的园林环境，满足夜间游园活动、节日庆祝活动以及保卫工作需要等功能要求之外，最重要的一点是园林照明与园景密切相关，是创造新园林景色的手段之一。近年来国内各地的溶洞浏览、大型冰灯、各式灯会、各种灯光音乐喷泉，如"会跳舞的喷泉""声与光展览"等均突出地体现了园林照明的特点，并且也充分和巧妙地利用园林照明等来创造出各种美丽的景色和意境。

园林照明工程的形式大致可分为水景照明、植物绿地照明和道路照明。本项目共分 3 个任务来完成：水景照明工程施工；绿地照明工程施工；园路照明工程施工。

任务1 水景照明工程施工

知识点：了解园林水景照明工程的基础知识，掌握水景照明施工的工艺流程验收标准。

能力点：能根据施工图进行园林水景照明工程的施工、管理与验收。

任务描述

水是园林环境中不可缺少的要素,也是城市生活中富于生机的内容。而园林中的各种水景可以利用不同类型的灯光组合变化来赋予灵性,创造出赏心悦目的夜间水景,理想的水景照明既能听到声音,又可通过光的映射使其闪烁和摆动,而典型的水景照明工程包括瀑布、喷泉、水池等的照明。

任务分析

以人工喷泉为例来分析一下水景照明工程,因为照明灯具和管线要安装在水面以下,所以要求照明灯具应该密封防水并能抵抗一定的水浪和意外的冲击;电源线要用水下电缆而且一定要防止破损漏电。要想完成此任务我们必须要掌握水景照明的方式、灯具的种类及特点、水景照明的设计、灯光造景的知识,具有理解水景照明施工图纸的能力,能组织简单的园林水景照明施工和管理。具体应解决好以下几个问题:

①正确认识水景工程施工图,准确把握设计人员的设计意图。
②能利用所学园林照明的基本知识,编制切实可行的水景工程施工组织方案。
③掌握相关水景照明的施工知识,进行有效的施工现场管理、指导和协调工作。
④掌握喷泉、瀑布、水池照明工程的成品修整和保护工作。
⑤做好水景照明工程竣工验收的准备工作。

任务咨询

一、供电的有关概念

(1)交流电与直流电　交流电源是电压、电流的大小和方向随着时间变化而作周期性改变的一类电源。直流电源是维持电路中形成稳恒电流的装置,如干电池、蓄电池、直流发电机等。在现代社会中广泛应用着交流电,即使某些使用直流电的场合,也是通过整流设备将交流电变成直流电而使用。园林照明、喷泉、灌溉等用电,都是交流电源。

(2)电压与电功率　电压是电路中两点之间的电势(电位)差,以 V(伏)来表示。电功率是电所具有的做功的能力,用 W(瓦)表示。园林设施所直接使用的电源电压主要是 220 V 和 380 V,属于低压供电系统的电压,其最远输送距离在 350 m 以下,最大输送功率在 175 kW(千瓦)以下。

(3)三相四线制供电　从电厂的三相发电机送出的三相交流电源,采用三根火线和一根地线(中性线)组成一条电路,这种供电方式就叫做"三相四线制"供电。在三相四线制供电系统中,可以得到两种不同的电压,一是线电压,一是相电压。线电压是相电压的 1.73 倍大。在三相低压供电系统中,最常采用的就是"380 V/220 V 三相四线制供电",即由这种供电制可以得到三相 380 V 的线电压(多用于三相动力负载),也可以得到单项 220 V 的相电压(多用于单项照明负载及单项用电器),这两种电压供给不同负载的需要。园林设施的基本供电方式都是三相四线制。

（4）用电负荷　连接在供电线路上的用电设备,就是该线路的负荷,例如,电灯、电动机、制冰机等。不同设备的用电量不一样,其负荷就有大小的不同。负荷的大小即用电量,一般用度数来表示,1 度电就是 1 kW/h。

二、园林照明

（一）园林照明方式和照明质量

1）照明方式

（1）一般照明　是不考虑局部的特殊需要,为整个被照场所而设置的照明。这种照明方式的一次投资少,照度均匀。

（2）局部照明　对于景区(点)某一局部的照明。当局部地点需要高照度并对照度方向有要求时,宜采用局部照明,但在整个景区(点)不应只设局部照明而无一般照明。

（3）混合照明　由一般照明和局部照明共同组成的照明。在需要较高照度并对照射方向有特殊要求的场合宜采用混合照明。此时,一般照明照度按不低于混合照明总照度 5% ~ 10% 选取,且最低不低于 20 lx(勒克司)。

2）照明品质

高质量的照明效果是对受照环境的照度、亮度、眩光、阴影等因素正确处理的结果。

（1）照度与亮度　照度水平是衡量照明质量的一种基本技术指标。在一定范围内,照度增加,视觉能力也相应提高。表 8.1 是一般园林环境及其建筑环境所需照度水平的标准值。

表 8.1　各类设施一般照明的推荐照度

照明地点	推荐照度/lx	照明地点	推荐照度/lx
国际比赛足球场	1 000 ~ 1 500	更衣室、浴室	15 ~ 30
综合性体育正式比赛大厅	750 ~ 1 500	库房	10 ~ 20
足球、游泳池、冰球场、羽毛球、乒乓球、台球场	200 ~ 500	厕所、盥洗室、热水间、楼梯间、走道	5 ~ 20
篮球场、排球场、网球场、计算机房	150 ~ 300	广场	5 ~ 15
绘图室、打字室、字画商店、百货商场、设计室	100 ~ 200	大型停车场	3 ~ 10
办公室、图书室、阅览室、报告厅、会议室、博展室、展览厅	75 ~ 150	庭院道路	2 ~ 5
一般性商业建筑、旅游饭店、酒吧、咖啡厅、舞厅	50 ~ 100	住宅小区道路	0.2 ~ 1

在园林环境中,人的视觉从一处景物转向另一处景物时,若两处亮度差别较大,眼睛将被迫经过一个适应过程;如果这种适应过程次数过多,视觉就会感到疲劳,因此,在同一空间中的各个景物,其亮度差别不要太大。另一方面,被观察景物与其周围环境之间的亮度差别却要适当大一些。景物与背景的亮度相近时,不利于观赏景物。

（2）眩光限制　眩光是影响照明质量的主要特征。所谓眩光是指由于亮度分布不适当或亮度的变化太大，或由于在时间上相继出现的亮度相差过大所造成的观看物体时感觉不适或视力降低的视觉条件。其形式有直射眩光和反射眩光两种。直射眩光是由高光度光源直接射入人眼造成的，而反射眩光则是由光亮的表面如金属表面和镜面等，反射出强烈光线间接射入人眼而形成眩光现象。

限制直射眩光的方法，主要是控制光源在投射方向45°～90°的亮度，如采用乳白玻璃灯泡或用漫射型材料作封闭式灯罩等。限制反射眩光的方法，可以通过适当降低光源亮度并提高环境亮度，减小亮度对比来解决；或者通过采用无光泽材料制作灯具来解决。

（二）电光源及其应用

根据发光特点，照明光源可分为热辐射光源和气体放电光源两大类。热辐射光源最具有代表性的是钨丝白炽灯和卤钨灯；气体放电光源比较常见的有荧光灯、荧光高压汞灯、金属卤化物灯、钠灯、氙灯等。目前园林中光源一般使用的有汞灯、金属卤化物灯、高压钠灯、荧光灯和白炽灯。表8.2是园林中常用的照明光源之主要特性及适用场合。

表8.2　常见园林照明电光源主要特性及适用场合

光源名称	白炽灯（普通照明灯泡）	卤钨灯	荧光灯	荧光高压汞灯	高压钠灯	金属卤化物灯	管形氙灯
额定功率/W	10～1 000	500～2 000	6～125	50～1 000	250～400	400～1 000	1 500～100 000
光效/(lm·W⁻¹)	6.5～19	19.5～21	25～67	30～50	90～100	60～80	20～37
平均寿命/h	1 000	1 500	2 000～3 000	2 500～5 000	3 000	2 000	500～1 000
一般显色指数/Ra	95～99	95～99	70～80	30～40	20～25	65～85	90～94
色温/K	2 700～2 900	2 900～3 200	2 700～6 500	5 500	2 000～2 400	5 000～6 500	5 500～6 000
功率因数 cos φ	1	1	0.33～0.7	0.44～0.67	0.44	0.4～0.01	0.4～0.9
表面亮度	大	大	小	较大	较大	大	大
频闪效应	不明显	不明显	明显	明显	明显	明显	明显
耐震性能	较差	差	较好	好	较好	好	好
所需附件	无	无	镇流器起辉器	镇流器	镇流器	镇流器触发器	镇流器触发器
适用场所	彩色灯泡：可用于建筑物、商店橱窗、展览馆、园林构筑物、孤立树、树丛、喷泉、瀑布等装饰照明。水下灯泡：可用于喷泉、瀑布等处装饰用。聚光灯：舞台照明、公共场所等作强光照明	适用于广场、体育场建筑物等照明	一般用于建筑物室内照明	广泛用于广场、道路、园路运动场所等作大面积室外照明	广泛用于道路、园林绿地、广场、车站等处照明	主要可用于广场、大型游乐场、体育场照明及高速摄影等方面	有"小太阳"之称，特别适合于作大面积场所的照明，工作稳定，点燃方便

(三)照明灯具

灯具若按结构分类可分为开启型、闭合型、密封型及防爆型;若按照照明灯具光通量在上下空间的比例进行分类,可将灯具分为直接型、半直接型、漫射型、半间接型、间接型5种。照明灯具的分类如表8.3所示。

表8.3　照明灯具的分类

灯具类别		直 接	半直接	漫射型	半间接	间 接
光强分布						
光通量分配/%	上	0~10	10~40	40~60	60~90	90~100
	下	100~90	90~60	60~40	40~10	10~0

三、园林供电

(1)选配变压器　在一般情况下,公园内照明供电和动力负荷可共用同一台变压器供电。选择变压器时,应根据公园、绿地的总用电量的估算值和当地高压供电压值来进行。

(2)配电导线选择　公园绿地的供电线路,应尽量选用电缆线。市区内一般的高压供电线路均采用10 kW电压级。高压输电线一般采用架空敷设方式,但在园林绿地附近应要求采用直埋电缆敷设方式。

电缆、电线截面选择的合理性直接影响到有色金属的消耗量和线路投资以及供电系统的安全经济运行,因而在一般情况下,可采用铝芯线,在要求较高的场合下,则采用铜芯线。

电缆、导线截面选择可按以下原则进行:

①按线路工作电流及导线型号,查导线的允许载流量表,使所选的导线发热不超过线芯所允许的强度,因而可使所选的导线截面的载流量应大于或等于工作电流。

②所选用导线截面应大于或等于机械强度允许的最小导线截面。

③验算线路的电压偏移,要求线路末端负载的电压不低于其额定电压的允许偏移值,一般工作场所的照明允许电压偏移相对值是5%,而道路、广场照明允许电压偏移相对值为10%,一般动力设备为±5%。

(3)布置配电线路　一般大中型公园都要安装自己的配电变压器,做到独立供电。但一些小公园、小游园的用电量比较小,也常常直接借用附近街区原有变压器提供电源。

布置线路系统时,园林中游乐机械或喷泉等动力用电与一般的照明用电最好能分开单独供电。其三相电路的负荷都要尽量保持平衡。此外,在单相负荷中,每一单相用电都要分别设开关,严禁一闸多用。支线上的分线路不要太多,每根支线上的插座、灯头数的总和最好不超过25个。每根支线上的工作电流,一般为6~10 A或10~30 A。支线最好走直线,要满足线路最短的要求。

从变压器引出的供电主干线,在进入主配电箱之前要设空气开关和保险,有的还要设一个总电表;在从主配电箱引出的支干线上也要设出线空气开关和保险,以控制整个主干线的电路。从分配电箱引出的支线在进入电气设备之前应安装漏电保护开关,保证用电安全。

四、水景照明

园林景观中的喷泉、喷水池、瀑布、水幕等水景是泛光照明的重点对象。由于这些水景是动态的,若配以音乐尤为动人。

(1)喷泉照明(图8.1)　喷泉的形式各种各样,其照明设计与置设要点如下:

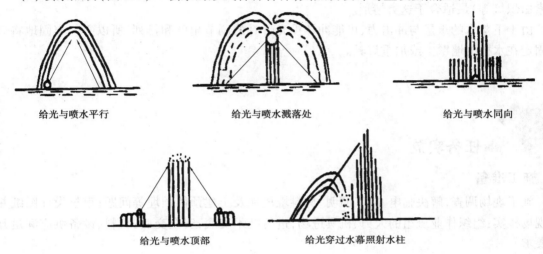

给光与喷水平行　　　　　给光与喷水溅落处　　　　　给光与喷水同向

给光与喷水顶部　　　　　给光穿过水幕照射水柱

图8.1　喷泉给光示意图

①应确定喷泉的哪部分需要照明,是水还是构筑物,并掌握喷泉周围照明的视觉形状和类型。如果需要色彩,那么其他的照明决不能过亮或减弱色彩效果。

②设计之前,必须明确喷泉或水体演示系统的构造,包括喷射口的数量、水的图示效果以及每种效果的几何尺寸。

③设置照明设备时,应考虑几个因素,包括临界角、视角,以及设备是在水面上还是水面下。安装设备时,确定照明设备投射方向以便光源不被直接看到或由于反射或折射被间接看到。

④充满气体的水体应当从下部照亮,光滑水体应当从前部照亮。需要保证喷泉的照明效果从所有方向都是可见的。当单独的喷射口用于创造垂直向上的构图时,最少使用两只灯具。当更多的喷射口用于产生水柱时,每个喷头下面只要需要一只灯。

⑤喷泉的灯最好布置在喷出的水柱旁边,或在水落下的地方,也可两处均有。

⑥喷泉照明设备必须防水并得到水下安装许可。使用光学纤维或照明传送系统的情况除外,这种技术把电气照明设备与水自然分开,因此不必防水。不安装在水中的设备可以安装在树、附近的建筑物、喷泉周围的地面上,或安装在喷泉的构筑物上,注意经常维护和检查,这种方式可能没有埋设灯具效果显著,但是比较实用、经济。

(2)静水与湖的照明　所有静水或慢速流动的水,比如水槽内的水、池塘、湖或缓慢流动的河水,其镜面效果是令人十分感兴趣的。所以只要照射河岸边的景象,必将在水面上反射出令人神往的景象,分外具有吸引力。

对岸上引人注目的物体或者伸出水面的物体(如斜倚着的树木等),都可用浸在水下的投光灯具来照明。

对由于风等原因而使水面汹涌翻滚的景象,可以通过岸上的投光灯具直接照射水面来得到令人感兴趣的动态效果。此时的反射光不再均匀,照明提供的是一系列不同亮度区域中呈连续变化的水的形状。

（3）水幕或瀑布的照明　水幕或瀑布的照明灯具应装在水流下落处的底部,灯的光通量输出取决于瀑布落下的高度和水幕的厚度等因素,也与流出口的形状所造成的水幕散开程度有关,踏步或水幕的水流慢且落差小,需在每个踏步处设置管状的灯。线状光源(荧光灯、线状的卤素白炽灯等)最适合于这类情形。

由于下落水的重量与冲击力,可能冲坏投光灯具的调节角度和排列,所以必须牢固地将灯具固定在水槽的墙壁上或加重灯具。

任务实施

一、施工准备

施工现场调查,解决临电、施工照明、材料堆放地及土建预留预埋等问题;审核设计图纸并与现场核实;组织作业班组的人力、机具进场,进行技术交底,安全交底;材料、设备供应满足开工要求。

二、测量定位

根据设计图纸结合施工现场进行测量定位,如有偏差做适当调整。测量定位应按设计并考虑美观,应尽量与四周环境协调。

三、暗管敷设

所有线路均由配电柜引出埋地穿 PVC 管暗装敷设,且要设置漏电保护装置。

四、管内穿线

电源线要通过护缆塑管由池底接到安装灯具的地方,同时在水下安装接线盒,电源线的一端与水下接线盒直接相连,灯具的电缆穿进接线盒的输出孔并加以密封。

管内穿线前,管路必须清扫,并检查各个管口的护口是否齐整。在管路较长或转弯较多时,要在穿线的同时,往管内吹入适量的滑石粉。穿线时,同一交流回路的导线必须穿于同一管内,不同回路的导线,不得穿入同一管内。导线在变形缝处,补偿装置应活动自如,导线应留一定的余度。

导线的连接应使导线接头不增加电阻值,受力导线不能降低原来机械强度及绝缘强度。照明分支线接口工艺采用绞接并焊锡,绝缘包扎采用自黏带包扎再加塑料护套,电线接头均在接线盒内密封处理。

导线敷设完毕后核对并遥测有无错误,无误的在导线两端系好标牌,并将临时白布带取掉,核对的方法用万用表及电话机核对,相间绝缘电阻不小于 1 MΩ。最后检查导线敷设有无其他不妥,发现后马上处理,然后将管口用防火材料密封好。

五、灯具安装

灯具运到现场首先检查外形及绝缘有否损伤,数量、型号、附件是否与设计相符,灯具配线必须符合施工图要求。

　　需组装的灯具,应按说明书及示意图,确定出线和走线的位置,并预留足够的出线头或接线端子。组装时注意不要刮伤、碰损灯具外表,灯具和各元件应安装平整、牢固。

　　安装灯具前,必须先确定安装基准点,以合理光照强度及美观、整齐为原则。灯具金属外壳必须与 PE 线可靠连接。照明灯具应密封防水。

　　灯具配线时,首先核对线径相数、回路数、起止位置及回路标号,根据照明回路的导线类型,制作导线分接头,导线穿管后引到接线盒内,与灯具对应,并用金属软管作线头保护套。

六、接地保护

　　所有电气设备及电气线路在正常情况下不带电的金属外壳均应按规程接地;保证灯具配管、接线盒、灯具支架的可靠接地。

七、联动调试

　　电气照明器具应以系统进行试电运行,系统内的全部照明灯具均得开启,同时投入运行,运行时间为 24 h。全部照明灯具通电运行开始后,要及时测量系统的电源电压及负荷电流,做好记录。

任务考核

序　号	任务考核	考核项目	考核要点	分　值	得　分
1	过程考核	施工准备	现场条件准备符合施工要求;施工工具准备充分;准备工作充分到位,不影响施工进度	10	
2		测量定位	定位准确	10	
3		暗管敷设	PVC 管暗敷设方法正确	10	
4		管内穿线	导线连接正确,防水处理得当	20	
5		灯具安装	灯具选择符合设计要求,安装方法正确	20	
6		接地保护	按规程接地,可靠	10	
7		联动调试	系统能够运行,全部灯具都能运行	10	
8	结果考核	照明效果	系统运行良好,照明效果佳,符合要求	10	

巩固训练

某公园要进行水景照明工程,结合公园供电设计与施工,让学生参加水景照明工程的全部或部分施工并完成相应任务。

一、材料及用具

镀锌钢管、接线盒、电缆、导线、PVC 管、各种灯具、铁锹、镐、各种电工工具等。

二、组织实施

①将学生分成 4 个小组,以小组为单位进行水景景观照明的安装;

②按下列施工阶段完成施工任务:

施工准备、测量定位、暗管敷设、管内穿线(电缆敷设)、灯具安装。

三、训练成果

①每人交一份训练报告,并参照上述任务考核进行评分;

②完成该水景照明施工。

拓展提高

别墅的室内水景照明设计

针对室内环境而展开的水景设计,应密切结合具体的室内环境条件进行。在水景的形态确定、水景的景观结构设计以及水池的设计等方面,都要照顾到室内的环境特点。

一、水景形态设计

水景从视觉感受方面可分为静水和流水两种形式。

(1)静水　静水给人以平和宁静之感,它通过平静水面反映周围的景物,既扩大了空间又使空间增加了层次。在设计静态水景时,所采用的水体形式一般都是普通的浅水池。设计中要求水池的池底、池壁最好做成浅色的,以便盛满池水后能够突出表现水的洁净和清澈见底的效果。

(2)流水　流动的水景形式,在室内可以有许多,如循环流动的室内水渠、小溪和喷射垂落的喷泉、瀑布等,既能在室内造景,又能起到分隔室内空间的作用。蜿蜒的小溪生动活泼,形态多变的喷泉则有强烈的环境氛围创造力,这些都能增加室内空间的动态感。水体的动态、水的造型以及与静态水景的对比,给庭院环境增加了活力和美感,尤其是现代室内水体与灯光、音响、雕塑的互相结合,使现代室内空间充满了潺潺流水的声音和优美的音乐,流光溢彩的水池也为庭院环境增添了浓重的色韵和醉人的情调。因此,水景形态设计中也应考虑水、声、光、电等效果的综合利用。

室内水景常利用水体作为建筑中庭空间的主景,以增加空间的表现力,而瀑布、喷泉等水体

形态自然多变、柔和多姿、富有动感,能和建筑空间形成强烈对比,因而常成为空间环境中最动人的主体景观。在复式住宅客厅中部,可以采用一组水景作为主景,从二楼高处落下的圆形细水珠帘,落在池中形成二层叠水,与在池水中设的薄膜状牵牛花形喷泉,形成统一的圆形,使整个环境与水景相协调。

二、水体的背景处理

在特定的室内环境中,水体基本上都以内墙墙面作为背景,这种背景具有平整光洁、色调淡雅、景象单纯的特点,一般都能很好地当做背景使用。但是,对于主要以喷涌的白色水花为主的喷泉、涌泉、瀑布,则背景可以采用颜色稍深的墙面,以形成鲜明的色彩对比,使室内水景得以突出表现。室内水体与山石、植物、小品共同组成的丰富景观,就是通常所说的室内景园。为了突出水上的小品、山石或植物,也常反过来以水体作为背景,由水面的衬托而使山石植物等显得格外醒目和生动,可见,室内水面除了具有观赏作用之外,还能在一些情况下作为背景使用。

三、水景照明

水景照明可以利用室内方便的灯光条件,用灯光透射、投射水景或用色灯渲染氛围,水下还可以安装水下彩灯,使得清水变成各种有色的水,能够收到奇妙的水景效果。

荧光灯是动水展示最有效的照明器具,在北半球,面向南方的露天水景用荧光灯照明是最理想的。泛光灯照明效果与荧光灯相似,但要注意避免光源的眩光。由于水对光线的折射和漫射现象,使水下照明趣味横生,但是由于灯具要求潜在水中,在造价上每套设备是地上照明设备的 3 ~ 5 倍,主要展示物光线的亮度至少是周围环境的 10 倍和次要展示物的 3 倍,这是最佳视觉效果。如果希望亮度均衡,喷泉至少应当使用两套照明设备,向上照射的灯最大距离是 1 000 mm,以使水景照明均衡。

任务 2 绿地照明工程施工

> 知识点:了解园林绿地照明工程的基础知识,掌握绿地照明施工的工艺流程和验收标准。
> 能力点:能根据施工图进行园林绿地照明工程的施工、管理与验收。

 **任务描述**

园林绿地灯光环境,是在绿地环境中运用灯光、色彩,结合各构园要素创造的,集科学性、艺术性于一体的夜景空间。园林绿地环境不同于城市空间和建筑环境,其构景元素丰富、造景手法多样,在灯光环境的营造中有其独特性,不仅仅是传统意义的把环境照亮,而且还利用灯光这种特殊的"语言",丰富园林空间内容,重塑绿地环境形象,是园林造景艺术的衍生和再创造。本任务要了解园林绿地照明的原则,掌握绿地(草坪、树木)的照明设计要点,掌握绿地照明工程的施工程序。

任务分析

在对草坪和树木的照明施工前,需要我们用艺术的思维、科学的方法和现代的技术,从全局着眼,细部着手,全面考虑各构景要素(灯光载体)的特点,确定合理的布置方案和照明方式,创造集功能性、舒适性、艺术性于一体的灯光环境。所以要想完成此任务我们必须要掌握绿地照明的方式、灯具的种类及特点、绿地照明的设计;并能组织简单的园林绿地照明施工和管理。具体应解决好以下几个问题:

①正确认识绿地照明施工图,准确把握设计人员的设计意图。

②能够利用园林照明知识编制切实可行的绿地照明工程施工组织方案。

③能够根据绿地配电线路的布置,进行有效的施工现场管理、指导工作。

④做好绿地照明工程的成品修整和保护工作。

⑤做好绿地照明工程竣工验收的准备工作。

任务咨询

一、园林绿地照明的原则

公园、绿地均为室外照明,由于环境复杂,用途各异,变化多端,因而很难予以硬性规定,仅提出以下一般原则供参考。

不要泛泛设置照明措施,而应结合园林景观的特点,以最充分体现其在灯光下的景观效果为原则来布置照明措施。

关于灯光的方向和颜色选择应以能增加树木、灌木和花卉的美观为主要前提。如针叶树只在强光下才反映良好,一般只适宜采取暗影处理法。又如,白桦、垂柳、枫等对泛光照明有良好的反映效果。

卤钨灯能增加红、黄色花卉的色彩,使它们显得更加鲜艳,小型投光器的使用会使局部花卉色彩绚丽夺目;汞灯使树木和草坪的绿色鲜明夺目。

在一些局部的假山、草坪内可设地灯照明,如要在内设灯杆装设灯具时,其高度应在 2 m以下。

彩色装饰灯可创造节日气氛,特别反映在水中更为美丽,但是这种装饰灯光不易获得一种宁静、安详的气氛,也难以表现出大自然的壮观景象,只能有限度地调剂使用。

二、园林绿地照明的运用

(1)草坪的照明　园林草坪的照明一般以装饰性为主,但为了体现草坪在晚间的景色,也需要有一定的照度。对草坪照明和装饰效果最好的是矮柱式灯具和低矮的石灯、球形地灯、水平地灯等,由于灯具比较低矮,能够很好地照明草坪,并使草坪具有柔和的、朦胧的夜间情调。

灯具一般布置在距草坪边线 1.0~2.5 m 的草坪上,若草坪很大,也可在草坪中部均匀地布

置一些灯具。灯具的间距可为 8 ~ 15 m,其光源高度可为 0.5 ~ 1.5 m。

灯具可采用均匀漫射型和半间接型的,最好在光源外设有金属网状保护罩,以保护光源不受损坏。光源一般要采用照度适中的、光线柔和的、漫射性的一类,如装有乳白玻璃灯罩的白炽灯、装有磨砂玻璃罩的普通荧光灯和各种彩色荧光灯、异形的高效节能荧光灯等。

(2)树木的投光照明　光的投射方向可以概括为上射光、下射光和侧向光。光的方向影响着植物的外观。下射光在植物叶子的下面产生阴影,模仿太阳或月亮照亮植物的效果,也可以模拟多云天的场景。上射光通常将改变植物的外观,不同于白天的景象,通过穿透树叶的光线使树体发光,在树冠的顶部产生阴影,强调出质感和形式,创造出戏剧化的视觉效果。

灯具的安装需要考虑光源位置同植物位置的相对关系,如在前面、侧面、背面或是这些位置的组合。这将决定植物呈现出来的形状、色彩、细部和质地。前光表现形状,强调细部和颜色,通过调整灯具与植物的距离以减弱或加强纹理;背光仅表达形状,通过将植物从背景中分离出来以增加层次感;侧光强调植物纹理并形成阴影,通过阴影的几何关系将不同区域联系在一起。

对一片树木的照明:用几只灯具,从几个角度照射进去,照射的效果既有成片的感觉,也有层次、深度的感觉;对一棵树的照明:可用两只投光灯具从两个方向投射,成特写镜头;对一排树的照明:用一排投光灯具,按一个照射角度照射,既有整齐感,也有层次感;对高低参差次不齐的树木照明:用几只投光灯,分别对高、低树木投光,给人以明显的高低、立体感;对两排树形成的绿荫走廊照明:采用两排投光灯具相对照射,效果很好。

大多数情况下,对树木的照明主要照射树权与树冠,因为照射了树权、树冠,不仅层次丰富、效果明显,而且光束的散光也将树干显示出来,起衬托作用。不同树形的照明技术如图 8.2 所示。

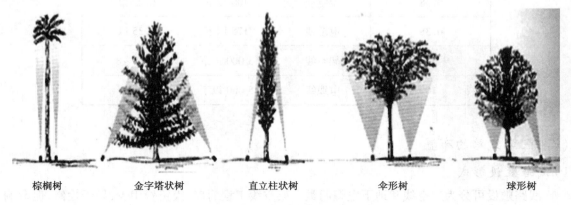

| 棕榈树 | 金字塔状树 | 直立柱状树 | 伞形树 | 球形树 |

图 8.2　不同树形的照明技术

(3)花境与花坛的照明　花境(带)灯光环境为线形照明空间,照明设计要体现其线形的韵律感和起伏感。常用动态照明(即跳跃闪烁的灯光)方式,渲染活泼的空间气氛、丰富空间内容。照明灯具可选用草坪灯、埋地灯或泛光灯。沿花境(带)均匀布置,勾勒边缘线,突出花境(带)舒展、流畅的线型;光色选择以能更好地体现花色、叶色为原则。

花坛照明由于花有各种各样的颜色,因此一定要使用显色指数高的光源,如白炽灯或紧凑型荧光灯。由上向下观察处在地面上的花坛,采用称为蘑菇式灯具向下照射。这些灯具放置在花坛的中央或侧边,高度取决于花坛的高度。

三、绿地配电线路布置

(一)确定电源供给点

公园绿地的电力来源,常见的有以下几种:

①借用就近现有的变压器,但必须注意该变压器的多余容量是否能满足新增园林绿地中各用电设施的需要,且变压器的安装地点与公园绿地用电中心之间的距离不宜太长。一般中小型公园绿地的电源供给常采用此法。

②利用附近的高压电力网,向供电局申请安装供电变压器,一般用电量较大(70~80 kW)的公园绿地采用此种方式供电。

③如果公园绿地(特别是风景点、区)离现有电源太远或当地电源供电能力不足时,可自行设立小发电站或发电机组以满足需要。

一般情况下,当公园绿地独立设置变压器时,需向供电局申请安装变压器。在选择地点时,应尽量靠近高压电源,以减少高压进线的长度。同时,应尽量设在负荷中心或发展负荷中心。表8.4为常用电压电力线路的传输功率和传输距离。

表 8.4　常用电压电力线路的传输功率和传输距离

额定电压/kV	线路结构	输送功率/kW	输送距离/km
0.22	架空线	50 以下	0.15 以下
0.22	电缆线	100 以下	0.20 以下
0.38	架空线	100 以下	0.25 以下
0.38	电缆线	175 以下	0.35 以下
10	架空线	3 000 以下	15~8
10	电缆线	5 000 以下	10

(二)配电线路的布置

1)线路敷设形式

线路敷设可分为架空线和地下电缆两类。架空线工程简单,投资费用少,易于检修,但影响景观,妨碍种植,安全性差;而地下电缆的优缺点正与架空线相反。目前在公园绿地中都尽量地采用地下电缆,尽管它一次性投资较大,但从长远的观点和发挥园林功能的角度出发,还是经济合理的。

2)线路组成

(1)变电所　对于一些大型公园、游乐场、风景区等,其用电负荷大,常需要独立设置变电所,其主接线可根据其变压器的容量进行选择,具体设计应由电力部门的专业电气人员设计。

(2)变压器——干线供电系统

①对于中、小型园林而言,常常不需要设置单独的变压器,而是由附近的变电所、变压器通过低压配电盘直接由一路或几路电缆供给。当低压供电线采用放射式系统时,照明供电线可由

低压配电屏引出。

②对于中、小型园林,常在进园电源的首端设置干线配电板,并配备进线开关、电度表以及各出线支路,以控制全园用电。动力、照明电源一般单独设回路,仅对于远离电源的单独小型建筑物才考虑照明和动力合用供电线路。

③在低压配电屏的每条回路供电干线上所连接的照明配电箱,一般不超过3个。每个用电点(如建筑物)进线处应装刀开关和熔断器。

④一般园内道路照明可设在警卫室等处进行控制,道路照明各回路有保护处理,灯具也可单独加熔断器进行保护。

⑤大型游乐场的一些动力设施应有专门的动力供电系统,并有相应的措施保证安全、可靠供电,以保证游人的生命安全。

(3)照明网络   照明网络一般用 380/220 V 中性点接地的三相四线制系统,灯用电压 220 V。

任务实施

一、施工准备

技术准备:由专业技术负责人和技术员认真研究图纸,编制安装施工方案,并组织所有施工人员熟悉图纸。

材料准备:原材料必须保证质量,订货时选择正规厂家名牌产品,并核对其生产许可证、质量检验报告;认证证书。材料进场时,核对其品牌、规格、数量、质量,并对其进行抽检,安装前逐一检查,确保质量。对不合格的产品,随时发现随时用合格产品替换。

二、确定电源供给点

该工程小区水果吧房内设置一动力配电柜作为电源,设计负荷考虑 250 kW,电源由附近的兰苑配电站引入,预埋两根 DN100 钢管作为电源进线管。

三、线路布置

(1)配电箱安装   本小区内照明控制方式采用集中控制,在管理室内设置3个照明配电箱。配电箱应由专门技术人员进行安装,安装过程中应注意安全。

(2)钢管敷设   钢管的壁厚均匀、焊缝均匀、无裂缝、砂眼、棱刺和凹扁现象。除镀锌钢管外,其他管材需预先除锈,管内刷防腐锈。镀锌管和刷过防锈漆的钢管外表完整无剥落现象,所有钢管应有产品合格证,并有供应商的加盖红章。

基本要求:暗配的电线管路宜沿最近的路线敷设并应减少弯曲。

工艺流程:暗管敷设 → 预制加工、冷烧管、切管 → 测定盒箱位置 → 稳住盒箱 → 管路连接、管箍丝扣连接、焊接套管连接、管进盒箱 → 暗管敷设 → 地线连接、跨接地线、防腐处理。

接线盒在预埋时应测定盒、箱的位置,根据设计图的要求确定盒、箱轴线位置。

对盒、箱开孔应整齐并与管径相吻合,并要求一管一孔,不得开长孔。铁制盒、箱严禁用电、气焊开孔,开孔处的边沿应刷防锈漆。

在钢管施工过程中,管子的连接应紧密,管口光滑,护口应齐全,管子进入盒、箱应排列整齐,管子弯曲处无明显折皱,在管子焊接处防腐处理完整,钢管暗敷设在地面内,保护层应大于15 mm。管子进入盒、箱处顺直,管子在盒、箱内露出的长度应小于5 mm。管子用锁紧螺母固定管口,管子露出锁紧螺母的螺纹为2~4扣。管路穿过变形缝处应有补偿装置,要求补偿装置活动自如,穿过建筑物和设备基础处应加保护管。

(3)电缆敷设　本工程所使用的室外电力电缆的规格、型号及电压等级全部应符合设计要求,并应有产品合格证。本工程电缆进线由兰苑配电站引出埋地沿电缆沟敷设并穿墙引入室内,穿墙套管采用SC150的钢管,然后沿电缆桥架敷设至配电室。所有电缆的两端应加标志牌,应注明电缆编号、规格、型号及电压等级。标志牌注明供电设备方向。

本工程水平敷设电缆在桥架或托盘内应排列整齐,不得有交叉,拐弯处以最大截面电缆允许弯曲半径为准。电缆严禁有绞拧、铠装、压扁现象。直埋敷设时,严禁在管道上面或下面平行敷设,并在拐弯处和出线,进线处应挂标志牌。

(4)管内穿线　绝缘导线的规格、型号必须符合设计要求并有产品合格证。

工艺流程:选择导线→ 穿带线→ 扫管→ 放线及断线→ 导线与带线的绑扎→ 带护口→ 导线接头→ 接头包扎→ 线路检查绝缘遥测。

穿线之前应先把带线穿入,目的是检查管路是否通畅,管路的走向及盒箱的位置是否符合设计及施工图的要求。导线根数较少时可将导线前端的绝缘层削去,然后将导线芯直接插入带线的盘圈内并折四压实,绑扎牢固,使绑扎处形成一个平滑的锥形过渡部位。导线根数较多或导线截面较大时,可将导线前端的绝缘层削去,然后将线芯斜错排列在带线上,用绑扎线缠绕,绑扎牢固,使绑扎接头处形成一个平滑的锥形过渡部位,便于穿线。

四、各种灯具安装

本工程安装的所有各型号灯具的规格必须符合设计要求和国家标准的规定。灯具配件齐全,无机械损伤、变形、油漆剥落、灯罩破裂、灯箱歪翘等现象。所有灯具应有产品合格证。按照技术说明为灯具安装配套光源和其他必要附件,达到安全、完整,保证灯具正常工作。

五、接地保护

所有电气设备及电气线路在正常情况下不带电的金属外壳均应按规程接地,保证灯具配管、接线盒、灯具支架的可靠接地。

六、联动调试

照明器具应以系统进行试电运行,系统内的全部照明灯具均得开启,同时投入运行,运行时间为24 h。全部照明灯具通电运行开始后,要及时测量系统的电源电压及负荷电流,并做好记录。

任务考核

序 号	任务考核	考核项目	考核要点	分 值	得 分
1	过程考核	施工准备	现场条件准备符合施工要求；施工工具准备充分；准备工作充分到位,不影响施工进度	10	
2		确定电源点	电源选用合理,配电箱安装正确	10	
3		钢管敷设	措施到位,方法正确	10	
4		电缆敷设	电缆敷设正确	15	
5		管内穿线	导线连接正确	10	
6		灯具安装	灯具选择符合设计要求,安装方法正确	15	
7		接地保护	按规程操作,保护牢靠	10	
8		联动调试	各系统、设备正常运行	10	
9	结果考核	照明效果	系统运行良好,照明效果佳,符合要求	10	

巩固训练

结合本校对校园绿地照明的实际情况,可对某些树木景观、草坪、花坛等进行局部景观照明设计,并安装灯具,让学生参加照明工程的全部或部分施工并完成相应任务。

一、材料及用具

镀锌钢管、接线盒、电缆、导线、PVC 管、草坪灯、投光灯、铁锹、镐等。

二、组织实施

①将学生分成 4 个小组,以小组为单位进行照明线路布置及灯具安装;

②按下列施工阶段完成施工任务:

施工准备、钢管敷设、电缆敷设、管内穿线、灯具安装。

三、训练成果

①每人交一份训练报告,并参照上述任务考核进行评分;

②完成校园绿地照明景观安装。

拓展提高

广场照明

广场照明设计是采用室外照明技术,用于大型公共建筑、纪念性建筑和广场等环境进行明视及装饰照明。它是广场设计的一种辅助性设计方法,它可以加强广场在夜晚的艺术效果,丰富城市夜间景观,便于人们开展夜晚的文娱、体育等活动。

广场夜晚照明始于商业和节庆活动。自19世纪发明白炽灯以来,常用串灯布置在大型公共建筑和广场的边缘上,形成优美的建筑物和广场轮廓线照明。现在对于重要的广场,一般采用大量的泛光灯照明。

一、广场照明光源

广场夜间照明可采用多种照明光源,应根据照明效果而定。白炽灯、高压钠灯由于带有金黄色,可用于需要暖色效果的受光面上。汞灯的寿命长、光效好,易显示出带蓝绿的白色光;金属卤化物灯的光色发白,可用于需要冷色效果的受光面上。光源的照度值应根据受光面的材料、反射系数和地点等条件而定。

二、广场照明设计原则

①利用不同照明方式设计出光的构图,以显示广场造型的轮廓、体量、尺度和形象等。

②利用照明位置,能够在近处看清广场造型的材料、质地和细部,在远处看清它们的形象。

③利用照明手法,使广场产生立体感,并与周围环境相配合或形成对比。

④利用光源的显色使光与广场绿化相融合,以体现出树木、草坪、花坛的鲜艳、清新的感觉。

⑤对于广场喷水造型要保证有足够的亮度,以便突出水花的动态,并可利用色光照明使飞溅的水花丰富多彩。对于水面则要求能反映出灯光的倒影和水的动态变化。

三、广场照明手法

广场包括广义的空地以及会场,有展览会会场、集会广场、休息广场和交通广场等。

广场照明手法的运用取决于受照对象的质地、形象、体量、尺度、色彩和所要求的照明效果以及周围环境的关系等因素。

照明手法一般包括光的隐显、抑扬、明暗、韵律、融合、流动等以及与色彩的配合。在各种照明手法中,泛光灯的数量、位置和投射角是关键。在夜晚,广场细部的可见度主要取决于亮度,因此泛光灯具应根据需要,可远可近地进行距离调整。对于整个照面来讲,其上部的平均亮度为下部的2～4倍,这样才可能使观察者产生上下部亮度相等的感觉。

(1)展览会会场　在展览会中的照明可以使物体隐现、创造气氛、控制人流、显出明亮而富有时代的气息,呈现完全崭新的夜间景观。

照明设计应该同建筑设计非常紧密地协同进行,这样才能在展览会中产生好的照明效果。在展览会中独创性和新颖性是最重要的因素。照明技术人员也可借机会普及新光源、新灯具。

(2)集会广场　集会广场由于人群聚集,一般采用高杆灯的照明较为有效。最好避开广场

中央的柱式灯,以免妨碍集会。为了很好地看到人群活动,要注意保证标准照度和良好的照度分布。最好使用显色性良好的光源。当有必要以高杆或建筑物侧面设置投光照明时,需用格栅或调整照射角度,尽可能消除眩光。

以休息为主要功能的广场照明,应用温暖色光色的灯具最为适宜。但从维修和节能方面考虑,可推荐使用汞灯或荧光灯,庭园用的光源和灯具也可使用。

(3)交通广场 交通广场是人员车辆集散的场所。越在人多的地方越要使用显色性良好的光源,而在大部分是车辆的地方则要使用效率高的光源,但是最低应保证从远处能识别车辆的颜色。公共汽车站这样人多的地方必须确保足够的照度。火车站中央广场的照明设施,因为旅客流动量大,容易沾上灰尘和其他污染,所以照明灯具要便于维护,其形式应同建筑物风格相协调。高顶棚时,最好用效率良好的灯具和高压汞灯结合,照明率达 25% ~ 90%。

任务3 园路照明工程施工

知识点:了解园路照明工程的基础知识,掌握园路照明施工的工艺流程和验收标准。
能力点:能根据施工图进行园路照明工程的施工、管理与验收。

 **任务描述**

路灯是园林景观环境中反映道路特征的照明装置,为夜间交通提供照明之便;装饰照明则侧重于艺术性、装饰性,利用各种光源的直射和漫射,灯具的造型和各种色彩的点缀,形成和谐而又舒适的光照环境,使人们得到美的享受。

营造园林道路灯光环境,能丰富城市夜景空间,增加城市的艺术魅力和文化氛围,有利于城市形象的改善。运用灯光的表现力,可以提炼城市的个性,强化城市特色。通过灯光环境建设,延长了照明时间,不但丰富了市民的夜生活,增强了城市活力,而且减少了阴暗消极场所,有助于城市的安全防卫工作。

 任务分析

要做好园路照明工程的施工与管理工作,现场施工员在具有较强管理能力、协调能力和责任心的基础上,还必须掌握丰富的园路照明工程施工的专业知识、施工组织与管理和工程竣工验收的相关知识。具体应解决好以下几个问题:

①正确认识园路照明施工图,准确把握设计人员的设计意图。
②能够利用园林照明知识编制切实可行的园路照明工程施工组织方案。
③能够根据园路配电线路的布置,进行有效的施工现场管理、指导工作。

④做好园路照明工程的成品修整和保护工作。

⑤做好园路照明工程竣工验收的准备工作。

 **任务咨询**

一、园路照明的原则

园路照明的主要灯具是路灯,路灯是城市环境中反映道路特征的道路照明装置,是兼顾装饰与功能的现代灯具。

①在主要园路和环园道路中,同一类型的路灯高度、造型、尺度、布置要连续、整齐,力求统一;在有历史、文化、观光、民俗特点的区域中,光源的选择和路灯的造型要与环境适应,并有其个性。

②对园路设置照明灯具时,应注意路旁树木对园路照明的影响,为防止树木遮挡,一般采取适当缩小灯间距,加大光源功率的方法,以补偿树枝遮挡带来的光损失。

③园路照明设备在安装、敷设时,应将其布设在游人游览景观的视线之外,以不分散和影响游人的观景视线,宜采用地埋电缆等方式处理。

④对主要园路安设灯具时,宜采用低功率的路灯安装在高 3 ~ 5 m 的灯柱上,柱间距一般以 20 ~ 40 m 效果较佳,也可以每柱挂两盏灯,当需要提高园林景观区域的照明亮度时,可两盏灯齐明。用隔柱设置灯开关的方法来控制、调整照明。

⑤设置于散步小道或小区的路灯,侧重于造型的统一,显示其特色,即它与附近其他路灯比较,更注重于细部造型处理。而对高柱灯,则注意其整体造型、灯具处理及位置的设置,不必刻意追求细部处理和装饰艺术。

二、路灯的构造与类型

路灯排列于城市广场、街道、高速公路、住宅区和园林路径中,为夜晚交通提供照明之便。路灯在街区照明中数量最多、设置面最广,并占据着相当高度,在城市环境空间中作为重要的分划和引导因素,是景观设计中应该特别关注的内容。

1) 路灯的构造

路灯主要由光源、灯具、灯柱、基座和基础五部分组成。

(1)光源　光源把电能转化为光能。常用的光源有白炽灯、卤钨灯、荧光灯、高压汞灯、高压钠灯和金属卤化物灯。选择光源的基本条件是亮度和色度。

(2)灯具　灯具把光源发出的光根据需要进行分配,如点状照明、局部照明和均匀照明等。对灯具设计的基本要求是配光合理和效率高。

(3)灯柱　灯柱是灯具的支撑物,灯柱的高度和灯具的布光角度(光束角)决定了照射范围。在某些场合下,建筑外墙、门柱也可起到支撑灯具的作用。可以根据环境场所的配光要求来确定灯柱的高度和距离。

(4)基座和基础　基座和基础起固定灯柱的作用,并把地下敷设的电缆引入灯柱。有些路灯基座还设有检修口。

由于灯柱所处的环境的不同,对照明方式以及灯具、灯柱和基座的造型、布置等也应提出不

同的综合要求。路灯在环境中的作用也反映人们的心理和生理需要,在其不同分类中得到充分的体现。

2)路灯的类型

(1)低位置路灯　这种灯具所处的空间环境,表现一种亲切温馨的气氛,以较小的间距为人们行走的路径照明。埋设于园林地面和嵌设于建筑物入口踏步和墙裙的灯具属于此类。

(2)步行街路灯　灯柱的高度为1～4 m,灯具造型有筒灯、横向展开面、球形灯和方向可控式罩灯等。这种路灯一般设置于道路的一侧,可等距离排列,也可自由布置。灯具和灯柱造型突出个性,并注重细部处理,以配合人们在中、近距离的观感。

(3)停车场和干道路灯　灯柱的高度为4～12 m,通常采用较强的光源和较远的距离(10～50 m)。

(4)专用灯和高柱灯　专用灯指设置于工厂、仓库、操场、加油站等具有一定规模的区域空间,高度为6～10 m的照明装置。它的光照范围不局限于交通路面,还包括场所中的相关设施及晚间活动场地。

高柱灯也属于区域照明装置,它的高度为20～40 m,照射范围要比专用灯大得多,一般设置于站前广场、大型停车场、露天体育场、大型展览场地、立交桥等地。在城市环境中,高柱灯具有较强的轴点和地标作用,人们有时称之为灯塔,是恰如其分的。

三、园路照明的布置方式

根据园路的类型特点,采用如下照明,见图8.3。

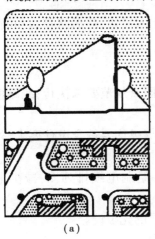
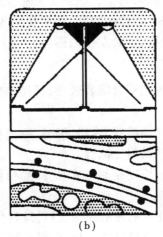
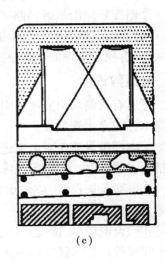

(a)　　　　　　　　(b)　　　　　　　　(c)

图8.3　园路照明的布置形式

(a)单侧布置;(b)中央隔离带中心对称布置;(c)双侧对称布置

(1)主路照明　主路是园内大量游人的行进路线,联系园内各个景区、主要风景点和活动设施。有时会通行少量生活与管理用车,宽度一般为4～10 m。其照明采用双侧对称或单侧布置方式,而单侧布置有助于强化轴线,渲染气氛。路灯杆高度为4～6 m,避免形成低矮压抑的感觉。

(2)支路照明　支路是游人由一个景区到另一个景区的通道,联系各个景点。其通常采用庭院灯(主要用于人行步道和庭院的照明)常规照明、间接投光照明。灯高应低于主路灯高,一般为2.5～3.5 m,单排排列或交错排列,灯型应小巧。两侧设有墙体或植有茂密乔灌木的园路,可采用间接投光照明。此优点在于能够减少和消除直射人眼的光,发光柔和自然。

（3）小径照明　小径主要供散步休息，引导游人更深入地到达园内各个角落，宽度为1.2～2 m。在这种小尺度的园路上，照明的重点并不是给人以清晰的面部视觉，而是保留一定的黑暗。其目的是使游人放松精神，减少视觉疲劳，感受真实夜色。因此小径适宜采用间接投光、小功率埋地灯、低矮柱草坪灯或者不设照明，严格控制眩光。

任务实施

一、准备工作

①熟悉景观照明平面图、电气系统图及设计图的施工说明；熟悉有关施工规范，以保证安装工程符合规范要求。

②一般工具、材料、机具、仪器及仪表准备完成。

③施工场地具备施工条件。

二、预留预埋

①所有配管工程必须以设计图纸为依据，严格按图施工，不得随意改变管材材质、设计走向、连接位置，如果需改变位置走向的，应办理有关变更手续。

②暗配管应沿最近的路线敷设，可与土建施工交叉配合进行。

③箱盒预埋采用做木模的方法，具体做法是：在模板上先固定木模块，然后将箱、盒扣在木模块上，拆模后预埋的箱盒整齐美观，不会发生偏移。

三、电缆敷设

①所有线路均由照明箱引出埋地穿管暗装敷设，其做法应按国家规范要求执行；线路横穿道路部分应穿钢管敷设。

②电缆敷设前应对电缆进行详细检查，规格、型号、截面电压等级均要符合设计要求，外观无扭曲、坏损现象，并进行绝缘摇测或耐压试验。

③电缆盘选择时，应考虑实际长度是否与敷设长度相符，并绘制电缆排列图，减少电缆交叉。

④敷设电缆时，按先大后小、先长后短的原则进行，排列在底层的先敷设。

⑤埋设沿途路径应设电缆敷设方位标志，以起到保护警示作用。

四、基础施工

①根据路灯安装施工图及道路中心线和参考点等，确定路灯安装位置及基础高度。

②按规范要求施工，基础深度允许偏差值不大于 + 100 mm，– 50 mm。

③施工时基础坑底需加10 cm渣石，混凝土为商品混凝土C20。

④每个路灯基础配地脚螺栓（M30×4）埋入混凝土中，螺丝端露出地面70 mm，基础法兰螺栓中心分布直径应与灯杆底座法兰孔中心分布直径一致。螺栓应采用双螺母和弹簧垫。

⑤浇筑基础前必须先排出坑内积水，所支的基础模板尺寸、位置符合要求。PVC管进、出线管位于基础中心，高出路灯基础面30～50 mm。

五、灯杆及灯具安装

①安装好灯杆组件,然后利用起重机将灯杆吊起到基础的上方,缓缓下降至适当高度,调整灯杆,使灯杆底座的螺栓孔穿过基础上的地脚螺栓,并使电源电缆穿进灯杆至接线盒处,放下并扶正灯杆,将灯杆与底座固定牢固。

②根据厂家提供的安装灯具组件说明书及组装图,认真核对紧固件、连接件及其他附件。

③根据说明书穿各分支回路的绝缘电线。

④接地接零保护。

六、试运行

试运行时首先通电,通电后应仔细检查和巡视,检查灯具的控制是否灵活、准确;电器元件是否正常,如果发现问题必须先断电,然后查找原因进行修复。

任务考核

序　号	任务考核	考核项目	考核要点	分　值	得　分
1	过程考核	准备工作	熟悉施工图及有关规范,具备施工条件	15	
2		预留预埋	配管预留按图施工,与土建施工交叉进行,箱盒预埋方法正确	15	
3		电缆敷设	穿管暗装敷设,符合规范要求,电缆敷设符设计要求	20	
4		基础施工	浇筑基础符合要求,配地脚螺栓与PVC管位置正确	20	
5		灯杆及灯具安装	灯杆固定牢固,灯具安装正确,做好接地接零保护	15	
6	结果考核	试运行	路灯安装符合设计要求,并能正常运行	15	

巩固训练

结合校园绿化、美好、亮化工程建设,由学校电工师傅和学生参加,对校园部分地段安装埋地灯和草坪灯。如没有园路安装照明施工任务,可由教师组织学生对校园附近设计较好的园路照明工程进行参观。

一、材料及用具

园路照明施工图、电缆线、PVC 管、若干埋地灯和草坪灯、水泥、中砂、电工用具、手锤、镐、铁锹、皮尺、钢卷尺等。

二、组织实施

①将学生分成 4 个小组,以小组为单位进行园路照明施工;

②按下列施工步骤完成施工任务:

准备工作、电缆敷设、基础施工、灯具安装、试运行。

三、训练成果

①每人交一份训练(参观)报告,并参照上述任务考核进行评分;

②根据园路照明施工要求,完成施工。

拓展提高

雕塑照明

为了提高夜间观赏效果,要在雕塑或纪念碑及其周围进行照明。这种照明主要采取投光灯照明方式。在进行照明设计时,应根据设计的照明效果,确定所需的照度,选择照明器材,最后确定照明器的安装位置。

一、灯光的布置

投光灯的布置一般有以下 3 种方法:

①在附近的地表面上设置灯具。

②利用电杆。

③在附近的建筑物上设置灯具。

将以上方法组合起来,也是有效的方法。投光灯靠近被照体,就会显出雕塑材料的缺点,如果太远了,受照体的亮度变得均匀,过于平淡而失去魅力。因此,应该适当地选择照明器的装设位置,以求得最佳的照明效果。为了防止眩光和对近邻产生干扰,投光灯最好安装灯罩或格栅。

二、声和光的并用

根据历史性雕塑或纪念碑类型种类,除了光和色以外还可以并用声音,做到有声有色,增加审美情况和艺术效果。这时要对光源调光来改变建筑物的亮度,由电路节音响使气氛有所变化。因此,电路数量越多,越能表现出不同的效果。

但为了避免损害白天时的景观,也为了不干扰参观或游览者,要充分注意将照明灯具、布线设备等尽可能地隐藏或伪装起来。

三、雕塑、雕像的饰景照明技术要点

对高度不超过 5～6 m 的小型或中型雕塑,其饰景照明的方法如下:

(1)照明点的数量与排列,取决于被照目标的类型。照明要求是照亮整个目标,但不能均匀,应通过阴影和不同的亮度,再创造一个轮廓鲜明的效果。

（2）根据被照明目标、位置及其周围的环境确定灯具的位置。

①处于地面上的照明目标,孤立地位于草地或空地中央。此时灯具的安装,尽可能与地面平齐,以保持周围的外观不受影响和减少眩光的危险。也可装在植物或围墙后的地面上。

②坐落在基座上的照明目标,孤立地位于草地或空地中央。为了控制基座的亮度,灯具必须放在更远一些的地方。基座的边不能在被照明目标的底部产生阴影,这也是非常重要的。

③坐落在基座上的照明目标,位于行人可接近的地方。通常不能围着基座安装灯具,因为从透视上说距离太近。只能将灯具固定在公共照明杆上或装在附近建筑的立面上,但必须注意避免眩光。

（3）对于塑像,通常照明脸部的主体部分以及像的正面。背部照明要求低得多,或在某些情况下,一点都不需要照明。

（4）虽然从下往上照明是最容易做到的,但要注意,凡是可能在塑像脸部产生不愉快阴影的方向不能施加照明。

（5）对某些塑像,材料的颜色是一个重要的要素。一般来说,用白炽灯照明有好的显色性。通过使用适当的灯泡,如汞灯、金属卤化物灯、钠灯,可以增加材料的颜色。采用彩色照明最好能做一下光色试验。

学习小结

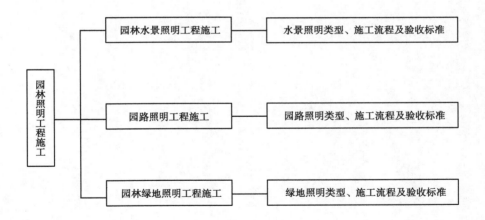

目标检测

一、复习题

（1）园林道路的照明特点与施工技术有哪些?

（2）绿地照明的特点与施工技术有哪些?

（3）水景照明的特点与施工技术有哪些?

二、思考题

(1)如何利用灯光的效果来突出水景的特点？

(2)绿地照明的特点与要求有哪些？

三、实训题

园路照明施工实训

1)实训目的

(1)掌握园路照明的设计方法；

(2)通过某具体项目,掌握园路照明的规划、结构设计、施工方法及施工图的绘制；

(3)掌握园路照明的形式,园路照明造景的关系;掌握园路照明设计知识。

2)实训方法

学生以小组为单位,进行场地实测、施工图设计、备料和放线施工。每组交报告一份,内容包括施工组织设计和施工记录报告。

3)实训步骤

(1)绘制园路照明施工图；

(2)整理园路照明施工图。

参考文献

[1] 李玉萍,杨易昆.园林工程[M].3 版.重庆:重庆大学出版社,2018.

[2] 雷统德.建筑施工组织与管理[M].北京:高等教育出版社,1994.

[3] 李广述.园林法规[M].北京:中国林业出版社,2003.

[4] 梁伊任,王沛永.园林工程[M].北京:气象出版社,2003.

[5] 梁伊任.园林建设工程[M].北京:中国城市出版社,1999.

[6] 刘祖绳,唐样忠.建筑施工手册[M].北京:中国林业出版社,1997.

[7] 毛鹤琴.土木工程施工[M].武汉:武汉工业大学出版社,2000.

[8] 孟兆帧.园林工程[M].北京:中国林业出版社,2002.

[9] 蒲亚峰.园林工程建设施工组织与管理[M].北京:化学工业出版社,2005.

[10] 钱昆润,葛鸢圃.建筑施工组织与设计[M].南京:东南大学出版社,1989.

[11] 来若·G.汉尼鲍姆.园林景观设计实践方法[M].沈阳:辽宁科学技术出版社,2003.

[12] 石振武.建设项目管理[M].北京:科学出版社,2004.

[13] 唐来春.园林工程与施工[M].北京:中国建筑工业出版社,1999.

[14] 汪琳芳,赵志绍.新编建设工程项目经理工作手册[M].上海:同济大学出版社,2003.

[15] 张长友.建筑装饰施工与管理[M].北京:中国建筑工业出版社,2002.

[16] 张京.园林施工工程师手册[M].北京:北京中科多媒体电子出版社,1996.

[17] 周初梅.园林建筑设计与施工 [M].北京:中国农业出版社,2002.

[18] 《园林工程》编写组.园林工程[M].北京:中国林业出版社,1999.

[19] 曹露春.建筑施工组织与管理[M].南京:河海大学出版社,1999.

[20] 陈科东.园林工程施工与管理[M].北京:高等教育出版社,2002.

[21] 董三孝.园林工程施工与管理[M].北京:中国林业出版社,2003.

[22] 杜训,陆惠民.建筑企业施工现场管理[M].北京:中国建筑工业出版社,1997.

[23] 金井格.道路和广场的地面铺装[M].北京:中国建筑工业出版社,2002.

[24] 金波.园林花木病虫害识别与防治[M].北京:化学工业出版社,2004.

［25］梁盛任.园林建设工程［M］.北京:中国林业出版社,2000.

［26］丁文锋.城市绿地喷灌［M］.北京:中国林业出版社,2001.

［27］吴根宝.建筑施工组织［M］.北京:中国建筑工业出版社,1995.

［28］王良桂.园林工程施工与管理［M］.南京:东南大学出版社,2016.

［29］田建林.园林假山与水体小品施工细节［M］.北京:机械工业出版社,2015.

［30］闫宝兴.水景工程［M］.北京:中国建筑工业出版社,2015.

［31］陈飞.城市道路工程［M］.北京:中国建筑工业出版社,2010.

［32］毛培林.喷泉设计［M］.北京:中国建筑工业出版社,2014.

［33］朱志红.假山工程［M］.北京:中国建筑工业出版社,2010.

［34］易新军,陈盛彬.园林工程施工［M］.北京:化学工业出版社,2009.

［35］张建林.园林工程［M］.北京:中国农业出版社,2002.